GEOSYNTHETICS
Reinforcement Soil Structure
Application Guidance

土工合成材料
加筋土结构应用技术指南

杨广庆　徐　超　张孟喜　主　编

丁金华　苏　谦　何　波　副主编

U0293489

人民交通出版社股份有限公司
China Communications Press Co.,Ltd.

内 容 提 要

本书较为全面、系统地介绍了土工合成材料加筋土结构筋材特性、加筋土结构的设计计算方法、施工技术及其工程应用。全书由我国长期从事加筋土结构设计和应用研究的近 20 位专家、学者和工程技术人员撰写而成，集中体现了国内外有关土工合成材料加筋土技术研究成果及工程应用的经验，反映了我国土工合成材料加筋土技术的应用技术水平。

全书分绪论、加筋材料及其特性、加筋土边坡、加筋土挡墙、加筋垫层路堤、加筋土结构工作性能现场监测六部分。书后附有数值计算在加筋土结构设计中的应用、加筋土挡墙其他设计方法简介和加筋土结构典型工程案例三个附录。

本书可供土木、水利水电、交通等部门的设计、施工、科研人员使用，也可作为高等学校师生以及从事土工合成材料产品研发和生产的企业人员参考用书。

图书在版编目(CIP)数据

土工合成材料加筋土结构应用技术指南/杨广庆，
徐超，张孟喜主编. —北京：人民交通出版社股份有限
公司,2016. 9
ISBN 978-7-114-13186-8

Ⅰ.①土… Ⅱ.①杨… ②徐… ③张… Ⅲ.①土木工
程—合成材料—加筋土—土结构—指南 Ⅳ.
①TU361-62

中国版本图书馆 CIP 数据核字(2016)第 158754 号

书　　名:土工合成材料加筋土结构应用技术指南
著 作 者:杨广庆　徐　超　张孟喜
责任编辑:王　霞　王景景
出版发行:人民交通出版社股份有限公司
地　　址:(100011)北京市朝阳区安定门外外馆斜街 3 号
网　　址:http://www.ccpress.com.cn
销售电话:(010)59757973
总 经 销:人民交通出版社股份有限公司发行部
经　　销:各地新华书店
印　　刷:北京鑫正大印刷有限公司
开　　本:787×1092　1/16
印　　张:18.5
字　　数:368 千
版　　次:2016 年 9 月 第 1 版
印　　次:2016 年 9 月 第 1 次印刷
书　　号:ISBN 978-7-114-13186-8
定　　价:80.00 元

(有印刷、装订质量问题的图书由本公司负责调换)

编写委员会

各章节编写人员名单

术语	杨广庆　徐　超
绪论	杨广庆　徐　超　周诗广
第1章　加筋材料及其特性	张孟喜　丁金华
第2章　加筋土边坡	丁金华　刘华北　周诗广　杨　帆
第3章　加筋土挡墙	杨广庆　陈建峰　邹维列　何　波
第4章　加筋垫层路堤	徐　超　徐林荣　苏　谦　汪益敏
第5章　加筋土结构工作性能现场监测	杨广庆　周诗广　吴连海　戴征杰
附录1　数值计算在加筋土结构设计中的应用	苏　谦　刘华北　介玉新
附录2　加筋土挡墙其他设计方法简介	何　波　刘华北　陈建峰
附录3　加筋土结构典型工程案例	徐　超　何　波　戴征杰　杨　帆
	许福丁　朱春笋

序 ▶ Introduction

　　土工加筋具有极久远的历史。古老的中华文明主要是农耕文明,生活与生产首先遇到的问题就是防洪。最新的考古发现表明,距今5000多年前的良渚文化时期,先人们用茅草裹泥、芦苇绑扎形成类似今天的草袋装土的"草裹泥"块体,将其纵横砌筑,修坝筑墙。约4100年前著名的大禹治水期间,曾用"息壤以湮洪水",据考,所谓的息壤就是竹笼一类的加筋土结构,用以筑坝、拦洪、堵口与护岸,"开九州,通九道,陂九泽,度九山",终于战胜了洪水。

　　至今尚在发挥巨大效益的都江堰工程,始建于2000多年前的秦代。其主要的治水工具与材料就是属于加筋土的石笼、杩槎、羊圈、条排等。汉武帝为了抵御匈奴,运送粮草,从长安出发,横穿灞河,建造大汉漕渠,为了护岸防冲,在河岸上纵横铺设麻绳网,然后铺设新鲜的柳条;上面铺一层碎石及碎砖瓦;再铺一厚层青泥实;从一头卷成塌捆。最后逐个推下河岸,打桩固定,形成连续的护坡结构。在防洪工程中,汉武帝"自临决河,令群臣自将军以下,皆负薪填决河,……下淇园之竹以为楗"。可以想见,2000多年前,皇帝亲临决口,高级干部们身背薪柴,杂以碎石,打下竹桩,堵塞决口的紧张场面。到了宋代,则在治河工程中出现了一个专门的加筋土工种——埽工,并有了关于设计施工技术的专门著作。

　　考古发现表明,中华民族呈"多元一体"的格局,各地的古老文明几乎同时采用过加筋土筑墙建房。良渚的先民们会用"草裹泥"建房。现存的古长城遗址处仍可见一层土石、一层柴草的残墙。拉哈辫草房是东北人的筑房技术:首先以谷草等编成草辫,再泥浆浸泡,分层缠绕在木立柱上,形成外墙;然后再用麻刀泥抹平;房顶苫草为湿地产的小叶薹,冬暖夏凉,坚固耐久,百年而不毁。

　　国外岩土界通常说,1963年法国的工程师亨利·维达(Henri Vidal)观察到鸟类利用泥和草筑巢,受到启发而发明了加筋土,这是十分无知与可笑的。远古人类可能观察到一些动物利用加筋土筑巢建坝而模仿,但那是在5000多年前,而不是50年前。

　　这些古老的加筋土工艺是古人类利用天然材料而产生与应用的,它是以经验的形式流传与继承的。千差万别的天然材料也不可能形成系统的技术。

　　到了20世纪60年代,由于化工与高分子材料的发展,各种高强度、高模量、抗腐蚀的土工合成材料出现了，各种新产品按照人的期望不断涌现。它们规格统一，批量生产，指标一致，具有天然纤维材料不可比拟的优势。各种力学、数学、工程学知识也被应用于加筋土工程的设计；设计计算软件商业化；各种技术指南、手册被应用；规范、标准被颁布，这一切使加筋土成为一个独立的工程门类与科技学科。科技的发展也推动了工程的应用，土工合成材料的广泛应用使其成为继砖石、木材、钢材、水泥之后的第五大工程建筑材料，在水利、港口、公路、铁路建筑与市政工程门类中得到广泛应用。

由于历史的原因，我国的土工合成材料加筋土工程应用技术要比国际上先进国家晚十余年。但近 30 年是我国土木工程空前兴旺的时期，在基础建设和开拓土地工程中，土工合成材料及其加筋工程，因其良好的经济和社会效益受到欢迎。但与其相应的是科学技术落后于生产实践，在岩土工程界，很多工程技术人员对于这种工艺与计算还很不熟悉，与国际间的交流不够，指导的文献资料不足，这就制约了其在工程中的合理应用。

20 世纪 90 年代早期，我国土工合成材料工程协会的老一代专家们编制了《土工合成材料工程应用手册》，为推广土工合成材料的工程应用起到巨大的推动作用。随后该协会的"加筋专业委员会"连续组织了 5 届全国加筋土学术会议，为介绍先进的设计计算方法，交流创新的科学研究成果，总结成功与失败的工程经验与教训，推广工程应用、培养年轻的科技人员和提升科技水平起到很大的作用。

岩土工程是一门实践性与经验性很强的工程门类与学科。需要理论与实践的密切结合，也需要理论与实践两方面的创新。加筋土工程更需要的是方便与实用的工具与文献，本指南正是为适应这一需要而编写。

参加编写的专家教授在这一领域具有丰富的知识与经验，他们一方面了解国内外有关的先进技术与文献，也具有亲自参与工程设计、施工、监测分析的实践。其中一些生产材料与产品的大型企业具有较高技术水平的工程技术人员，他们参与了工程设计与施工指导，积累了大量跟踪记录的工程案例，是国内推广应用土工合成材料加筋土技术非常重要的骨干力量。

本指南是在我国现行标准规范的基础上编写的，参考了国外新近的技术与文献，也总结了我们自己的工程经验和科研成果。详细介绍了基本原理、设计步骤、材料参数、施工技术和监测方法，其中也含有很多代表性很强的工程案例、设计算例与数值计算方法。相信它将为推广土工合成材料加筋土的工程应用、提升我国加筋土的技术水平发挥显著的作用。

2016 年 5 月

前　言　▶ Preface

土工加筋技术历史悠久,可追溯到距今 5000 多年前。自 20 世纪 60 年代法国工程师 Henri Vidal 提出现代加筋土理论以后,该技术得到了快速发展,已广泛应用于土木、水利等工程建设中的各行业领域,取得了显著的社会、经济和环保效益。自 1998 年之后,我国各行业相继出版了土工合成材料应用的相关技术标准、规范和手册,对主要加筋土结构的设计应用等进行了规定和指导,为我国土工合成材料加筋土结构的应用起到了积极的推动作用。但上述文献涉及的加筋土结构材料要求、设计过程及施工技术偏于简单,为了进一步推广应用土工合成材料加筋土技术,满足广大设计、施工、科研人员和生产厂家的迫切需求,中国土工合成材料工程协会加筋专业委员会组织了有关高等学校、研究院、设计院和国内五家具有设计能力的土工合成材料加筋材料生产企业等专家共同编写《土工合成材料加筋土结构应用技术指南》,作为国内相关技术标准、规范和指南的补充。

本指南具有以下特点:一是具备实用性,内容上注重联系实际,以工程应用与推广为宗旨,同时也为相关的科学研究提供实用的技术参考;二是具备全面性,内容上以主要的加筋土结构为对象,涉及加筋材料类型及其特性、各种结构详细的设计方法、施工技术及质量控制;三是具备先进性,内容上不仅反映国内外最新的标准、规范和指南,还介绍了该领域最新的相关研究成果,充分体现国内外该领域当前达到的水平。

本指南共分 10 部分,首先从加筋材料产品、加筋材料性能和加筋土结构三方面定义了相关术语;在绪论中简要概述了土工合成材料的发展及其种类、加筋土结构及其发展以及本指南编制的目的与内容;第一章从加筋材料的类型、工程特性、筋-土界面摩擦特性、主要加筋材料产品指标以及加筋土结构设计主要参数建议值等方面分析了加筋土结构材料及其特性;第二、三、四章分别对加筋土边坡、加筋土挡墙、加筋垫层路堤等主要加筋土结构的设计计算、施工技术及质量控制方法进行了详细叙述,并对国内外规范或指南的相关规定进行了分析和评价;第五章介绍了加筋土结构工作性能的现场监测技术、传感器选择与布置原则。同时,在书后附有数值计算在加筋土结构设计中的应用、加筋土挡墙其他设计方法简介和加筋土结构典型工程案例三个附录,为读者进一步了解加筋土结构的数值计算、国外加筋土结构的设计方法及加筋土结构的工程应用提供了借鉴参考。

　　本指南由中国土工合成材料工程协会加筋专业委员会的主要骨干委员编写而成,经全体编写者一年多的不懈努力,召开了数次编制会议,形成初稿并经编委会互审后,提交专家进行初审,根据专家初审意见讨论修改形成第二稿,由主编再对第二稿进行复审,再经编委会讨论并进行适当调整和补充后定稿。本指南收集了国内各行业的相关技术标准以及国际流行的主要相关规范与指南,对各种主要加筋土结构的设计、施工、应用等进行了较为详细的介绍,并对工程设计及数值模拟中相关参数的选择给出了参考值,总体上内容丰富,可满足工程设计、施工、材料生产以及相关研究人员参考和应用。需要指出的是,由于目前我国岩土工程的设计理论体系主要以容许应力法为主,虽然有些行业标准采用了极限状态法的思想或在不同程度上应用了分项修正系数,但由于各相关参数仍存在模糊不清的地方,还需做大量的工作,因此本指南提供的设计方法以容许应力法为框架。由于极限状态法是岩土工程设计的发展方向之一,在本指南附录2中简单列举了英国、北美等国家或机构相关极限状态设计方法,可供读者参考。土工合成材料加筋土结构作为一种新的应用技术,目前技术理论上还不够成熟,设计理论落后于工程实践,对于一些设计准则存在不同的观点,计算方法带有一定的经验性,希望读者在使用时结合工程情况及行业要求因地制宜地选用或参考。

　　在本指南的筹划、启动、大纲制定、内容编写及审阅过程中得到了我国土工合成材料加筋领域的专家王正宏教授、包承纲教授、李广信教授、蔡英教授、师新明教授、束一鸣教授等给予的指导和帮助,在此表示感谢。同时也感谢中国土工合成材料工程协会的支持,感谢人民交通出版社对本指南出版的支持。

　　感谢坦萨土工合成材料(中国)有限公司、青岛旭域土工材料有限公司、湖北力特土工材料有限公司、重庆永固建筑科技发展有限公司、马克菲尔(长沙)新型支挡科技开发有限公司五家生产企业提供工程案例及对本指南编写的大力支持!

　　限于编者的认识水平、工程经验和理论水平,书中难免存在不足或错误之处,敬请各位专家、学者、同行批评指正,以便今后改正。

《土工合成材料加筋土结构应用技术指南》编写委员会

2016 年 3 月

目　录

— 1 —

术　语

1　加筋材料产品

1.1　土工合成材料　geosynthetics

工程建设中应用的以人工合成或天然聚合物为原料制成的工程材料的总称,其主要品种有土工织物、土工格栅、土工网、土工膜、土工格室、土工复合材料、土工合成材料膨润土垫(GCL)、土工管、土工泡沫等。

1.2　土工格栅　geogrid

整体由抗拉材料联结构成的、呈规则孔状的一种平面聚合物结构体。可以由挤压拉伸、黏合或编织而成。

1.2.1　拉伸塑料土工格栅　stretched plastic geogrid

采用高密度聚乙烯(HDPE)或聚丙烯(PP)为原材料,经塑化挤出、冲孔、整体拉伸而成的平面网状结构土工格栅。分单向拉伸、双向拉伸和多向拉伸等。

1.2.2　经编涤纶土工格栅　warp knitted polyester geogrid

采用涤纶纤维长丝为原材料,经纬向定向编织成网格坯布,涂覆聚氯乙烯(PVC)胶或丁苯胶乳加工成的平面网状结构土工格栅。

1.2.3　焊接聚酯土工格栅　welded polyester geogrid

以聚酯为主料,加入抗老化剂和其他助剂,经过低倍数机械拉伸成精制肋条,或者以聚酯纤维为芯材外覆聚乙烯保护鞘形成土工加筋带,按平面经纬成直角,经焊接成型的平面网状结构土工格栅。包括焊接聚酯单向土工格栅、焊接聚酯双向土工格栅和焊接聚酯排水土工格栅。

1.2.4　焊接钢塑土工格栅　steel-plastic compound geogrid

高强钢丝(或其他纤维)经特殊处理与聚乙烯(PE)或聚丙烯(PP)并添加其他助剂,通过挤出使之成为复合型高强抗拉条带。条带经纵、横按一定间距编织或夹合排列,采用超声波焊接技术焊接其交接点而成的平面网状结构土工格栅。

1.2.5 玻璃纤维土工格栅 glass fibre geogrid

以玻璃纤维无捻粗纱为主要原料,经过编织和表面浸渍处理而成的平面网状结构土工格栅。

1.3 土工格室 geocell

由高分子聚合物片材经超声波焊接、插接或注塑等方法连接,展开后形成蜂窝状或网格状的立体结构材料。

1.4 土工加筋带 geostrip

经挤压拉伸或再加筋制成的条带抗拉材料,或者以聚酯纤维为芯材外覆聚乙烯保护鞘形成的条带抗拉材料。包括塑料土工带、钢塑土工带、聚酯土工带等。

1.5 土工织物 geotextile

以聚合物纤维为原料通过热压针刺、胶结、编织而成的透水性土工合成材料,又称土工布。包括机织土工织物、针织土工织物和非织造土工织物等。

2 加筋材料性能

2.1 单位面积质量 mass per unit area

给定尺寸的试样质量与其面积之比,以克每平方米(g/m^2)表示。

2.2 抗拉强度 tensile strength

在规定的试验方法和试验条件下,加筋材料试样在外力作用下出现初始峰值时的拉力,折算成单位宽度的拉力,以千牛每米(kN/m)表示。

2.3 标称抗拉强度 nominal tensile strength

相应型号产品要求的最小抗拉强度值,以千牛每米(kN/m)表示。

2.4 极限抗拉强度 ultimate tensile strength

材料抵抗拉伸破坏的极限能力,又称断裂强度。数值上等于试样受单轴拉伸时,单位宽度的最大拉力,以千牛每米(kN/m)表示。

2.5 设计抗拉强度 design tensile strength

考虑设计使用年限内相关因素影响后取用的加筋材料抗拉强度,以千牛每米(kN/m)表示。

2.6 蠕变强度 tensile creep strength

在环境温度和设计使用年限中,土工格栅在荷载作用下开始断裂时的拉力,折算成单位宽度的拉力,以千牛每米(kN/m)表示。

2.7　蠕变折减系数　creep reduction factor

加筋材料的抗拉强度与蠕变强度的比值。

2.8　施工机械损伤折减系数　installation damage reduction factor

加筋材料试样抗拉强度与经过施工机械损伤后试样抗拉强度的比值。

2.9　长期老化折减系数　durability reduction factor

加筋材料试样抗拉强度与经过热氧化、化学作用、生物降解等环境影响后试样抗拉强度的比值。

2.10　延伸率　elongation

进行试样拉伸试验时,标距的伸长量与原标距长度的比值,以百分数(%)表示。

2.11　标称延伸率　nominal elongation

抗拉强度达到标称抗拉强度时的延伸率,以百分数(%)表示。

2.12　拉伸蠕变　tensile creep

在恒定的拉伸负荷下,试样长度随时间的拉伸变形。

2.13　界面摩擦系数　interface friction coefficient

在筋土界面摩擦试验中,筋材受到的最大拉力与筋土界面上施加的法向应力和筋土接触面积的乘积之比。

2.14　拉伸模量　tensile modulus

土工格栅拉伸试验过程中应力与应变之比,以千牛每米(kN/m)表示。在加筋土结构中常采用对应于加筋材料2%、5%延伸率的割线拉伸模量。

3　加筋土结构

3.1　加筋　reinforcement

把具有一定抗拉强度的土工合成材料埋于土体内适当位置,通过其与土体之间的相互作用,提高土工结构强度和稳定性,限制土体位移的措施。

3.2　加筋土边坡　reinforced soil solpe

在边坡中水平分层铺设具有一定抗拉强度的土工合成材料,以提高边坡的稳定性。边坡坡角一般不大于70°。

3.3 加筋土挡墙 reinforced soil retaining wall

由墙面、墙面基础、加筋材料和墙体填土共同组成的一种支挡结构。墙面倾角大于70°。墙面系统有预制混凝土模块式墙面、土工格栅包裹式墙面、整体现浇混凝土墙面、预制钢筋混凝土板块式墙面和加筋格宾墙面、绿色加筋格宾墙面等几种形式。

3.4 加筋垫层路堤 reinforced embankment over soft foundation soils

在软土地基上修建路堤时,将土工格栅、土工织物或土工格室等土工合成材料设置在堤底垫层中,构成加筋垫层,以提高地基的承载力和结构的整体稳定性,调整不均匀变形,这类工法统称为加筋垫层路堤。当设置加筋垫层后,地基承载力仍无法满足设计要求时,加筋垫层常与竖向增强体联合使用,桩与桩间土共同承担上部荷载,构成广义的桩网复合结构。

3.5 桩承式加筋路堤 geosynthetic-reinforced and pile-supported embankment

在松软土地基上,将刚性桩(通常设置桩帽或桩梁)与土工合成材料水平加筋垫层相结合,共同承担路堤荷载及附加荷载的复合体系,称为桩承式加筋路堤。桩承式加筋路堤属于软土地基上加筋垫层路堤的特例。

编写人:杨广庆　徐　超

审阅人:包承纲(长江科学院)

李广信(清华大学)

绪　论

编写人：杨广庆　徐　超　周诗广
审阅人：包承纲（长江科学院）
　　　　李广信（清华大学）

0.1 土工合成材料的发展及其种类

0.1.1 土工合成材料工程应用发展史

土工合成材料是一种新型的岩土工程材料,它以天然或人工合成聚合物(塑料、化纤、合成橡胶等)为原料,制成各种类型的产品,置于土体内部、表面或各层土体之间,发挥加强(加固)或保护土体的作用。目前土工合成材料已经广泛应用于公路、铁路、水利、电力、建筑、海港、采矿、军工、环保等工程的各个领域。

近代土工合成材料的发展,是建立在合成材料——塑料、合成纤维和合成橡胶发展基础之上的。1870 年美国 W. John 和 I. S. Hyatt 发明了一种用硝化纤维加入樟脑增塑剂制成的塑料——"赛璐珞"。1908 年 Leo Baekeland 研制了酚醛塑料。20 世纪 50 年代前,聚氯乙烯(PVC)、聚乙烯(PE)、低密度聚乙烯(LDPE)、聚酰胺(Nylon)、聚酯(PET)、高密度聚乙烯(HDPE)和聚丙烯(PP)相继问世。随着各种塑料的研制成功,各种类型的合成纤维也陆续投入生产。

大约在 20 世纪 30 年代之后,土工合成材料开始应用于各种土工建筑中。如聚氯乙烯薄膜应用于游泳池防渗,塑料防渗薄膜应用于灌溉工程、水闸、土石坝和其他建筑物中。现代土工合成材料的应用是以 1958 年 R. J. Barret 在美国佛罗里达州利用聚氯乙烯织物作为海岸块石护坡的垫层工程为开端的。这种土工合成材料主要以机织型有纺织物为主,大部分用于护岸防冲等工程。但由于有纺土工织物的强度具有很大的方向性,同时价格较高,限制了它的发展与应用。到 20 世纪 60 年代末,非织造型无纺织物(无纺布)的出现大大促进了土工合成材料的应用和发展。无纺土工织物首先在欧洲开始使用,相继用于英国无路面道路、德国护岸工程和隧洞防渗、法国土坝的上游护坡垫层和下游的反滤排水,其应用范围逐渐发展到水利、公路、海港、建筑等各个领域。无纺土工织物很快从欧洲传播到美洲、非洲和澳洲,最后传播到亚洲。之后,为了更好地满足不同工程的需要,以合成聚合物为原料的各种土工合成材料,如土工膜、土工网、土工格栅、三维土工网垫和土工格室等纷纷问世,并得到快速发展,被誉为继砖石、木材、钢铁、水泥之后的第五大工程建筑材料。

我国在 20 世纪 60 年代中期开始应用塑料防渗膜,首先用于渠道防渗,以后逐渐推广到水库、水闸和蓄水池等工程。合成纤维土工织物在我国的应用较晚,但发展较快。20 世纪 70 年代末,使用聚丙烯织成的编织布软体排防止河岸冲刷。进入 20 世纪 80 年代后,随着编织布的应用日渐增多,无纺土工织物也开始得到使用。铁路系统开始利用无纺土工织物防止基床翻浆冒泥,水利系统开始使用针刺型无纺土工织物作为反滤排水层。20 世纪 80 年代中期以后,无纺土工织物逐渐推广到储灰坝、尾矿坝、水坠坝、港口码头、海岸护坡以及地基处理等工程。同时,其他土工合成材料在我国的发展也很快,塑料排水带已广泛地用于公路、铁路、机场和港口码头等工程的软基处理中;化纤土工膜袋用于河口护岸、航道护坡等工程;塑料低压输水管道广泛用于灌区工程;土工带已大量用于加筋土挡墙和桥台;合成橡胶、泡沫塑料、土工格栅等均已开始应用。我国从 1982 年开始部分生产土工合成材料产品,目前已可生产几乎所有的土工合成材料产品,生产厂家已超过 300 多家。中国也成为国际上土工合成材料应用范围和应用数量最大的国家。

0.1.2　土工合成材料有关的学术组织与活动

由于土工合成材料生产和应用技术的不断发展,使其逐渐成为一门新的交叉科学,有关的学术活动也在不断地扩大与深入。1983 年国际上成立了"国际土工织物学会(International Geotextiles Society,简称 IGS)",1994 年更名为"国际土工合成材料学会(International Geosynthetics Society,仍简称 IGS)"。IGS 已召开了十届国际土工合成材料学会会议和多届地区性学术会议。目前,IGS 具有全球会员 3500 多人。

我国于 1984 年成立了全国性的"土工织物科技情报协作网",1986 年更名为"土工合成材料技术协作网(Chinese Technical Association on Geosynthetics,简称 CTAG)"。1988 年在"中国水利学会岩土力学专业委员会"下成立了"土工合成材料专门委员会",1989 年在"中国水力发电工程学会"下成立了"土工合成材料专业委员会",同年成立了"国际土工织物学会中国委员会(Chinese Chapter of IGS,简称 CCIGS)",1993 年成立了"中国土工合成材料工程协会(英文缩写仍沿用 CTAG)"。1986 年至今,中国土工合成材料工程协会已先后召开了八届全国土工合成材料学术会议。

目前中国土工合成材料工程协会下设加筋、防渗排水、测试和环境土工四个专业委员会。各专业委员会均已定期召开相应的学术会议,加筋专业委员会已成功举办两届全国大学生加筋土结构设计大赛。这些学术团体和学术活动有效地推动了土工合成材料生产和应用技术在我国的发展。

0.1.3　土工合成材料的种类

1977 年 J. RGiroud 与 J. Perfetti 率先把透水的土工合成材料称为"土工织物(Geotextile)",不透水的称为"土工膜(Geomembrane)"。进入 20 世纪 80 年代,为了更好地满足岩土工程的需要,土工合成材料的应用逐渐增多,以合成聚合物为原料的其他类型的土工合成材料纷纷问世,已经超出了"织物"和"膜"的范畴,两大类分法难以包含。1983 年 J. E. Fluet 建议使用"土工合成材料(Geosynthetics)"概括各种类型的材料。

国际土工织物学会提出了土工织物、土工膜及其相关产品(Geotextile,Geomembranes and Related Products)的分类体系,1983 年 Giroud 提出一种土工合成材料的分类方式,即把土工织物分为四类(针织物、机织物、无纺织物和复合织物),相关产品分为六类(条带编织物、土工垫、土工网、土工格栅、泡沫塑料和复合材料)。但这一分类未能纳入土工膜,用土工织物相关产品也不确切。Geosynthetics World(土工合成材料世界)介绍有关产品和技术讨论时把土工合成材料细分为五类,即土工织物(机织和无纺或非织造)、土工膜、土工格栅(Geogrids)、土工网(Geonets)、土工排水材料(Geocomposite drain)和土工复合材料。这一分类体系已抛弃了以土工织物为主体的思路,为建立新体系奠定了基础。

我国于1998年由水利部会同有关部门共同制定的国家标准《土工合成材料应用技术规范》(GB 50290—1998)将土工合成材料分为四大类(图0-1):土工织物、土工膜、土工复合材料和土工特种材料。

近年来,随着土工合成材料的种类及应用领域的不断扩展,现有的土工合成材料分类体系仍需进一步完善。国内的土工格栅、土工格室、聚苯乙烯板块(土工泡沫)等土工合成材料的应用逐渐普遍,将其分类到土工特种材料不尽合理。因此,土工合成材料分类如图0-2所示。

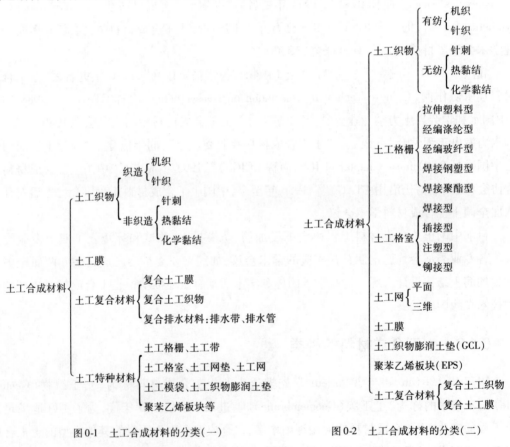

图0-1　土工合成材料的分类(一)　　　　图0-2　土工合成材料的分类(二)

0.2　加筋土结构及其发展概述

土体具有一定的抗压强度和抗剪强度,其抗拉强度却很低。在土体中掺入或铺设适量的加筋材料后,可以不同程度地改善土体的强度与变形特征。将加筋材料埋置在土体中,可以扩散土体的应力、增加土体模量、传递拉应力、限制土体侧向变形,同时还增加土体和其他材料之间的摩阻力,提高土体及有关结构物的稳定性。因此,在填土中加入抗拉材料,通过摩阻力将加筋材料的抗拉强度与土体的抗压强度结合起来,增强土体的稳定性,使土体的整体强度得以提高。该技术已广泛用于修筑路基、挡土墙、桥台、堤坝等工程。

从广义上讲,凡在土体内加入筋材,充分利用土体的抗压强度和筋材的抗拉强度的稳定结合体均可称为加筋土结构,如在软土堤坝的基底铺设单层或多层高强度的土工织物或土工格栅,以约束浅层软土地基的侧向变形,提高土工结构的抗滑稳定性;在桩承式加筋路堤结构中,利用土工合成材料和砂、碎石等组成加筋垫层,以传递和调整基底应力分布,减少不均匀沉降;在路基边坡内加入筋材,以增强边坡的稳定性,防止边坡溜坍等。在土体中水平铺设多层加筋材料,可增大边坡坡率甚至达到垂直,形成加筋土边坡或加筋土挡墙等。

加筋土的应用在国内外都具有悠久的历史。就国外而言,公元前3000年,英国人曾在沼泽地带用木排修筑道路(Koerner,1986);公元前2500年,古罗马人采用编织的芦苇在软基上筑路;公元前2000至1000年,巴比伦人曾利用土中加筋来修筑庙塔;到20世纪20~30年代,美国还试用棉织品加强路面;在第二次世界大战中,英国曾在软基铺设梢辊和帆布,以便装甲车通过。这些早期的加筋土技术完全依靠经验来指导实践。现代加筋土理论是由法国工程师Henri Vidal于20世纪60年代初提出的,并于1963年首次公布了其研究成果,1965年法国在比利牛斯山的普拉聂尔斯修建了世界上第一座加筋土挡墙(Vidal,1969)。由于加筋土技术在法国的成功应用,引起了世界各国工程界、学术界的重视,其发展速度相当快,应用范围也日益广泛。加筋土作为支挡结构,被应用于挡墙、桥台、港口岸墙和地下结构等工程;作为土体的稳定体系,被应用于道路路堤、水工坝体、码头护墙、边坡稳定和加固地基等工程。

20世纪70年代是加筋土技术在世界范围传播、发展的阶段。相应的试验、研究工作也同时进行。当时,研究最为活跃的当属法国桥梁道路中心、美国加州大学、日本国铁和建设省等。法国、美国、日本、德国等国也先后制定了有关加筋土工程的规程、条例和手册。20世纪80年代,除了进一步探讨加筋土结构的基本性状、完善设计计算理论之外,许多国家还在拓宽填料、拉筋材料的应用范围方面做了大量工作。美国联邦公路管理局提供研究基金,以美国加州大学Mitchell为首,与英国、法国学者合作的研究项目"加筋土坡和路堤"于1987年完成了研究报告。美国、英国学者Holtz和Jewell等人开展的用土工合成材料稳定路堤、处理软弱地基方面的研究也取得了重要成果。20世纪80年代以后,美国、法国合作,利用离心机进行模拟试验,以了解不同的筋材、面板刚度、地基土的压缩性以及不同的超载和填料对加筋土结构内部稳定性的影响,并利用有限元法对加筋土结构的设计和试验成果进行数值分析。

自古以来,我国筑土墙加草筋或竹筋,用柴排处理软弱地基,用土袋或树枝压条加固堤岸等,都是应用加筋土的例子。远在新石器时代,我们的祖先就利用茅草作为土的加筋材料。在陕西半坡村发现的仰韶遗址,有很多简单房屋是利用草泥修筑墙壁和屋顶,距今约有五六千年。目前世界上留存较早的加筋土结构是公元前 121 年修建的河西走廊"汉长城",它是以红柳、芦苇编成框架,中间施以砾石,层层叠压而成。为确保其稳固,又用芦苇作垫和土铺在每层之间(图 0-3)。修建于公元前约 77 年的米兰古城古戍堡也是较早的加筋土结构,城垣为夯土筑,夯土层中夹有红柳枝,夯土层上用土坯砌成(图 0-4)。

图 0-3　河西走廊"汉长城"

图 0-4　米兰古城古戍堡

现代加筋土技术在我国的发展和应用是在 20 世纪 70 年代末才开始的。1978—1979 年云南煤矿设计院在田坝矿区建成了 3 座仅 2.4m 高的试验性加筋土挡墙,这也是我国的第一座加筋土挡墙。1980 年又在该矿区建成了一座长 57m、高 8.3m 的加筋土挡墙,建成后使用效果良好。该工程的成功引起了我国土木建筑行业的工程技术人员很大的兴趣,随后在公路、铁路、水运、煤炭、林业、水利、城建等行业和部门迅速发展和推广应用。1980 年,铁路系统在云南某车站站台修建了长 20m、高 1.6m 的加筋土挡墙试验段,这是铁路系统第一座加筋土挡墙。公路系统第一座加筋土挡墙于 1981 年在山西晋城至陵川公路上建成,挡墙长81.75m,最高达 11.37m。同年在浙江天台县清溪河建成了一座长 72m、高 5.2m 的护岸加筋土工程。1984—1985 年,重庆交通学院在重庆长寿白沙湾长江北岸设计并成功建造了一座高近 26m、长 110 余米的加筋土码头,这也是当时世界上最高的加筋土码头工程。

加筋材料是加筋土结构的关键部分,正是因为加筋材料的研究开发才使加筋土技术得到广泛应用并不断发展。大量不同性质的加筋材料出现在生产实践中:最早的为天然植物,如竹筋(竹片)、柳条等;后来在国外大量应用金属材料,如扁钢带、带肋钢带、镀锌钢带、不锈钢钢带等作为筋材;钢筋混凝土带是我国工程技术人员提出的一种加筋材料,这种钢筋混凝土预制件在受拉钢筋外表面包裹一层混凝土,采用分节预制现场焊接的方式作为挡墙的加筋材料;由于土工合成材料良好的加筋效果,以及施工简单、经济有效的特点受到越来越多的广大岩土工作者的青睐,并逐渐取代了其他加筋材料。世界上第一座土工合成材料加筋土挡墙是于 1971 年在法国 Rouen 修建的高 13 英尺(1 英尺 =0.3048 米)、长 66 英尺、墙后黏性土填料的无纺土工织物包裹式挡土墙。自从 20 世纪 80 年代初拉伸塑料土工格栅引入加筋土工程后,仅 1983—1990 年美国就修建了 300 多座土工合成材料加筋土挡墙(Geosynthetics Reinforced Soil Walls, GRSW) 和加筋土陡坡(Geosynthetics Reinforced Soil Slopes, GRSS)。由于土工格栅这种具有网孔结构的新型土工合成材料依靠其特有的网孔对土的嵌固作用与咬合作用,加筋效果更加明显,在加筋土挡墙和加筋土陡坡中的应用比例日益增加。

软土地基的主要工程性能特点是强度偏低、压缩性偏高。由于软土层主要由黏土矿物组成,透水性差,在附加荷载作用下,固结变形历时长。在一些地区分布的软土层具有明显的触变性、结构性和欠固结特点。软土地基的这些特殊性给在其上建设的构筑物提出了很大的挑战。在软土地基上进行公路和铁路路堤工程建设,主要面临整体稳定性和变形控制两方面的技术问题,同时也受到施工工期、投资额度和施工工艺水平等的限制。随着人类对软土特性认识的深入和软土地基上工程建设经验的积累,逐步形成了一套行之有效的工程技术手段。如堆载预压法和真空预压法,以及一系列复合地基技术,工程技术人员可以根据软土地基特点和工程建设需要来选择合理的技术手段,以提高地基稳定性和控制过大的工后沉降。

从土工合成材料加筋技术的角度考虑,软土地基上加筋垫层路堤的加固措施大致可以分为两类:①将土工格栅、土工织物或者土工格室设置在路堤底层,形成加筋垫层,以提高路堤的稳定性[图 0-5a)和图 0-5c)],很多情况下软基中事先插设塑料排水板以加速软土地基的固结沉降[图 0-5b)];②采用竖向增强体与水平加筋垫层的复合体系,即使用桩承式加筋路堤或桩网复合地基,以同时提高路堤稳定性和控制地基变形[图 0-5d)]。

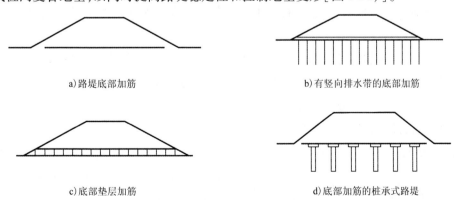

a)路堤底部加筋　　　　　　　　　　　　　b)有竖向排水带的底部加筋

c)底部垫层加筋　　　　　　　　　　　　　d)底部加筋的桩承式路堤

图 0-5　软土地基上的加筋路堤

国内外大量的研究表明,加筋垫层可以有效提高软土地基上路堤的填土高度和路堤稳定性,能约束路堤侧向位移和软基侧向挤出变形,可减小地基的不均匀沉降和总沉降。目前加筋垫层路堤在软土地区公路、铁路、水利堤坝等工程建设中的应用较为广泛,国内外学者对土工合成材料加筋路堤从理论到实践进行了广泛深入的研究,取得了重要的研究进展。

桩承式加筋路堤或桩–网复合地基可以有效地控制路基总沉降、工后沉降和不均匀沉降,约束路基侧向变形,满足建设工程稳定性和变形方面的技术要求,可加快填筑施工,缩短工期。目前其在国内外已被广泛应用于软土地基或其他特殊土地基上桥头连接路堤工程、已有公路路堤的拓宽工程和新建公路、铁路的路堤工程,以及在松软土分布区修建的挡墙、储油罐、储煤场、大面积场坪等工程。

自 20 世纪 80 年代以来,特别是近 10 年,经过国内外学者的努力,已经认识到桩承式加筋路堤的核心工作原理是桩土差异沉降引起的路堤土拱效应和水平加筋层的拉膜效应,桩–筋材–桩间土的相互作用决定了桩土荷载分担和加筋作用。但是,关于土拱形态的假定缺乏实证,对形成全拱的条件在认识上很不一致,关于桩土差异变形、加筋作用和填土性质对土拱效应影响的评价以定性为主。这一状况造成各国规范中桩承式加筋路堤的设计准则和分析方法差异很大。另外,多国规范都假定桩间土不承担路堤荷载,这一假定显得过于保守,使得桩承式加筋路堤的经济价值难以体现。

桩承式加筋路堤是由地基、桩和桩帽、加筋垫层与路堤填土所构成的复杂土工结构体系。在该体系中,除了软土地基条件、路堤几何尺寸和填土性质可能不同外,在工程实践和研究中,人们采用了不同材质和刚度的各种桩型(木桩、混凝土桩、水泥土搅拌桩、碎石桩、CFG 桩等)对原地基进行加固,有的打穿软土层,有的因软土层太厚而没有打穿;桩按正方形和梅花形布桩的形式皆有;桩帽不仅尺寸不一,而且有圆形、方形或长方形之分,甚至是梁板;在一些工程或模型试验中,在桩顶设置或不设置水平加筋层的情况均有;采用加筋材料时,多数在路堤垫层内设置一层,但使用两层或三层筋材的情况也有报道。因此,不同情况下复合地基的桩土应力比或桩土荷载分担比存在明显差异,桩承式加筋路堤的工作机理将随之不同。

由于在软土地基加固时采用的桩型(刚度与长度)不同,国内同时出现两个名称:"桩网复合地基"和"桩承(式)加筋路堤"。前者着眼点是复合地基,不论采用何种桩型,强调桩–网–土的协调工作和共同分担上部荷载;后者侧重"桩承路堤",多采用刚性桩,充分考虑填土路堤内的土拱效应,特别是在水平加筋膜效应下,由桩体分担绝大部分路堤荷载与附加荷载,在特定情况下桩间土可以不承担上部荷载。从国外工程实践和研究报道来看,该体系的英文名称也有两个,即 Load Transfer Platform(LTP,荷载传递平台)和 Piled Embankment(桩承堤),有时后者也称为 Geosynthetic Reinforced and Pile-supported Embankment(简称 GRPS embankment),或者 Piled Embankment with Geosynthetic Reinforcement 和 Geosynthetic Reinforced and Piled Embankment(简称 GRPE)。

0.3　本指南编制的目的与内容

0.3.1　编制目的

从目前我国加筋土结构的应用来看,由于加筋土地基作用机理相对较为明确,对提高承载力、减小地基沉降有一定的贡献,并且施工简单,工程风险相对较小,在工程中的应用较为广泛。但加筋土挡墙和陡坡作用机理复杂,为了保证结构的稳定性并控制其变形,对加筋材料的类型、力学指标及耐久性的要求较为严格,施工工艺需要精细化管理并实行标准化施工,虽然其具有节地、环保、经济、抗震性好(图0-6)等优势,但在工程应用中不是很广泛。

a)地震前　　　　　　　　　　　　　　　b)地震后

图0-6　加筋土挡墙良好的抗震性能(神户地震,左侧为加筋土挡墙)

虽然加筋垫层和桩承式加筋路堤在我国公路和铁路路基工程中得到了越来越多的应用,我国学者也对桩承式加筋路堤或桩网复合地基进行了一系列的研究,取得了重要研究进展,并已制定了我国桩网复合地基设计标准。但是,该技术标准更多的是借鉴国外规范的设计方法,并没有反映国际上的最新研究成果和我国已有的工程实践经验。

对于加筋土陡坡或加筋土挡墙结构来说,由于加筋材料本身和筋—土界面特殊的工程性质以及加筋土结构作用机理的复杂性,对其设计理论、计算方法的研究不够深入。国内外对加筋机理、加筋土结构的设计原理和方法、有关设计参数的合理取值等重大问题仍存在许多分歧。许多理论和方法正在发展中。同时,部分工程技术人员也存在着对设计方法、参数选取、筋材选用、施工控制等重要问题掌握不透等情况,导致一些加筋土工程出现一些问题,如美国田纳西州某公路的14座土工合成材料加筋土挡墙中有4座墙高12m以上的挡墙均因过大的水平变形而坍塌破坏;我国某加筋土挡墙(总墙高57m,分三级墙)因墙面板与相邻填土间的沉降差大而导致局部垮塌(图0-7);312国道宁镇公路高度为11m的加筋土挡墙因变形过大也发生失稳。也有的加筋土挡墙由于加筋材料与面板的连接失效导致面板脱落(图0-8)或由于地基失稳导致结构破坏(图0-9)。

a)　　　　　　　　　　　　　　　　　　　b)

图 0-7　重庆巫山加筋土挡墙破坏及修复后实体图片

图 0-8　墙面板脱落　　　　　　　　图 0-9　加筋土挡墙因地基失稳而破坏

　　尽管如此,近年来,在科研人员和工程技术人员的努力下,我国土工合成材料加筋土结构的研究与应用得到了长足发展,目前已成为土工合成材料应用大国,各行业中一批有标志性的加筋土结构应运而生。为了满足高速列车安全运营要求,桩承式加筋路堤已成为我国高速铁路地基处理的主要形式。国内首座高速铁路加筋土挡墙已于 2014 年在青荣城际铁路建成通车;湖北省宜巴高速公路某段建成最大高度 51.3m 的加筋土陡坡;1998 年云南楚大高速公路建成加筋土高墙(墙高 43m);锦屏电站工程修建了 66m 高的加筋陡坡;广西河池机场修建了 60m 高的加筋土挡墙;湖北神农架机场修建了 61m 高的加筋土挡墙;承德机场修建了 40m 高的加筋土挡墙;青藏铁路修建了长约 4.7km 的多年冻土区加筋土挡墙;云广特高压工程楚雄换流站修建了 28m 高加筋土边坡等。这些加筋土结构已取得了显著的社会、经济和环保效益。

　　自 1998 年之后,我国各行业相继出版了土工合成材料应用的相关技术标准、规范和指南,对主要加筋土结构的设计应用等进行了规定和说明,对我国土工合成材料加筋土结构的应用起到了积极的推动作用。但这些文献涉及加筋土结构的内容过于简单,而且当时国内尚缺乏自己的经验,主要参考国外有关规范制定的,不一定都适合我国的情况。为了进一步推广应用土工合成材料加筋土工程,满足广大设计、施工、科研人员和生产厂家的迫切需求,中国土工合成材料工程协会加筋专业委员会组织了高等学校、研究院、设计院和国内五家具有设计能力的土工合成材料加筋材料生产企业等有关专家共同编写《土工合成材料加筋土结构应用技术指南》一书,作为国内相关技术标准、规范和指南的补充,并对带有方向性的一些技术加以介绍,以期积累经验,为进一步应用推广奠定基础。

本指南主要引用或参考的国内外标准如下:

《土工合成材料应用技术规范》(GB/T 50290—2014)。

《铁路路基支挡结构设计规范》(TB 10025—2006)。

《公路路基设计规范》(JTG D30—2015)。

《公路土工合成材料应用技术规范》(JTG/T D32—2012)。

《铁路路基土工合成材料应用设计规范》(TB 10118—2006)。

《水运工程土工合成材料应用技术规范》(JTJ 239—2005)。

《水利水电工程土工合成材料应用技术规范》(SL/T 225—1998)。

AASHTO LRFD Bridge Design Specifications. 6th Edition. American Association of State Highway and Transportation Officials,2012.

FHWA-NHI-10-024/025. Design and Construction of Mechanically Stabilized Earth Walls and Reinforced Soil Slopes(Volume Ⅰ/Ⅱ),2009.

Design manual for segmental retaining wall. 3rd Edition,National Concrete Masonry Association,2010.

BS 8006-1:2010. Code of practice for strengthened-reinforced soils and other fills,2010.

Nordic guidelines for strengthened/reinforced soils and fills,2008.

RRR 工法协会. RRR-B 工法设计与施工规范.

Deutches Institut Fur Bautechnik Design Method Approval Certificate Z 20.1-102.

EBGEO 2011,Recommendations for design and analysis of earth structures using geosynthetics reinforcements,2011.

0.3.2　编制内容

第1章　加筋材料及其特性

首先介绍加筋材料的主要类型,然后从物理特性、力学特性和耐久性等方面分析加筋材料的工程特性,详细介绍了加筋材料与土体之间的界面摩擦特性,分析主要加筋材料的产品指标,确定加筋土结构中筋材的设计参数,给出加筋材料-土界面作用系数设计建议值和填土相关设计参数建议值。

第2章　加筋土边坡

分析加筋土边坡的形式和组成,介绍加筋土边坡的破坏模式与加筋土边坡的设计要素,详细介绍加筋土边坡的设计步骤,分析加筋土边坡的防护排水设计,对多级加筋土高边坡、加筋土边坡与原边坡的联合加固、土工管袋加筋路堤等特殊加筋土边坡进行研究,制订加筋土边坡施工技术及施工质量保证措施。

第3章 加筋土挡墙

介绍加筋土挡墙的组成,从外部稳定性、内部稳定性、整体稳定性和变形破坏等方面分析加筋土挡墙的破坏模式,详细介绍一般加筋土挡墙设计步骤并给出了设计算例,简要介绍了多级加筋土挡墙和刚性面加筋土挡墙等特殊结构加筋土挡墙设计方法,阐述了各种加筋土挡墙的施工技术及质量控制方法。

第4章 加筋垫层路堤

针对软弱土地基上修建路堤面临的承载力不足和变形过大等问题,提出了采用加筋垫层或加筋垫层与地基加固(设置竖向增强体)联合使用的分析方法和技术措施。分别论述了仅用加筋垫层和桩承式加筋路堤的失效模式与工程要求、设计步骤,详细说明加筋垫层和桩承加筋路堤的设计验算方法,规定了相关的构造要求、材料选择、施工要点与质量控制方法,最后给出了桩承式加筋路堤的设计算例,以供参考。

第5章 加筋土结构工作性能现场监测

分析加筋土结构工作性能监测的目的与意义,介绍加筋土挡墙现场监测传感器类型,提出加筋土挡墙现场监测系统设计,介绍加筋土结构现场监测案例。

附录1 数值计算在加筋土结构设计中的应用

首先进行加筋土结构数值计算概述,然后分析数值计算在加筋土结构设计中的必要性,提出加筋土结构有限元数值计算思路与计算模型,给出加筋土结构数值计算模型参数取值,提出数值计算在加筋土结构设计中需要注意的问题并提出基于数值分析方法的工作状态设计,最后分别对加筋土挡墙、加筋土路堤和加筋土边坡算例进行数值计算分析。

附录2 加筋土挡墙其他设计方法简介

对美国 FHWA 方法、德国 DIBt 方法以及英国 BS8006 方法等国外主流的加筋土挡墙的设计方法进行了简要介绍。

附录3 加筋土结构典型工程案例

收录了企业界近期完成的土工合成材料加筋土结构典型案例。在每个案例中,介绍了加筋土结构应用的背景,概述了设计过程和典型断面,并对结构服役效果进行了评价。通过这些典型案例尝试回答:什么情况(领域、项目)适合采用加筋土结构? 如何应用加筋土结构? 加筋土结构的服役效果如何? 为读者,特别是加筋土结构使用者提供一个范例,一个参考。

第1章 加筋材料及其特性

编写人:张孟喜　丁金华
审阅人:包承纲(长江科学院)

1.1 加筋材料的类型

1.1.1 概述

迄今为止,加筋材料经历了从天然织物纤维、金属加筋材料、钢筋混凝土或钢塑复合加筋材料,到土工合成材料的发展过程。土工合成材料是随着高分子聚合物材料的发展而出现的一种新型加筋材料。凭借其独特的加筋效果以及经济实用等优点,土工合成材料在加筋材料领域得到了大力的推广和应用,同时也推动了整个加筋体系的发展。

加筋材料种类繁多,并且不停地有新材料涌现,至今暂无统一的分类准则。从几何形状上,加筋材料可分为一维、二维、三维;从形式上,加筋材料可分为条棒式、条带式、网眼型宽幅加筋、非网眼型宽幅加筋等;从原材料上,加筋材料可分为天然加筋材料、合成加筋材料、金属加筋材料。具体分类见图1-1。

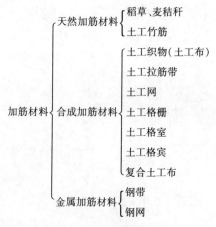

图1-1 土工合成加筋材料的分类

1.1.2 土工织物

土工织物俗称土工布,是由纺织布、非织造布、编织或缝黏纤维或纱线形成的扁平材料物,土工织物质地柔软且具透水性,是目前工程中应用最广泛的一种土工合成材料。它具有重量轻、整体连续性好(可做成面积较大的整体,目前在长度上可特制成数百米到上千米长)、易加工、施工方便、抗拉强度高、耐腐蚀和侵蚀、渗滤性好、施工方便、能与土很好地结合等诸多优点,使得土工织物广泛地用于隔离、过滤、排水、加筋、包裹(排污、排废)和水土保持等方面。按照制造方法可分为有纺土工织物和无纺土工织物,具体分类见图1-2。

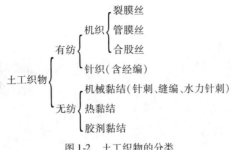

图 1-2　土工织物的分类

1）有纺土工织物

有纺土工织物是由长丝或纱按照一定方向排列机织而成的结构物,又分为机织型和针织型两类。机织型土工织物由两组平行的细丝或纱按一定方式交织而成,两组细丝是垂直的,如图 1-3a）所示,但也可织成斜角方向的。沿机器方向的称为经纱,横过机器方向的称为纬纱。单丝与细条的土工织物一般很薄,约为 0.5mm,多丝、细纱、原纤维纱的土工织物较厚,一般为 3~5mm,特殊的可达 10mm。针织型土工织物中典型的有经编型土工织物,它是用经编线把经纬线的交叉连接起来,如图 1-3b）所示。与机织型相比,针织型土工织物具有较高的抗拉强度和较低的延伸率（图 1-4、图 1-5）。

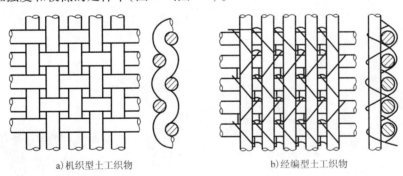

a）机织型土工织物　　　　　　　　b）经编型土工织物

图 1-3　机织型与经编型土工织物的结构图

图 1-4　针织型土工织物

图 1-5　机织型土工织物

2）无纺土工织物

无纺土工织物是细丝或纤维随机或定向排列而成的蓬松纤网经过机械加工使之连接起

来而成的结构物,如图1-6、图1-7所示。为了增强土工布的适应性,往往会对土工织物做涂层、叠层或化学处理,使之满足实际工程中防火、防燃、防菌、防霉等特殊要求。

图1-6　短纤针刺型土工织物　　　　图1-7　长丝纺黏型土工织物

1.1.3　土工拉筋带

土工拉筋带是通过挤压、压延及上涂料,或者以聚酯纤维为芯材外覆聚乙烯保护鞘制成的土工加筋材料,包括塑料土工带、钢塑土工带等,具有拉力大、寿命长、造价省、施工便捷、抗拔性能好等工程特性。土工拉筋带适用于公路路基、铁路路基、港口码头、护岸等工程,目前使用较多的有钢塑复合拉筋带。拉筋带还可采用玻璃纤维或聚酯纤维做成,外面再裹以塑料套,一般在套表面具有防滑花纹,增大与土的摩阻力,如图1-8所示。

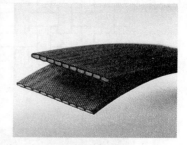

　a)钢塑复合拉筋带　　　　　　b)玻璃纤维拉筋带　　　　　　c)聚酯纤维拉筋带

图1-8　土工拉筋带

1.1.4　土工格栅

土工格栅是目前应用最广的一种加筋材料,其种类较多,按照原材料及成型工艺,土工格栅的具体分类如图1-9所示。土工格栅的主要类型有单向拉伸塑料土工格栅、双向拉伸塑料土工格栅、多向拉伸塑料土工格栅、双向经编涤纶土工格栅、双向焊接聚酯土工格栅、双向焊接钢塑土工格栅、双向经编玻纤土工格栅等。

拉伸塑料土工格栅
经编涤纶土工格栅
土工格栅 焊接钢塑土工格栅
焊接聚酯土工格栅
经编玻纤土工格栅

图1-9　土工格栅的分类

1)拉伸塑料土工格栅

拉伸塑料土工格栅一般有单向拉伸、双向拉伸和多向拉伸塑料土工格栅等多种形式。

单向拉伸塑料土工格栅主要采用高密度聚乙烯(HDPE)或聚丙烯(PP)为原料,其拉伸强度高,延伸率低,适应各种土壤,是目前广为采用的一种较理想的加筋材料,如图1-10a)所示。

双向拉伸塑料土工格栅主要采用聚丙烯(PP)为原料,用于加筋时能将应力均匀分布于各个方向,整体性更好,适用于大面积永久性承载的地基补强,如图1-10b)所示。

三向拉伸塑料土工格栅是在单向和双向拉伸塑料土工格栅的基础上,研发和改进的新型产品,主要采用材料是聚丙烯(PP)。其主要特点是接近各向同性,且在360°方向上具有相似的拉伸模量,能与土体完全接触,这样应力分布更均匀,增加了筋土界面的摩擦力,可以更好地跟土体嵌锁,如图1-10c)所示。

  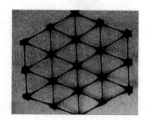

a)单向拉伸塑料土工格栅　　b)双向拉伸塑料土工格栅　　c)三向拉伸塑料土工格栅

图1-10　拉伸塑料土工格栅

2)经编涤纶土工格栅

经编涤纶土工格栅采用涤纶纤维长丝为原材料,经纬向定向编织成网格坯布,涂覆聚氯乙烯(PVC)胶或丁苯胶乳加工成的平面网状结构土工格栅,如图1-11所示。其强度高且模量大,蠕变小,抗撕裂性能好,但制造要求较高。

3)焊接钢塑土工格栅

钢塑复合土工格栅是以高强钢丝(或其他纤维)为原材料,经特殊处理,与聚乙烯(PE)混合,并添加其他助剂,通过挤出使之成为复合型高强抗拉条带,且表面有粗糙压纹。由此单带在经、纵方向按一定间距编织或夹合排列,采用特殊强化黏结的熔焊技术,焊接其交接点而成型。如图1-12所示。

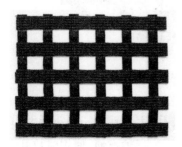 

图1-11　经编涤纶土工格栅　　　　图1-12　焊接钢塑土工格栅

4）焊接聚酯土工格栅

PET 聚酯焊接土工格栅以聚酯为主料，加入抗老化剂和其他助剂，经过低倍数机械拉伸成精制肋条，按平面经纬成直角，经超声波特殊焊接成型的土工合成材料。根据工程需要用不同网孔直径及肋条宽度、厚度来改变筋带的拉力大小。如图1-13 所示。

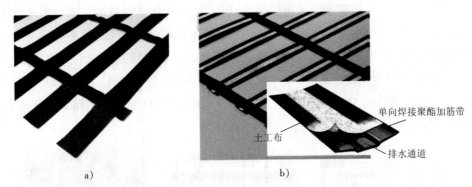

a)　　　　　　　　b)

图1-13　焊接聚酯土工格栅

5）经编玻纤土工格栅

经编玻纤土工格栅是以玻璃纤维为原料，采用一定的编织工艺制成的网状结构材料，采用纤维长丝双面涂覆而成，如图1-14 所示。它充分利用织物中纱线强力，改善其力学性能，使其具有良好的抗拉强度、抗撕裂强度和抗蠕变性能。此外还有拉伸强度高、熔点高、耐腐蚀的特性，以及与沥青混合料的相容性好等特点。

图1-14　经编玻纤土工格栅

1.1.5　土工格室

土工格室（Geocell）是在 20 世纪 80 年代初国际上出现的一种新型土工合成材料，是由高分子片材制成的三维网状立体结构。它伸缩自如，运输方便，使用时拉开在网格中填入土石或混凝土等，构成具有很强的承载能力和强大的侧向限制的结构体。土工格室按照片材是否有孔分为有孔型土工格室和无孔型土工格室,前者有利于侧向排水。

普通土工格室为单根断头片材分层焊接而成,在工程实际受力状态下,受力的薄弱点是片材与片材之间的焊接点位置,如图 1-15 所示。

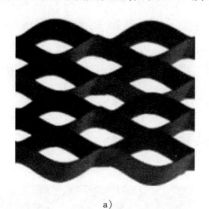

a)　　　　　　　　　　　　　　　　　b)

图 1-15　普通土工格室

高强土工格室是在塑料片材中加入低伸长率的钢丝、玻璃纤维、碳纤维等材料,经过拉伸而成的高强度条带状复合材料、高密度聚乙烯(HDPE)或改性共聚丙烯条带,经超声波强力焊接、铆接、插销或注塑连接,如图 1-16 所示。其抗拉强度很高,可达到普通格室的 10 倍左右。

a)超声波焊接　　　　　　　　　　　　　b)铆钉连接

c)插销连接　　　　　　　　　　　　　d)注塑连接

图 1-16　高强土工格室

1.1.6 加筋格宾

加筋格宾是以经过特殊防腐处理的低碳钢丝经机编而成的双绞合六边形金属网面加筋结构,面墙与拉筋均为同一钢丝网面制成,消除了面板与筋带连接处的薄弱环节。其中,加筋格宾面墙为格宾网箱,面墙填充石料,墙面板上可采用人工插枝、土工包等方式进行绿化,具有较好的景观效果,加筋格宾结构如图1-17所示。绿色加筋格宾为反包式面板,并采用钢筋面板及支撑架增加刚度,在面墙钢丝内侧铺设可降解生物垫,作为一种生态型加筋技术,可采用喷播、加设营养土和草种绿化,或者人工植入枝条或藤蔓草种进行绿化,全部墙面可完全绿化,具有极佳的生态效果。一般以45°、65°、70°形成坡面,如图1-18所示。

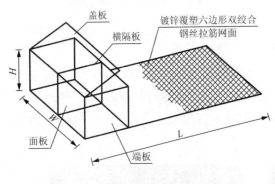

a) 加筋格宾构件部件图

b) 实景图

图1-17 加筋格宾结构示意图

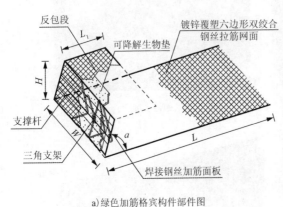

a) 绿色加筋格宾构件部件图

b) 实景图

图1-18 绿色加筋格宾结构示意图

用做编织加筋格宾的钢丝只能采用低碳钢丝,目的是保证在编织过程中钢丝不受损伤,且能体现格宾柔韧性的特点。若在钢丝表面包覆上一层聚合物(如PVC、PA6、PE、PP等),能使结构具有防锈、防静电、抗老化、耐腐蚀、高抗压、高抗剪等性能。加筋格宾和绿色加筋格宾网结构可应用于路基防护、江河湖岸和其坡脚防护等工程。图1-19为加筋格宾和绿色加筋格宾挡土墙。

a) 加筋格宾挡土墙　　　　　　　　　　　　　b) 绿色加筋格宾挡土墙

图 1-19　加筋格宾挡土墙

1.1.7　土工编织袋

早期,土工编织袋用于软弱地基处理,由土工布缝制而成(图 1-20),可向袋内充填素土、掺石灰、水泥、砂砾、矿渣、建筑垃圾或疏浚土料等填料。土工编织袋具有耐腐蚀性强、抗老化、不降解、施工简单等特点,目前广泛使用的生态袋属于可降解产品,符合环保理念。土工编织袋可广泛应用于海岸防护、抗洪抢险、沼泽地修复、冲刷防治、填海造陆和垃圾处理等工程以及填筑公路和铁路路基、堤防、丁坝、沙丘等构筑物。图 1-21 为土工编织袋用于护坡。

图 1-20　土工编织袋　　　　　　　　　　　图 1-21　土工编织袋用于护坡

向编织袋内充填的填土一般占编织袋体积的 70% ~80%。过多量的充填土会使土工编织袋搬运困难且在碾压过程中容易被撑破;过少量的充填土会使碾压后的土工编织袋失去侧向限制作用,无法达到加筋的效果。大型编织袋尺寸一般为 150cm × 150cm × 40cm,袋口有高强度拉链,填料充填后,直接将拉链拉上,主要应用于重大永久性构筑物。小型土工编织袋的尺寸一般为 40cm × 40cm × 10cm,主要采用对口绑扎连接。

1.2 加筋材料的工程特性

1.2.1 物理特性

1）厚度

加筋材料（一般为土工织物）的厚度是指在承受一定压力（一般为 2kPa）时，材料上下两个平面间的距离，单位为 mm。由于土工织物在承受不同压力时厚度变化很大，且随加载时间的延长而减小。为确保准确，规定施加的压力为 2kPa、20kPa 和 200kPa，加压时间为 30s。

土工织物厚度测试具有专门的测试仪，如图 1-22 所示。加压面积为 $25cm^2$，基准板和试样面积为 $50cm^2$。测量时，将试样放置在厚度测定仪基准板上，用于基准板平行、下表面光滑、面积为 $25cm^2$ 的圆形压脚板对试样施加压力，压脚与基准板间的距离即为土工织物的厚度。试样不少于 10 块。测得每块试样厚度后，结果取平均值，并计算均方差和变异系数。

土工织物的厚度对计算其孔隙率、透水性及过滤性等水力特性的影响很大，测量时需保证精度。

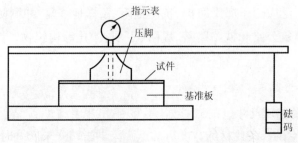

图 1-22　厚度测试仪示意图

2）单位面积质量

单位面积质量是指单位面积加筋材料具有的质量，单位为 g/m^2。它不仅能反映加筋材料的均匀程度，还能反映材料的抗拉强度、顶破强度和渗透系数等特征。

单位面积质量的测试方法为称量法。在样品上剪取 10 块面积为 $100cm^2$ 的方形或圆形试样，剪裁和测量精度为 1mm。用感量为 0.01g 的天平进行测量，每块试样测量一次，测试前要求试样在标准大气压下恒温 20℃ ±2℃、恒湿 65% ±4% 24 小时［根据《纺织品 调湿和试验用标准大气》（GB/T 6529—2008）］。

根据测试结果，按式（1-1）计算每块试样的单位面积质量，即

$$m = \frac{M \times 10000}{A}$$ (1-1)

式中：m——单位面积质量（g/m²）；

　　　M——试样质量（g）；

　　　A——试样面积（cm²）。

根据成果整理的方法计算单位面积质量的平均值、均方差和变异系数。

除了称重法外，还有其他一些方法均可测试加筋材料的单位面积，可按其他试验的试样尺寸裁剪样品，例如按拉伸试验或渗透试验的试样尺寸制样，但需保证试样面积不小于100cm²。

3）土工格栅的物理尺寸

对于土工格栅一类具有网格形状的加筋材料来说，其加筋作用不仅由纵/横向肋条与填土的摩擦力提供，更主要的反映在网格孔眼与填土间的嵌固咬合力，因此，其加筋效果既与筋材表面的摩擦特性有关，也与网格所占的面积比及肋条厚度有关。相关参数可以由网格尺寸和肋条厚度来表征。

图1-23表示的单向拉伸塑料土工格栅的网格尺寸包括：横肋间网孔间距 A_L，横肋宽度 B_{WT}，纵肋间网格间距宽度 A_T，纵肋宽度 F_{WL}，以及横肋厚度 t_B 和纵肋厚度 t_F。

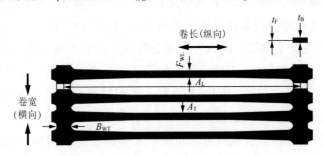

图1-23　单向拉伸塑料土工格栅网格尺寸图

4）土工格室的物理尺寸

土工格室产品的物理尺寸包括：格室高度 H，格室片厚度 T，及结点距离 A。其中，格室高度 H 即为制作格室的长条片材的宽度。结点距离即指格室未展开时，片材两个相邻连接点之间的最短距离，如图1-24所示。

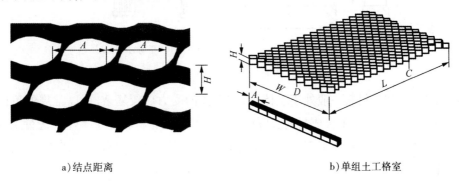

a）结点距离　　　　　　　　　　　b）单组土工格室

图1-24　土工格室示意图

A-节点距离；H-格室高；L-单组格室展开后的长度；W-单组格室展开后的宽度；D-土工格室中间结点；C-土工格室边缘结点

1.2.2 力学特性

反映加筋材料力学特性的指标有:抗拉强度、撕裂强度、握持强度、胀破强度、顶破强度、刺破强度、穿透强度、蠕变性、延伸率及土工格室节点强度等。

1)抗拉强度

土工合成加筋材料一般都是柔性材料,抗弯能力均较低,工程中主要利用材料的抗拉强度发挥作用,因此抗拉强度是加筋材料最主要和最重要的力学特性指标,直接影响到加筋体的侧向位移、竖向沉降和安全使用寿命等。土工织物在受力过程中厚度是变化的,不易精确测定,故其受力大小一般以单位宽度所承受的力来表示,而不是用单位截面积上的力来表示。

(1)测试方法

目前,可以采用条带拉伸试验来测定加筋材料的抗拉强度,原理是将试样的两端用宽度大于或等于试样宽度的夹具夹住,试验前设定横梁的拉伸速率,试验开始后横梁会按照该速率移动则对试样产生拉伸作用而使试样承受荷载,直至试样破坏。测得试样自身断裂强度及变形,并绘出应力–应变曲线。国内外大多数规范都规定土工合成材料拉伸试验分为宽条带拉伸和窄条带拉伸试验法。无纺土工织物应采用宽条拉伸试验法进行,所用试样有效宽度 200mm,长度 100mm,宽长比 $B/L = 2$;有纺土工织物等可采用窄条拉伸试验法,所用试样有效宽度 50mm,长度 100mm,宽长比 $B/L = 1/2$。如图 1-25 所示。

对于土工格栅,其拉伸试验也可分为单肋法和多肋法[图 1-25c)],试样长度方向至少包含两个完整单元,长度不小于 100mm。

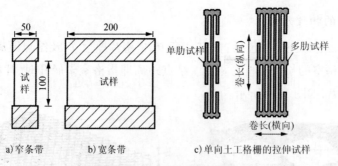

a)窄条带   b)宽条带   c)单向土工格栅的拉伸试样

图 1-25 拉伸试验试样(尺寸单位:mm)

实际工程中,加筋材料一般处于土体中,与土体的受力比较复杂,所以常规的单向拉伸试验并不能真实地反映土工合成材料实际的工程性状。但将材料埋于土体中进行土与材料相互作用的试验十分复杂,模拟现场工程条件和应力应变特性的试验方法尚不成熟,因此目前仍沿用上述方法。

(2)测定值计算

加筋材料的抗拉强度是指试样在拉力机上拉伸至断裂的过程中,单位宽度所承受的最大拉力,单位为 kN/m。

①片状土工织物类拉伸强度计算:

$$T = \frac{P_{\mathrm{m}}}{B} \times 1000 \qquad (1\text{-}2)$$

式中:T——抗拉强度(kN/m);

　P_{m}——拉伸过程中最大拉力(kN);

　B——试样的初始宽度(mm)。

②土工格栅抗拉强度计算:

$$T = \frac{f \times N}{n} \qquad (1\text{-}3)$$

式中:f——试样的最大拉力值(kN);

　N——格栅单位宽度 1m 的肋数;

　n——试样的肋数(单肋法时 $n=1$;多肋法一般为 $n=3$)。

③土工格室片材抗拉(屈服)强度计算:

$$\sigma = \frac{F}{b_1 \times T} \qquad (1\text{-}4)$$

式中:σ——拉伸屈服强度值(MPa);

　F——所测试样的屈服强力(N);

　T——格室片厚度(mm)。

拉伸模量通常是指在某一应力(或某一应变率)范围内的模量,单位为 N/m 或 kN/m。拉伸试验所得试样的应力 – 应变曲线通常是非线性的,因此拉伸模量也不是常数。拉伸模量的表示方法有:初始切线模量、偏移切线模量、割线模量,如图 1-26 所示。

初始切线模量 E_{t}:当曲线在初始阶段是线性时,则取曲线的初始切线作为材料的模量值,如图 1-26a)所示。这种方法适用于大多数土工格栅和有纺织物。

偏移切线模量 E_{ot}:当曲线的斜率在初始阶段很小,接着又近似于线性变化时,则取直线段的斜率作为材料的模量值,如图 1-26b)所示。此法适用于无纺织物。

割线模量 E_{s}:当曲线始终呈非线性变化时,则可以利用割线模量,即从坐标原点到曲线上某一点连一直线,直线的斜率则作为相应于此点应变时的拉伸模量,如图 1-26c)所示。

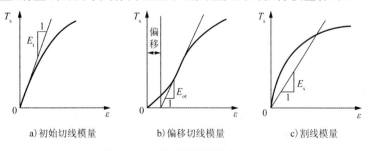

a)初始切线模量　　　　b)偏移切线模量　　　　c)割线模量

图 1-26　土工织物的模量的确定方法

2）延伸率

延伸率（ε）是描述材料塑性性能的指标。延伸率即试样拉伸断裂后标距段的总变形 ΔL 与原标距长度 L 之比的百分数：$\varepsilon = \Delta L / L \times 100\%$。工程上常将 $\varepsilon \geqslant 5\%$ 的材料称为塑性材料，而把 $\varepsilon \leqslant 5\%$ 的材料称为脆性材料。

加筋材料的延伸率是指试样长度的增加值与试样初始长度的比值，用百分数（%）表示。伸长量可直接量测，或由记录曲线上量取。计算公式为：

$$\varepsilon = \frac{L_f - L_0}{L_0} \tag{1-5}$$

式中：ε——延伸率（%）；

L_0——试样初始长度（mm）；

L_f——对应最大拉应力时的试样长度（mm）。

3）梯形撕裂强力

撕裂强力指当试样已有裂口而抵抗其继续扩大所需要的力，可用于评价材料被撕裂的难易程度。

目前撕裂强力试验沿用纺织品标准测试方法，常用的纺织品撕裂试验，按试验形状分为梯形法、翼形法及舌形法，舌形法又分为单缝与双缝两种，如图 1-27 所示。目前多采用梯形法来测试土工织物等加筋材料的撕裂强力。

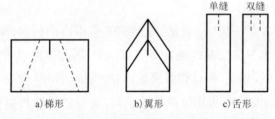

| a）梯形 | b）翼形 | c）舌形 |

图 1-27　撕裂试验的试样形状

梯形撕裂强力的测试方法为：首先在宽度为 75mm、长度为 150mm 的试样上画出等腰梯形，并切 15mm 的切口，如图 1-28a）所示；然后将试样沿梯形的两个腰夹在拉力机两平行的夹具上，夹具的初始间距为 25mm，如图 1-28b）所示；以 100mm/min 的速率拉伸试样，使裂口扩展到整个试样。撕裂过程中试样所受的最大拉力即为撕裂强力，单位为 N。每种材料经向和纬向各取 10 块试样，结果取平均值。

4）其他力学特性指标

（1）握持强力

握持强力是反映土工织物分散集中荷载的能力。握持强力的测试方法与抗拉强度的基本相同，是夹具夹住织物的宽度而进行的一种拉伸试验。试样尺寸和夹持方法：试样宽 100mm、长 200mm，夹具宽 25mm、长 50mm，拉伸速率为 100mm/min。试样拉伸直至破坏过程中出现的最大拉力，即为握持强力，单位为 N 或 kN。

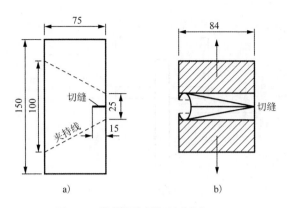

图 1-28　梯形撕裂试样(尺寸单位:mm)

(2)胀破强度和顶破强度

工程应用中,土工织物常被置于两种不同粒径的材料之间,与加筋层相邻的填料会对其产生挤压作用。根据填料粒径大小及形状,加筋材料按接触面的受力特征和破坏形式可分为顶破、刺破和穿透几种受力状态。

目前工程界主要采用胀破强度、CBR 顶破强度和圆球顶破强度三种强度指标表示土工织物抵抗外部冲击荷载的能力。相应测试方法的共同特点是试样为圆形,用环形夹具将试样夹住;其差别是试样尺寸、加荷方式不同。

(3)刺破强力

刺破强力是指土工织物在小面积上受到法向集中荷载,直至刺破所能承受的最大力,单位为 N。刺破强力能模拟加筋材料受到尖锐棱角的石子或树枝等的压入而刺破的情况。

(4)落锥穿透试验

落锥穿透试验是模拟工程施工中具有尖角的石块或其他锐利物掉落在土工织物的情况,用穿透试验所得孔眼的大小,评价土工织物抵御穿透的能力。

5)土工格栅黏焊点剥离力

对于黏焊类土工格栅,黏焊点剥离力是评价此类格栅整体力学性能的重要参数。《交通工程土工合成材料土工格栅》(JT/T 480—2002)规定了相关试验方法,采用剥离拉力专用夹具,在拉力试验机上进行(图 1-29)。试验中应注意夹持面和剥离轴线处在同一平面上,以保证剥离时试样不发生扭曲。记录试验过程中的最大剥离拉力,取所有试样拉力值的平均值作为极限剥离力(N)。

6)土工格室结点连接强度

普通格室为单根断头片材分层焊接或铆接,在土体实际受力状态下,受力的薄弱点成为片与片之间连接点的强度,因此格室的强度主要是由结点连接强度决定。

根据《公路工程土工合成材料　土工格室》(JT/T 516—2004),普通土工格室和高强土工格室的力学性能分别见表 1-1 和表 1-2。

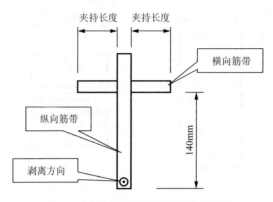

图 1-29 黏焊点剥离试验试样夹持示意图

根据铁路行业标准规定,土工格室片材性能指标见表 1-3,焊接型、塑料螺栓连接型及注塑连接型土工格室等不同连接形式的土工格室力学性能分别见表 1-4 ~ 表 1-6。

普通土工格室的力学性能　　　　　　　　　　　　　　　　　　　　　表 1-1

序号	项　　目		单位	材质为 PP 土工格室	材质为 PE 土工格室
1	格室片单位宽度的断裂拉力		N/cm	≥275	≥220
2	格室片的断裂延伸率		%	≤275	≤10
3	焊接处抗拉强度		N/cm	≥100	≥100
4	格室组间连接处抗拉强度	格室片边缘	N/cm	≥120	≥120
5		格式片中间	N/cm	≥120	≥120

高强土工格室的力学性能　　　　　　　　　　　　　　　　　　　　　表 1-2

序号	型号	格室片单位宽度的断裂拉力（N/cm）	格室片的断裂延伸率（%）	格室片间连接处连接件的抗剪切力（N）
1	GC100			≥3000
2	GC150	≥300	≤3	≤4500
3	GC150			≥6000
4	GC200			≥9000

土工格室片材性能指标　　　　　　　　　　　　　　　　　　　　　　表 1-3

序　　号	项　　目	指　　标
1	拉伸屈服强度（MPa）	≥20
2	屈服伸长率（%）	≤15
3	直角撕裂抗力（N）	≥120,格室厚度为 0.8mm
		≥150,格室厚度为 1.1mm

序 号	项 目	指 标
4	环境应力开裂时间(h)	≥800
5	氧化诱导时间(min)	≥20
6	抗紫外线性能[a](%)	≥80
7	炭黑含量(%)	≥2.0
8	炭黑分散度[a]	10个数据中三级不多于1个,四级、五级不允许

注:[a] 抗紫外线试验和炭黑分散度试验仅用于边坡绿色防护领域。

焊接型土工格室的性能指标 表1-4

序 号	项 目	指 标
1	剥离强度(N/cm)	≥100
2	对拉强度(N/cm)	≥190

塑料螺栓连接型土工格室的性能指标 表1-5

序 号	项 目	指 标
1	剥离强度(N/cm)	≥100
2	对拉强度(N/cm)	≥140
3	悬挂负重时间[b](d)	≥30
4	抗紫外线强度保持率[b](%)	≥80

注:[b] 用于铁路工程边坡绿色防护时,应做抗紫外线试验和悬挂负重试验。

注塑连接型土工格室的性能指标 表1-6

序 号	项 目	指 标
1	剥离强度(N/cm)	≥160
2	对拉强度(N/cm)	≥320
3	悬挂负重时间[c](d)	≥30
4	抗紫外线强度保持率[c](%)	≥80

注:[c] 用于铁路工程的边坡绿色防护时,应做抗紫外线试验和悬挂负重试验。

7) 蠕变

蠕变是指在不变的拉伸荷载作用下,变形随时间而增长的现象。土工合成材料是一种高分子聚合物产品,具有非常明显的蠕变特性。

影响蠕变的因素有很多,如聚合物原材料类型、应力水平、温度、湿度、约束条件等。温度越高或应力水平越高,聚合物材料的蠕变量就越大,蠕变速率也越快。同时,还需注意的是,作为加筋材料埋置于土中时,填料的约束作用会降低筋材的蠕变。但目前国内外有关蠕变试验的规程规范[如《土工布及相关产品　拉伸蠕变和蠕变断裂的测定》(ISO 13431—1999)、《确定土工合成材料无侧限条件下拉伸蠕变和蠕变破坏型状试验方法》(ASTM D5262—07)、《土工织物的试验方法 第5部分:蠕变测定》(BS 6906−5—1991)、《土工布及其有关产品拉伸蠕变和拉伸蠕变断裂性能的测定》(GB/T 17637—1998)等]一般都是在室内一定温/湿度条件下进行无约束拉伸蠕变试验,获得10000h(GB/T 17637−1998规定1000h)时不同应力水平下的蠕变量。然后再根据分级等温法或时温叠加法推算106h时的长期蠕变强度,具体计算方法可参见《塑料土工格栅蠕变试验和评价方法》(QB/T 2854—2007)。

1.2.3　加筋材料的耐久性

加筋材料主要以高分子材料为原材料,使用时会暴露于阳光、风雨、高温、严寒等各种各样的自然环境中,随时间推移材料会发生物理或化学变化,加筋材料的耐久性即是指在自然环境下其物理化学性能的稳定性。

加筋材料的耐久性包括多方面的问题,现将主要的两个方面分述如下:

1)抗老化能力

加筋材料的老化是指材料在紫外线辐射、温度和湿度变化、化学侵蚀、生物侵蚀、冻融变化和机械损伤等外界因素的影响下,加筋材料的力学性能变化。加筋材料的老化问题是影响材料耐久性的主要原因。

(1)影响材料老化的因素

影响加筋材料老化的因素有很多,可分为内因和外因,如图1-30所示。

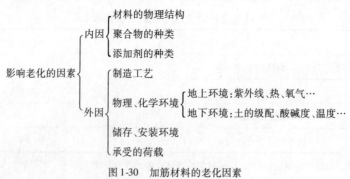

图1-30　加筋材料的老化因素

(2)加筋材料老化的试验方法

加筋材料的老化试验方法来源于高分子材料(如塑料)的老化试验,主要分为自然老化试验和人工老化试验。

自然老化试验方法是尽量采用与实际应用现场接近的条件进行的老化试验,其试验周期一般较长。主要包括:阳光曝晒试验、埋地试验、仓库储存试验、海水浸渍试验、水下埋藏试验、冻融交替试验等。

试验结果用老化系数 K 表示：

$$K = \frac{f}{f_0} \tag{1-6}$$

式中：f_0——老化前的性能指标（如强度、伸长率等）；

f——老化后的性能指标。

人工加速老化试验方法主要是在室内利用气候箱，模拟近似于大气环境条件或某种特定的环境条件，通过强化某些因素而进行的老化试验，其周期比较短，老化速度比自然老化快 5~6 倍，甚至更高，但其可靠性比不上自然老化试验。方法包括：人工气候试验、热老化试验（分绝氧、热空气、热氧化吸氧等试验）、湿热老化试验、臭氧老化试验、盐雾腐蚀试验、气体腐蚀试验以及抗霉试验等。

2）施工损伤

土工格栅在运输、铺设等过程中不可避免会受到一定的人为或机械损伤，加筋土工程施工过程中填料的碾压也会对筋材造成挤压、摩擦甚至刺穿等，引起筋材力学性能的下降，设计中需要考虑施工损伤对材料性质的影响。

一般采用受损伤后筋材短期拉伸强度的相对变化率作为定量评估筋材施工损伤的指标，定义施工破坏折减系数 $\mathrm{RF}_{\mathrm{ID}}$ 如下：

$$\mathrm{RF}_{\mathrm{ID}} = \frac{T_{\mathrm{ult}}}{T_{\mathrm{ID\text{-}ult}}} = \frac{100\%}{T_{\mathrm{res}}} \tag{1-7}$$

式中：T_{ult}——筋材的拉伸强度（kN/m）；

$T_{\mathrm{ID\text{-}ult}}$——筋材损伤后的拉伸强度（kN/m）；

T_{res}——筋材的残余拉伸强度（kN/m）。

1.3 筋-土界面摩阻特性

在加筋土工程中，加筋材料与土体的界面特性是一个关键的技术指标，会直接影响到整个加筋土工程的稳定性。而筋土界面特性试验是研究和揭示筋土界面受力、变形规律最为重要的途径。

筋土界面相互作用机理随加筋土结构不同以及同一结构的界面位置不同而有所区别，相应参数的测试方法也不同。E M Palmerira 等（2007）针对土体滑弧面的不同位置，提出了不同的试验方法，如图 1-31 所示。

由图 1-31 可知，A 区中土体在筋材表面滑动，可用直剪试验模拟；B 区中土体和筋材平行变形，可用土中的拉伸试验模拟；C 区中土体与筋材发生剪切，可用筋材倾斜的直剪试验模拟；D 区中筋材在土体中被拉拔，可用拉拔试验模拟。

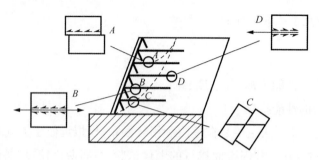

图 1-31　土工材料加筋结构的破坏机理

1.3.1　界面直剪参数

加筋材料与土界面的摩擦特性常以黏聚力 c_a 和摩擦角 φ 或似摩擦系数 f^* 表示。摩擦剪切强度符合库仑定律，即

$$\tau = c_a + p \cdot \tan\varphi = c_a + p \cdot f^* \tag{1-8}$$

式中：τ——界面抗剪强度（kPa）；

　　　c_a——黏聚力（kPa）；

　　　φ——摩擦角（°）；

　　　f^*——似摩擦系数。

直剪试验的原理示意图如图 1-32 所示，试验一般在 4 种不同垂直压力下进行，通过测试几个试样的抗剪强度值 τ 确定强度包络线，求出抗剪强度参数：黏聚力 c_a、摩擦角 φ、似摩擦系数 f^*。图 1-33 为典型的强度线，其斜率即为似摩擦系数 f^*。当 $c_a = 0$ 时，直线通过原点：

$$f^* = \frac{\tau}{p} \tag{1-9}$$

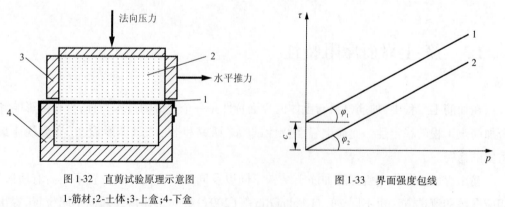

图 1-32　直剪试验原理示意图
1-筋材；2-土体；3-上盒；4-下盒

图 1-33　界面强度包线

1.3.2　界面拉拔参数

土中的加筋材料，受到沿其平面方向的拉力时，将在拉力方向上引起应力和应变。由于上覆压力作用，受拉时筋土界面将产生摩擦阻力，拉拔试验即是模拟这样的实际情况。试验

仪器示意图如图 1-34 所示,侧壁应有足够的刚度,箱体尺寸不宜小于 $25\text{cm} \times 20\text{cm} \times 20\text{cm}$ (长×宽×高),对于土工格栅等网格尺寸较大的材料,土－筋材接触面内应至少包含有完整的网格结构,特别是单向拉伸塑料土工格栅,其横肋的阻力作用不容忽视。将加筋材料水平铺埋在试验箱内土体中,施加竖直均布荷载于土体表面模拟上覆压力,预留一端格栅于填土外部,对其施加水平拉力使筋材在填土中移动,实现土与筋材面的相对运动,直到筋材屈服、被拔出或拉断。其间,量测筋材的位移和端部拉力,通过分析来确定筋土间的似摩擦系数。

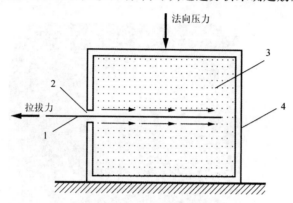

图 1-34　拉拔试验仪器示意图
1-筋材;2-缝隙;3-土体;4-试验箱

由于法向压力 P 的作用,拉移筋材时,上下界面将产生摩擦阻力 τ_t 和 τ_d,且上下阻力之和必与作用拉力 T_d 相平衡。而 τ_t 和 τ_d 并非均匀分布,随各点的应变不同而变化。筋材被拔出的瞬时,上下界面的阻力可认为是均匀分布,并与拉力平衡,该值即为界面的摩擦强度。可按下式计算:

$$\tau = \frac{T_d}{2LB} \tag{1-10}$$

式中:τ ——界面摩擦强度(kPa);

　　T_d ——筋材被拉出瞬间的拉力(kN);

　　L ——筋材试样埋在土内的长度(m);

　　B ——筋材试样埋在土内的宽度(m)。

与直剪试验相似,拉拔试验应在 4 种不同压力下进行,分别测出 τ 值,通过绘制的 $\tau - p$ 曲线,求出抗剪强度参数:黏聚力 c_a、摩擦角 φ、似摩擦系数 f^*。

试验方法分应力控制和应变控制,土工格栅多采用应变控制(以拉拔速度为标准)。

拉拔阻力的一般表达式为:

$$P_R = 2L_r W_r \sigma_n f_b \tan\varphi \tag{1-11}$$

式中:f_b ——黏结系数;

　　σ_n ——法向有效应力;

　　L_r、W_r ——格栅的长度、宽度;

φ——土体的摩擦角。

由式(1-11)可知,当$f_b = 1$时,拉拔阻力最大,但f_b的范围为$0 < f_b < 1$。

Dyer还采用光弹法观察土工格栅周围的应力分布情况,如图1-35所示。从图中可以看到,在每一横肋的前方,光线的强度很强,说明局部应力较高,而在这些横肋的后面,则存在着黑色的区域,这就是低应力区。

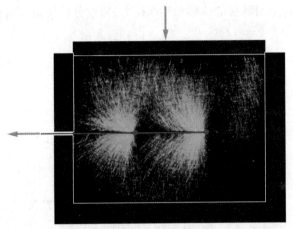

图1-35 土工格栅拉拔光弹图片

对于土工格栅拉拔试验,一般认为拉拔阻力P_R由两部分组成:土与筋材之间的表面摩擦力P_{RS}(包括纵肋表面摩擦和横肋表面摩擦)、筋材横肋部分的抗力所引起的承载阻力P_{RB}(咬合力),如图1-36所示。

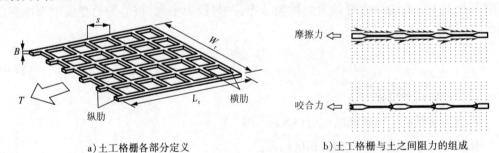

a)土工格栅各部分定义   b)土工格栅与土之间阻力的组成

图1-36 土工格栅的加筋机理

$$P_R = P_{RS} + P_{RB} \tag{1-12}$$

对于长度为L_r、宽度为W_r的土工格栅进行拉拔试验时,其表面摩擦分量为:

$$P_{RS} = 2\alpha_s L_r W_r \sigma_n \tan\delta \tag{1-13}$$

式中:σ_n——法向有效应力;

δ——填土与土工格栅的外摩擦角;

α_s——格栅平面加筋实际面积比(即扣除格栅空格部分后的面积比)。

对于承载阻力部分,可用下式表示为:

$$P_{RB} = \left(\frac{L_r}{s}\right) W_r \alpha_b B \sigma_b \tag{1-14}$$

式中：s——土工格栅之间的间距；

$\dfrac{L_r}{s}$——土工格栅横肋数目；

α_b——土工格栅横肋截面的面积比；

B——土工格栅厚度；

σ_b——作用于土工格栅横肋截面有效承载应力。

从式(1-11) ~ 式(1-14)可得f_b的一般表达式为：

$$f_b = \alpha_s \left(\frac{\tan\delta}{\tan\varphi} \right) + \left(\frac{\alpha_b B}{s} \right) \left(\frac{\sigma_b}{\sigma_n} \right) \frac{1}{2\tan\varphi} \qquad (1\text{-}15)$$

可见，拉拔阻力主要取决于土体的摩擦角 φ。

1.3.3　侧限约束下筋材的拉伸特性

目前，对加筋材料拉伸性能和强度的测试往往是在空气中进行，然后通过适当折减后在实际工程中采用，然而这与加筋材料在土中体现的力学性能大不相同。图 1-37 为 McGown 等人(1982 年)拉伸试验的示意图和试验结果。由图可知，土工织物的拉伸刚度受土工织物与土的摩擦力、土粒的嵌入以及外压力的影响。

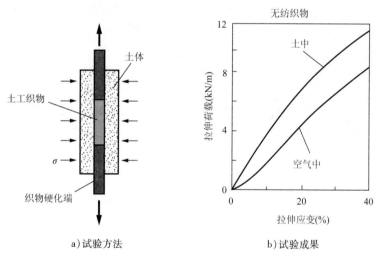

a)试验方法　　　　　　　　b)试验成果

图 1-37　约束对土工织物刚度的影响

国内外大量的研究表明：土中拉伸时，土或法向应力的侧限作用增大了织物纤维之间的摩擦与咬合作用，使材料的抗拉刚度明显提高，特别是对于结构蓬松、延伸率高的无纺土工织物；土颗粒嵌入纤维中会抑制织物的拉伸，从而导致其抗拉刚度的增加，且不同类型的土体抑制作用不同，如图 1-38 所示，即使将土工织物包在润滑膜中放在土中进行拉伸试验，得到的拉伸刚度仍比空气中大很多；与常规空气中拉伸相比，土中拉伸得到筋材的抗拉强度变化不大，但筋材达到抗拉强度时的伸长量明显减小，即筋材的模量明显增大。

近年来，我国研究人员也进行了不同类型土工格栅在填土中的拉伸试验，如图 1-39 和

图 1-40 所示。研究表明：

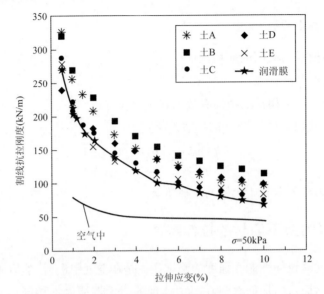

图 1-38 不同类型的土体对无纺织物约束的影响（Palmeira 等，1996 年）

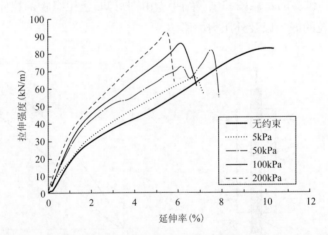

图 1-39 不同垂直荷载下 PET 格栅的应力 - 应变曲线（拉伸速率 120mm/min）

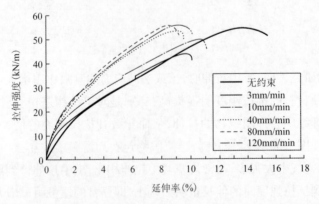

图 1-40 不同拉伸速率下 HDPE 格栅的应力 - 应变曲线（垂直荷载 100kPa）

（1）与常规无约束拉伸特性比较,砂土侧限约束可导致土工格栅的拉伸应力-应变特性明显改变,变化规律受土工格栅类型、上覆荷载以及拉伸速率等多因素的影响。

（2）密砂作用下,单向拉伸 HDPE 土工格栅和双向焊接型 PET 土工格栅的拉伸应力-应变关系呈现明显的弹塑性特征。当拉伸速率较高时,侧限约束拉伸强度均较无约束时增大,延伸率降低。随着侧限约束荷载的增大,HDPE 格栅的强度增长幅度趋于降低,而 PET 格栅的强度持续增长。但两种土工格栅同样表现出低延伸率(2%、5%)对应的拉伸强度随上覆荷载的增加而显著增大,割线模量提高。

（3）密砂作用下,HDPE 格栅的抗拉强度随拉伸速率的增大而提高,但当拉伸速率较低(<40mm/min)时,侧限约束拉伸强度反而较无约束时减小。

因此,在加筋土结构设计中,应充分考虑侧限约束对加筋材料力学参数的影响,采用更为合理的试验方法和试验结果才能正确反映筋材的力学特性。

1.3.4　土工合成材料多界面摩阻特性

土工合成材料各层材料之间的多界面摩阻特性,可通过斜板试验获得,与传统的剪切试验相比较,其可更为准确地模拟实际应力状态,且该试验设备简单、操作方便、可重复性强,试验原理如图 1-41 所示。土工垫层固定于平板上,通过不断增加平板的倾斜度直到某一时间土盒发生滑动,记录此时的倾斜角度,就可以算出接触面的黏聚力和内摩擦角。图 1-42 为斜板试验仪。

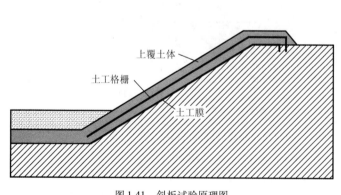

图 1-41　斜板试验原理图　　　　　　　　　　图 1-42　斜板试验仪

假设试样处于极限平衡状态,沿筋土界面的应力为梯形分布,如图 1-43 所示,试验结果如图 1-44 所示。则:

$$\frac{\sigma_{\max}}{\sigma} = 4 - \frac{6x}{L} \tag{1-16}$$

$$\frac{\sigma_{\min}}{\sigma} = \frac{6x}{L} - 2 \tag{1-17}$$

式(1-16)和式(1-17)表明,沿筋土界面的法向应力是不均匀分布的,随着试样的尺寸而变化。试样的高度与长度之比越小,界面上法向应力的分布越均匀。因此,选用长而薄的试样更合理。

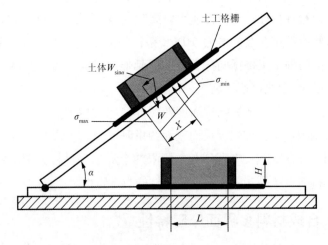

图1-43　斜板试验时的平衡状态(Palmeira 等,2002 年)

σ_{max}、σ_{min}-筋土界面最大、最小法向应力;α-斜板的倾斜角度;X-法向应力的作用点离土盒最低点的距离;H-土盒的高度;L-土盒的长度;W-土盒的重力

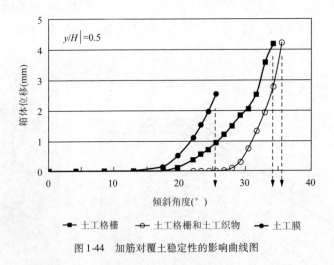

图1-44　加筋对覆土稳定性的影响曲线图

1.4　主要加筋材料的性能指标

为方便读者了解和对比不同加筋材料的特性,表1-7 ~ 表1-28 列出国内外若干典型产品的性能指标(指标由加筋材料生产厂家提供),可以看出这些产品性能的异同和变化范围。表中数据仅供参考,在实际工程应用中,仍应针对具体材料进行性能检测,获得准确可靠的参数。

1.4.1 土工格栅

1)拉伸塑料土工格栅

拉伸塑料土工格栅的性能指标见表1-7~表1-13。

单向拉伸 HDPE 土工格栅(A)的性能指标(青岛旭域) 表1-7

项 目		规 格			
		EG65R	EG90R	EG130R	EG170R
物理性能	单位面积质量(g/m²)	≥360	≥460	≥560	≥720
	内孔尺寸(mm)	纵向内孔≤320,12≤横向内孔≤30			
	幅宽(m)	1.0~1.5			
力学性能	纵向抗拉强度(kN/m)	≥65	≥90	≥130	≥170
	纵向2%伸长率时的拉伸强度(kN/m)	≥16.5	≥24	≥36.5	≥50
	纵向5%伸长率时的拉伸强度(kN/m)	≥31.5	≥47	≥72	≥99
	纵向标称伸长率(%)	≤11.5			
	连接强度(kN/m)	不小于标称抗拉强度的90%			
耐久性能	炭黑含量与分散度	炭黑含量≥2.0%,灰分≤0.5%,炭黑分布的分散表观等级优于B级			
	蠕变折减系数[①]	2.25			
	抗紫外线强度保持率[②](%)	≥90			

注:①温度20℃条件下,120年设计使用年限的指标。
　　②按照 EN 12224 进行。

单向拉伸 HDPE 土工格栅(B)的性能指标(青岛旭域) 表1-8

项 目		规 格			
		EG65R	EG90R	EG130R	EG170R
物理性能	单位面积质量(g/m²)	≥290	≥350	≥500	≥650
	内孔尺寸(mm)	纵向内孔≤480,12≤横向内孔≤30			
	幅宽(m)	1.0~1.5			
力学性能	纵向抗拉强度(kN/m)	≥65	≥90	≥130	≥170
	纵向2%延伸率时的拉伸强度(kN/m)	≥16.5	≥24	≥36.5	≥50
	纵向5%延伸率时的拉伸强度(kN/m)	≥31.5	≥47	≥72	≥99
	纵向标称延伸率(%)	≤11.5			
	连接强度(kN/m)	不小于标称抗拉强度的90%			

项 目		规 格			
		EG65R	EG90R	EG130R	EG170R
耐久性能	炭黑含量与分散度	炭黑含量≥2.0%，灰分≤0.5%，炭黑分布的分散表观等级优于B级			
	蠕变折减系数①	2.5			
	抗紫外线强度保持率②(%)	≥90%			

注：①温度20℃条件下,120年设计使用年限的指标。
②按照EN 12224进行。

单向拉伸 HDPE 土工格栅的性能指标(湖北力特)　　　　表1-9

项 目		规 格					
		RS70PE	RS90PE	RS110PE	RS130PE	RS150PE	RS170PE
物理性能	单位面积质量(g/m²)	≥300	≥350	≥400	≥550	≥650	≥700
	内孔尺寸(mm)	纵向内孔≤400、横向内孔≤30					
	幅宽(m)	≥1.0					
力学性能	纵向抗拉强度(kN/m)	≥70	≥90	≥110	≥130	≥150	≥170
	纵向2%延伸率时的拉伸强度(kN/m)	≥18	≥24	≥30	≥36.5	≥43.5	≥50
	纵向5%延伸率时的拉伸强度(kN/m)	≥35	≥47	≥59	≥72	≥86	≥99
	纵向标称延伸率(%)	≤11.5					
	连接强度(kN/m)	不小于标称抗拉强度					
耐久性能	炭黑含量与分散度	炭黑含量≥2.0%,灰分≤1.0%,炭黑分布应均匀,分散表观等级不低于B级					
	蠕变折减系数	≤2.7					
	抗紫外线强度保持率(%)	≥90					

单向拉伸 PP 土工格栅的性能指标(湖北力特)　　　　表1-10

项 目		规 格			
		RS80PP	RS120PP	RS160PP	RS200PP
物理性能	单位面积质量(g/m²)	≥250	≥350	≥450	≥550
	内孔尺寸(mm)	纵向内孔≤450、横向内孔≤30			
	幅宽(m)	≥1.0			
力学性能	纵向抗拉强度(kN/m)	≥80	≥120	≥160	≥200
	纵向2%延伸率时的拉伸强度(kN/m)	≥28	≥42	≥56	≥70
	纵向5%延伸率时的拉伸强度(kN/m)	≥56	≥84	≥112	≥140
	纵向标称延伸率(%)	≤10.0			

续上表

项　目		规　格		
		RS80PP	RS120PP	RS160PP	RS200PP
耐久性能	炭黑含量与分散度	炭黑含量≥2.0%,灰分≤1.0%,炭黑分布应均匀,分散表观等级不低于 B 级			
	抗紫外线强度保持率(%)	≥90			
	耐化学强度保持率(%)	≥60			

单向拉伸 HDPE 土工格栅的性能指标(坦萨)　　表 1-11

项　目		规　格				
		RE520	RE540	RE560	RE570	RE580
物理性能	单位面积质量(g/m²)	≥300	≥400	≥520	≥700	≥830
	内孔尺寸(mm)	纵向内孔≤280、12≤横向内孔≤30				
	幅宽(m)	1.0~1.5				
力学性能	标称拉伸强度(kN/m)	52.8	64.5	88.7	118.4	137.3
	2%延伸率时的拉伸强度(kN/m)	12.7	16.1	23.7	26.9	38
	5%延伸率时的拉伸强度(kN/m)	24.7	30.9	45.2	52.7	75.5
	最大荷载下的伸长率(%)	≤11.5	≤11.5	≤11.5	≤11.5	≤11.5
	格栅连接强度(kN/m)	不小于标称抗拉强度的90%				
耐久性能	炭黑含量与分散度(%)	炭黑含量≥2.0%,灰分≤1.0%,炭黑分布均匀,分散表观等级不低于 B 级				
	蠕变折减系数[①]	2.06	2.06	2.06	2.06	2.06
	抗紫外线强度保持率[②](%)	≥90	≥90	≥90	≥90	≥90

注:①表中数据是经过超过 63300h 测试后按照 PD ISO/TR 20432 方法推导出的在 20℃ 下,对应于 60 年设计使用寿命的蠕变折减系数,已经过 BBA 第三方机构认证。
　　②耐候性按照 EN 12224:2000 进行。

双向拉伸 PP 土工格栅的性能指标(青岛旭域)　　表 1-12

项　目		规　格			
		EG 20-20	EG 30-30	EG 40-40	EG 50-50
物理性能	单位面积质量(g/m²)	≥180	≥270	≥420	≥530
	内孔尺寸(mm)	20≤纵向内孔≤50、20≤横向内孔≤50			
	幅宽(m)	≥3.0			
力学性能	纵横向抗拉强度(kN/m)	≥20	≥30	≥40	≥50
	纵横向2%延伸率时的拉伸强度(kN/m)	≥7.0	≥10.5	≥14	≥17.5
	纵横向5%延伸率时的拉伸强度(kN/m)	≥14	≥21	≥28	≥35
	纵/横向标称延伸率(%)	≤15.0/13.0			

续上表

项 目		规 格			
		EG 20-20	EG 30-30	EG 40-40	EG 50-50
耐久性能	炭黑含量与分散度	炭黑含量≥2.0%,灰分≤0.5%,炭黑分布的分散表观等级优于 B 级			
	抗紫外线强度保持率(%)	≥90			

双向拉伸 PP 土工格栅的性能指标(坦萨)　　　表 1-13

项 目		规 格		
		SS20	SS30	SS40
物理性能	单位面积质量(g/m²)	≥260	≥400	≥500
	内孔尺寸(mm)	20 ≤纵向内孔≤ 50、20 ≤横向内孔≤ 50		
	幅宽(m)	3.0~4.0		
力学性能	纵横向抗拉强度(kN/m)	≥20	≥30	≥40
	纵横向 2% 伸长率时的拉伸强度(kN/m)	≥7.0	≥10.5	≥14
	纵横向 5% 伸长率时的拉伸强度(kN/m)	≥14	≥21	≥28
	纵/横向标称伸长率(%)	≤ 15.0/13.0		
耐久性能	炭黑含量与分散度	炭黑含量≥2.0%,灰分≤1.0%,炭黑分布应均匀,分散表观等级不低于 B 级		
	抗紫外线强度保持率[①](%)	≥90		

注:①抗紫外线按照 EN 12224 :2000 进行。

2)经编涤纶土工格栅

经编涤纶土工格栅的性能指标见表 1-14 和表 1-15。

单向经编涤纶土工格栅的性能指标(马克菲尔)　　　表 1-14

项 目		规 格						
		3	4	6	8	10	15	20
物理性能	内孔尺寸(mm)	25 ×28	25 ×28	24 ×28	23 ×28	21 ×28	20 ×28	19 ×28
	幅宽(m)	3.6 ~5.3						
力学性能	纵向抗拉强度(kN/m)	30	40	60	80	100	150	200
	纵向标称延伸率(%)	10 ±2.5	10 ±2.5	10 ±2.5	10 ±2.5	10 ±2.5	10 ±2.5	12 ±2.5
	纵向 5% 延伸率时的拉伸强度(kN/m)	15	20	30	40	50	75	100
耐久性能	蠕变折减系数	≤1.48 (环境温度20℃条件下,120 年设计使用年限的指标)						
	抗紫外线强度保持率(%)	≥90% (环境温度20℃条件下,填料 pH 值范围 4 ~9,120 年设计使用年限的指标)						

双向经编涤纶土工格栅的性能指标(马克菲尔) 　　　　表 1-15

项　目		规　格					
		3S	4S	5S	6S	8S	11S
物理性能	内孔尺寸(mm)	20×20～25×25～35×35					
	幅宽(m)	3.6～5.3					
力学性能	纵向抗拉强度(kN/m)	35	40	55	65	80	110
	纵向标称延伸率(%)	10±2.5	10±2.5	10±2.5	10±2.5	10±2.5	10±2.5
	纵向2%延伸率时的拉伸强度(kN/m)	6.3	7.2	9.9	11.7	14.4	19.8
	纵向5%延伸率时的拉伸强度(kN/m)	10.5	12	16.5	19.5	24	33
	横向抗拉强度(kN/m)	35	40	55	65	80	110
	横向标称延伸率(%)	12±2.5	12±2.5	12±2.5	12±2.5	12±2.5	12±2.5
	横向2%延伸率时的拉伸强度(kN/m)	6.3	7.2	9.9	11.7	14.4	19.8
	横向5%延伸率时的拉伸强度(kN/m)	10.5	12	16.5	19.5	24	33
耐久性能	抗紫外线强度保持率(%)	80(环境温度20℃条件下,填料 pH 值范围 4～11,120 年设计使用年限的指标)					

3) 焊接钢塑土工格栅

焊接钢塑土工格栅的性能指标见表 1-16 和表 1-17。

双向钢塑土工格栅的性能指标(重庆永固) 　　　　表 1-16

项　目		规　格				
		CATTX50-50	CATTX60-60	CATTX70-70	CATTX80-80	CATTX100-100
物理性能	单位面积质量(g/m²)	700	900	980	1050	1280
	纵向条带宽(mm)	14	17	17	17	17
	横向条带宽(mm)	14	17	17	17	17
	单根条带厚(mm)	2.0	2.0	2.0	2.0	— 2.0
	结点厚度(mm)	2.0	2.0	2.0	2.0	2.0
	内孔尺寸(mm)	115×115	110×110	110×110	110×110	110×110
	幅宽(m)	5				
力学性能	纵、横向标称抗拉强度(kN/m)	≥50	≥60	≥70	≥80	≥100
	纵、横向标称伸长率(%)	≤3				
	结点分离力(N)	≥500				
耐久性能	炭黑含量(%)	2～3				
	抗冻性强度保持率(%)	100(经 50 次冻融循环,一次循环应包括:-20℃±2℃冷冻2h,在20℃±2℃解冻2h)				
	抗光老化等级	Ⅳ级(紫外线辐射强度为550W/m²,照射150h,强度保持率>95%)				

双向异型钢塑土工格栅的性能指标（重庆永固） 表 1-17

项　　目		规　　格				
		CATTX50-30	CATTX60-30	CATTX80-30	CATTX100-50	CATTX120-50
物理性能	单位面积质量（g/m²）	600	720	800	1000	1200
	纵向条带宽（mm）	14	17	17	17	25
	横向条带宽（mm）	14	17	17	17	17
	单根条带厚（mm）	2.0	2.0	2.0	2.0	2.0
	结点厚度（mm）	2.0	2.0	2.0	2.0	2.0
	内孔尺寸（mm）	115×180	110×180	110×180	110×180	105×180
	幅宽（m）	2～5				
力学性能	纵向标称抗拉强度（kN/m）	≥50	≥60	≥80	≥100	≥120
	横向标称抗拉强度（kN/m）	≥30	≥30	≥30	≥50	≥50
	纵、横向标称伸长率（%）	≤3				
	结点分离力（N）	≥500				
耐久性能	炭黑含量（%）	2～3				
	抗冻性强度保持率（%）	100（经50次冻融循环，一次循环应包括：−20℃±2℃冷冻2h，在20℃±2℃解冻2h）				
	抗光老化等级	Ⅳ级（紫外线辐射强度为550W/m²，照射150h，强度保持率>95%）				

4）焊接聚酯土工格栅

焊接聚酯土工格栅的性能指标见表 1-18～表 1-23。

单向焊接聚酯土工格栅的性能指标（湖北力特） 表 1-18

项　　目		规　　格				
		HDG50PET	HDG80PET	HDG120PET	HDG150PET	HDG170PET
物理性能	单位面积质量（g/m²）	≥220	≥350	≥500	≥650	≥750
	内孔尺寸（mm）	纵向内孔≤150、横向内孔≤60				
	幅宽（m）	≥1.5				
力学性能	纵向抗拉强度（kN/m）	≥50	≥80	≥120	≥150	≥170
	纵向2%延伸率时的拉伸强度（kN/m）	≥21	≥36	≥54	≥67	≥76
	纵向5%延伸率时的拉伸强度（kN/m）	≥39	≥64	≥97	≥121	≥137
	纵向标称延伸率（%）	≤8.0				
	焊接点极限剥离力（N）	≥100				
耐久性能	抗紫外线强度保持率（%）	≥80				
	耐化学强度保持率（%）	≥50				

单向焊接聚酯土工格栅的性能指标（马克菲尔）　　表 1-19

项　目		规　　格												
		200	300	400	500	600	700	800	900	1000	1100	1200	1300	1350
物理性能	单位面积质量（g/m²）	590	789	1014	1219	1507	1835	2135	2351	2616	2829	3171	3475	3674
	内孔尺寸（mm）	940×95	940×92	940×90	940×90	940×90	940×89	940×59	940×34	940×34	940×9	940×9	940×9	940×9
	幅宽（m）	4.5	4.5	4.5	4.5	4.5	4.5	4.5	4.5	4.5	4.5	4.5	4.5	4.5
力学性能	纵向抗拉强度（kN/m）	200	300	400	500	600	700	800	900	1000	1100	1200	1300	1350
	纵向2%延伸率时的拉伸强度（kN/m）	46	69	92	115	138	161	184	207	230	253	276	299	310
	纵向5%延伸率时的拉伸强度（kN/m）	110	165	220	275	330	385	440	495	550	605	660	715	742
	纵向标称延伸率（%）	10.5±1	10.5±1	10.5±1	10.5±1	10.5±1	10.5±1	10.5±1	10.5±1	10.5±1	10.5±1	10.5±1	10.5±1	10.5±1
耐久性能	蠕变折减系数	≤1.39（环境温度20℃条件下,120年设计使用年限的指标）												
	抗紫外线强度保持率（%）	≥85%（环境温度20℃条件下,填料pH值范围4~11,120年设计使用年限的指标）												

单向焊接聚酯排水土工格栅的性能指标（马克菲尔）　　表 1-20

项　目		规　格				
		50/15	80/15	100/15	150/15	200/15
物理性能	单位面积质量（g/m²）	461	512	564	717	871
	内孔尺寸（mm）	200×50	200×50	200×50	200×42	200×42
	幅宽（m）	3.9				
力学性能	纵向抗拉强度（kN/m）	50	80	100	150	200
	纵向标称延伸率（%）	11±1	11±1	11±1	11±1	11±1
	纵向2%延伸率时的拉伸强度（kN/m）	10	16	20	30	40
	纵向5%延伸率时的拉伸强度（kN/m）	22.5	36	45	67.5	90
水力学性能	法向荷载100kPa，水力梯度为1.0的平面通水量（cm³/s）	3.8	3.8	3.8	3.8	3.8
	法向荷载100kPa，水力梯度为0.5的平面通水量（cm³/s）	1.9	1.9	1.9	1.9	1.9
	法向荷载100kPa，水力梯度为0.1的平面通水量（cm³/s）	0.9	0.9	0.9	0.9	0.9
	法向平面渗透性（L/m²·s）	90	90	90	90	90
	土工布等效孔径 Q_{90}（mm）	0.1	0.1	0.1	0.1	0.1
耐久性能	蠕变折减系数	≤1.39（环境温度20℃条件下，120年设计使用年限的指标）				
	抗紫外线强度保持率（%）	≥85%（环境温度20℃条件下，填料 pH 值范围 4~11，120年设计使用年限的指标）				

双向焊接聚酯土工格栅的性能指标（湖北力特）　　表 1-21

项　目		规　格		
		HSG30-30PET	HSG50-50PET	HSG80-80PET
物理性能	单位面积质量（g/m²）	≥280	≥420	≥600
	内孔尺寸（mm）	40≤纵向内孔≤60、40≤横向内孔≤60		
	幅宽（m）	3.0~5.0		
力学性能	纵横向抗拉强度（kN/m）	≥30	≥50	≥80
	纵横向2%延伸率时的拉伸强度（kN/m）	≥12	≥21	≥36
	纵横向5%延伸率时的拉伸强度（kN/m）	≥22	≥39	≥64
	纵/横向标称延伸率（%）	≤8.0		
	焊接点极限剥离力（N）	≥100		
耐久性能	抗紫外线强度保持率（%）	≥80		
	耐化学强度保持率（%）	≥50		

双向焊接聚酯土工格栅的性能指标（马克菲尔）

表 1-22

项 目		规 格									
		30/05	50/05	65/05	80/05	90/05	100/05	100/100	110/05	150/05	200/05
物理性能	单位面积质量（g/m²）	213	244	312	362	397	416	811	441	567	705
	内孔尺寸（mm）	426×51	426×51	426×51	426×51	426×51	426×51	51×51	426×42	426×42	426×42
	幅宽（m）	3.9	3.9	3.9	3.9	3.9	3.9	3.9	3.9	3.9	3.9
	纵向抗拉强度（kN/m）	30	50	65	80	90	100	100	110	150	200
力学性能	纵向2%延伸率时的拉伸强度（kN/m）	6.3	10.5	13.7	16.8	18.9	21	21	23.1	31.5	42
	纵向5%延伸率时的拉伸强度（kN/m）	15.9	26.5	34.5	42.4	47.7	53	53	58.3	79.5	106
	纵向标称延伸率（%）	11±1	11±1	11±1	11±1	11±1	11±1	11±1	11±1	11±1	11±1
	横向抗拉强度（kN/m）	5	5	5	5	5	5	100	5	5	5
	横向2%延伸率时的拉伸强度（kN/m）	1	1	1	1	1	1	21	1	1	1
	横向5%延伸率时的拉伸强度（kN/m）	2.7	2.7	2.7	2.7	2.7	2.7	53	2.7	2.7	2.7
	横向标称延伸率（%）	11±1	11±1	11±1	11±1	11±1	11±1	11±1	11±1	11±1	11±1
耐久性能	蠕变折减系数	≤1.39（环境温度20℃条件下，120年设计使用年限的指标）									
	抗紫外线强度保持率（%）	≥85%（环境温度20℃条件下，填料pH值范围4~11,120年设计使用年限的指标）									

表 1-23

双向焊接聚酯土工格栅的性能指标（马克菲尔）

	项目		规格															
			30/15	40/15	50/15	60/15	65/15	70/15	80/15	90/15	100/15	110/15	125/15	150/15	175/15	180/15	200/15
物理性能	单位面积质量（g/m²）		328	348	367	375	391	406	435	452	488	508	544	671	729	745	781
	内孔尺寸（mm）		201×51	201×51	201×51	201×51	201×51	201×51	201×51	201×51	201×51	201×51	201×42	201×42	201×42	201×42	201×42
	幅宽（m）		3.9	3.9	3.9	3.9	3.9	3.9	3.9	3.9	3.9	3.9	3.9	3.9	3.9	3.9	3.9
力学性能	纵向抗拉强度（kN/m）		30	40	50	60	65	70	80	90	100	110	125	150	175	180	200
	纵向2%延伸率时的拉伸强度（kN/m）		6.3	8.4	10.5	12.6	13.65	14.7	16.8	18.9	21	23.1	26.25	31.5	36.75	37.8	42
	纵向5%延伸率时的拉伸强度（kN/m）		15.9	21.2	26.5	31.8	34.45	37.1	42.4	47.7	53	58.3	66.25	79.5	92.75	95.4	106
	纵向标称延伸率（%）		11±1	11±1	11±1	11±1	11±1	11±1	11±1	11±1	11±1	11±1	11±1	11±1	11±1	11±1	11±1
	横向拉伸强度（kN/m）		15	15	15	15	15	15	15	15	15	15	15	15	15	15	15
	横向2%延伸率时的拉伸强度（kN/m）		3.15	3.15	3.15	3.15	3.15	3.15	3.15	3.15	3.15	3.15	3.15	3.15	3.15	3.15	3.15
	横向5%延伸率时的拉伸强度（kN/m）		7.95	7.95	7.95	7.95	7.95	7.95	7.95	7.95	7.95	7.95	7.95	7.95	7.95	7.95	7.95
	横向标称延伸率（%）		11±1	11±1	11±1	11±1	11±1	11±1	11±1	11±1	11±1	11±1	11±1	11±1	11±1	11±1	11±1
	焊接点极限剥离力（N）																
耐久性能	抗紫外线强度保持率（%）		80（环境温度20℃条件下，填料pH值范围4～11,120年设计使用年限的指标）														

1.4.2　土工格室

土工格室的性能指标见表 1-24。

土工格室的性能指标　　表 1-24

格室类型	格室高度(mm)	厚度(mm)	结点距离(mm)	片材抗拉强度(MPa)	结点强度(kN/m)
焊接型	50、75、100、150、200	≥1.1	330、400、500、600	≥20	≥10
螺栓连接型	50、75、100、150、200	≥1.1	330、400、500、600	≥20	≥10
注塑型	50、75、100、150、200	≥1.1	330、400、500、600	≥20	≥16

注:摘自中国铁路总公司企业标准《铁路工程土工合成材料:第 1 部分 土工格室》,2016 年 5 月。

1.4.3　土工拉筋带

土工拉筋带的性能指标见表 1-25、表 1-26。

钢塑复合拉筋带的性能指标(重庆永固)　　表 1-25

项　目		规　格				
		CAT30020A	CAT30020B	CAT30020C	CAT50022	CAT60022
物理性能	单位质量长度(kg/m)	13.0	11.5	11.0	5.5	4.0
	条带宽(mm)	30	30	30	50	60
	条带厚(mm)	2.0	2.0	2.0	2.2	2.2
力学性能	单根标称拉力(kN)	≥7.0	≥9.0	≥12.0	≥22.0	≥30.0
	强度标准值(MPa)	115	150	200	200	225
	标称伸长率(%)	≤3				
耐久性能	炭黑含量(%)	≥2±0.5				
	抗光老化等级	Ⅳ级(紫外线辐射强度为 550W/m² ,照射 150h,强度保持率 >95%)				

聚酯加筋带的性能指标(马克菲尔)　　表 1-26

项　目		规　格				
		PARAWEB 2E30	PARAWEB 2E40	PARAWEB 2E50	PARAWEB 2E75	PARAWEB 2E100
物理性能	质量(kg/100m)	8.7	10.9	12.4	17.9	24.1
	条带宽(mm)	83	83	87	90	90
	条带厚(mm)	1.5	1.7	2.0	2.6	3.1
力学性能	单根标称拉力(kN)	30.1	40.2	50.3	75.4	100.5
	标称伸长率(%)	9.5				
耐久性能	蠕变折减系数	≤1.39(环境温度 20℃条件下,120 年设计使用年限的指标)				
	抗紫外线强度保持率(%)	≥85%(环境温度 20℃条件下,填料 pH 值范围 4～11,120 年设计使用年限的指标)				

1.4.4 加筋格宾

加筋格宾的性能指标见表1-27和表1-28。

加筋格宾的性能指标(马克菲尔) 表1-27

Ⅰ 规格型号			
项　　目	长度 L(m)	宽度(m)	高度(m)
TM L×3×0.8×0.8 GFP	3/4/5/6	3	0.8
TM L×3×1×0.8　GFP	3/4/5/6	3	1
容许公差	±5%	±5%	±5%
Ⅱ 网孔规格			
网孔型号	M(mm)	公差(mm)	网面钢丝
8×10	80	−0/ +10	2.7/3.7
Ⅲ 钢丝原材料参数			
钢丝类型	网面钢丝	边端钢丝	绑扎钢丝
钢丝直径(mm)	2.7	3.4	2.2
钢丝直径公差 ±φ(mm)	0.06	0.07	0.06
覆塑厚度(公差)(mm)	0.5(±0.1)	0.5(±0.1)	0.5(±0.1)
最小镀层量(g/m²)	245	265	230
原材钢丝的抗拉强度应在350~550 N/mm²,原材钢丝的延伸率不能低于8%,钢丝直径公差和最小镀层量均指原材钢丝。钢丝参数应该在每批钢丝编织前任意抽取样品检测			
Ⅳ覆塑原材料指标			
指标	指标要求	指标	指标要求
颜色	灰色	拉伸强度(MPa)	≥17
密度(g/cm³)	≤1.5	断裂伸长率(%)	≥200
邵氏 D 硬度	≥38		
Ⅴ网面指标			
抗拉强度(kN/m)	50	翻边强度(kN/m)	35
当覆塑网面采用50%名义抗拉强度进行抗拉试验,双绞合区域的覆塑层不会开裂			
铝含量	成品钢丝镀高尔凡(5%铝锌合金 +稀土元素)中的铝含量应不小于4.2%		
最小镀层量	应在织好的网面中取样进行测试,其最小镀层质量要求不少于原材钢丝最小镀层质量的95%		

注:加筋格宾所用钢丝采用镀高尔凡覆塑防腐处理。

绿色加筋格宾的性能指标（马克菲尔） 表1-28

Ⅰ 规格型号				
项 目	长度 L(m)	宽度(m)	高度(m)	面墙倾斜度(°)
GTM L×3×0.58 GFP	3/4/5/6	3	0.58	45
GTM L×3×0.73 GFP	3/4/5/6	3	0.73	65
GTM L×3×0.76 GFP	3/4/5/6	3	0.76	70
容许公差	±5%	±5%	±5%	—

Ⅱ 网孔规格			
网孔型号	M(mm)	公差(mm)	网面钢丝
8×10	80	−0/+10	2.7/3.7

Ⅲ 钢丝技术参数			
钢丝类型	网面钢丝	边端钢丝	绑扎钢丝
钢丝直径(mm)	2.7	3.4	2.2
直径公差 ±ϕ(mm)	0.06	0.07	0.06
覆塑厚度(公差)(mm)	0.5(±0.1)	0.5(±0.1)	0.5(±0.1)
最小镀层量(g/m²)	245	265	230

原材钢丝的抗拉强度应在350~550 N/mm²，原材钢丝的延伸率不能低于8%，钢丝直径公差和最小镀层量均指原材钢丝。钢丝参数应该在每批钢丝编织前任意抽取样品检测

Ⅳ 覆塑指标			
指标	指标要求	指标	指标要求
颜色	灰色	拉伸强度(MPa)	≥17
密度(g/cm³)	≤1.5	断裂伸长率(%)	≥200
邵氏D硬度	≥38	翻边强度(kN/m)	35
抗拉强度(kN/m)	50		

Ⅴ 网面指标	
当覆塑网面采用50%名义抗拉强度进行抗拉试验，双绞合区域的覆塑层不会开裂	
铝含量	成品钢丝镀高尔凡(5%铝锌合金＋稀土元素)中的铝含量应不小于4.2%
最小镀层量	应在织好的网面中取样进行测试，其最小镀层重量要求不少于原材钢丝最小镀层重量的95%

注:绿色加筋格宾所用钢丝采用镀高尔凡覆塑防腐处理。

1.5　加筋土结构设计参数

1.5.1　筋材的设计参数

1）筋材的设计允许抗拉强度

加筋土结构设计中，一般规定筋材的设计允许抗拉强度 T_{allow} 应在考虑各种影响因素（如施工损伤、蠕变、化学作用、生物等）的基础上，对试验室测得的极限抗拉强度 T_{ult} 进行折减。具体规定如下：

允许抗拉强度应满足

$$T_{allow} \leqslant T_{ult} \tag{1-18}$$

结构整体安全系数为

$$FS = \frac{T_{allow}}{T_{design}} \tag{1-19}$$

式中：FS——考虑结构不确定性和其他未知因素等的整体安全系数（典型值为 $1.25 \sim 1.5$ ）；

　T_{allow}——允许抗拉强度（kN/m）；

　T_{ult}——极限抗拉强度（kN/m）；

　T_{design}——设计强度或要求强度（kN/m）。

对于加筋结构进行计算（如挡墙楔体分析）时，可以直接采用下式：

$$T_{design} = \frac{T_{allow}}{FS} \tag{1-20}$$

考虑到室内材料试验与真实工程应用条件的差别，应对试验得到的极限强度 T_{ult} 进行调整，使其适合用于允许抗拉强度。典型计算方法如下式（引自 GRI Standard Practice GT7"土工织物长期设计强度的确定方法"Determination of the Long-Term Design Strength of Geotextiles）：

$$T_{allow} = T_{ult} \left[\frac{1}{FS_{ID} \times FS_{CR} \times FS_{CD} \times FS_{BD} \times FC_{JNT}} \right] \tag{1-21}$$

式中：FS_{ID}——考虑施工损伤的分项安全系数；

　FS_{CR}——考虑筋材蠕变的分项安全系数；

　FS_{CD}——考虑化学作用的分项安全系数；

　FS_{BD}——考虑生物降解的分项安全系数；

　FC_{JNT}——考虑土工织物连接（焊接或黏结）的分项安全系数。

该标准中对各分项安全系数的具体计算以及相应的试验方法进行了说明，并给出了各分项安全系数的建议上限值（表1-29）。可见，在几种分项安全系数中，蠕变对长期强度的影响是最大的。

土工织物各分项安全系数的取值（GRI GT7）　　　表 1-29

工程类型	FS_{ID}	FS_{CR}	FS_{CD}	FS_{BD}	FC_{JNT}
堤坝	1.4	3.0	1.4	1.1	2.0
边坡	1.4	3.0	1.4	1.1	2.0
挡土墙	1.4	3.0	1.4	1.1	2.0
承载力	1.5	3.0	1.6	1.1	2.0

针对土工格栅长期强度的确定，GRI 也制定了 GRI GG4 标准，各分项安全系数用 RF 表示，在式（1-21）中增加了考虑结点强度折减的分项安全系数 RF_{JCT}。建议上限值见表 1-30。

土工格栅（刚性）各分项安全系数的取值（GRI GG4）　　　表 1-30a

工程类型	RF_{ID}	RF_{CR}	RF_{CD}	RF_{BD}	RF_{JCT}^{*}	RF_{JNT}
堤坝	1.4	3.5	1.4	1.1	3.0	2.0
边坡	1.4	3.5	1.4	1.1	3.0	2.0
挡土墙	1.4	3.5	1.4	1.1	3.0	2.0
承载力	1.5	3.5	1.6	1.1	3.0	2.0

注：*表示如同时考虑其他折减系数，则该值可取 1.0。

土工格栅（柔性）各分项安全系数的取值（GRI GG4）　　　表 1-30b

工程类型	RF_{ID}	RF_{CR}	RF_{CD}	RF_{JNT}
堤坝	1.4	3.0	1.4	2.0
边坡	1.4	3.0	1.4	2.0
挡土墙	1.4	3.0	1.4	2.0
承载力	1.5	3.0	1.6	2.0

GRI 标准自 1989 年开始制定，陆续发布后被其他国家引用，国内也略作修改后引入到相关行业规范中，沿用至今。但该规范制定时，针对的加筋材料为无纺土工织物或刚性格栅，在影响长期强度最显著的蠕变分项安全系数的取值上，没有考虑不同原材料（如聚乙烯、聚丙烯、聚酯等）和不同类型筋材蠕变的差异，而采用了统一的标准，且随着大量新型加筋材料在工程中的普及，表 1-29、表 1-30 中所列出的各分项安全系数值是否适用还需要进一步研究。

2）蠕变折减系数

当土工合成材料作为加筋材料置于土体之中时，将长期承受拉应力的作用，产生的蠕变可能引起加筋土结构内部应力状态的改变，甚至影响结构物的稳定性或产生过大的变形。Bathurst（1991 年，1992 年）对北美的一个土工加筋墙的观测，一座 7.1m 高的加筋土墙在竣工 9 个月后,最大向外水平变形达 3cm;Nakajima 和 Wong(1994)对 Mukakuning 大坝的一座纤维加筋的溢洪道边墙进行了观测,发现竣工后 2 年,顶部的最大沉降达 21cm,墙的总水平位移达 28cm,其中 13cm 可能是由于筋材的蠕变引起的。可见,加筋土结构设计,特别是对于永久性工程,需要重视筋材的长期蠕变特性。设计中一般采用蠕变折减系数来反映。

美国联邦高速公路管理处(FHWA)针对不同聚合物类型给出的蠕变折减系数见表 1-31。

蠕变折减系数(FHWA)   表 1-31

聚合物类型	蠕变折减系数 FS_{CR}
聚酯 PET	2.5 ~ 1.6
聚丙烯 PP	5.0 ~ 4.0
高密度聚乙烯 HDPE	5.0 ~ 2.6

Geosynthetic Institute(GSI)制定的标准《土工织物长期设计强度的确定方法》(GRI-GT7)针对堤坝、边坡、挡土墙和地基承载力等情况,统一建议土工织物的蠕变折减系数取为 3.0。

德国《加筋土结构设计分析指南 EBGEO》(第二版)中针对不同聚合物原材料给出了相应的蠕变折减系数建议值,见表 1-32。

蠕变折减系数(德国)   表 1-32

原 材 料	根据材料类型的建议值	加筋土结构设计中建议采用的最小值
聚酰胺(芳纶)AR	1.5 ~ 2.0	3.5
聚酰胺(尼龙)PA	1.5 ~ 2.0	3.5
聚乙烯 PE	2.0 ~ 3.5	6.0
聚酯 PET	1.5 ~ 2.5	3.5
聚丙烯 PP	2.5 ~ 4.0	6.0
聚乙烯醇 PVA	1.5 ~ 2.5	3.5

包承纲等(2015 年)在统计分析前期蠕变试验成果的基础上,提出聚丙烯(PP)的蠕变折减系数可取 3.5 ~ 3.3;对 HDPE 材料可取 3.0 ~ 2.6;对 PET 材料可取 2.0 ~ 2.2。

目前蠕变折减系数的取值都是基于室内常规无约束拉伸蠕变试验资料而确定的,实际上,筋材置于土中时,其拉伸性能和蠕变会因受到填料的约束作用以及上覆荷载的影响而改变,特别是蠕变量会有明显降低。已有的侧限约束蠕变试验资料表明,单向拉伸土工格栅在砂土中受 50% 应力水平作用的蠕变量也仅 3% 左右,远远低于无约束条件的应变。PET 无纺土工织物在砂土中受上覆荷载 150kPa 作用时,57% 应力水平作用下的蠕变量也由荷载为 0 时的 18% 降低至 5% 左右。

可见,加筋土结构中筋材受到填土和结构荷载等的影响,实际强度已和常规无约束状态下得到的强度值不同,蠕变特性也发生了显著变化。在加筋土设计中还需要进一步研究筋材设计强度及蠕变折减系数的合理取值方法。

3)施工损伤折减系数

定义施工破坏折减系数 RF_{ID} 为:

$$RF_{ID} = \frac{T_{ult}}{T_{ID\text{-}ult}} = \frac{100\%}{T_{res}} \tag{1-22}$$

式中:T_{ult}——筋材的拉伸强度(kN/m);

　　　$T_{ID\text{-}ult}$——筋材损伤后的拉伸强度(kN/m);

　　　T_{res}——筋材的残余拉伸强度(kN/m)。

Koerner(1990 年)从 48 个加筋工程中挖掘了 75 种不同的土工织物和土工格栅进行测试。统计分析表明,用于垫层时施工破坏折减系数为 1.1~1.25,用于边坡加固和路面工程时为 1.1~1.5,用于堤、墙、地基加固及无铺砌路时为 1.1~2.0,而用于铁路工程时其值可达 1.1~3.0。尤其是对不均匀粗粒冻土地基、含有大颗粒的级配不良上层覆土和重型施工设备情况下,筋材的破损情况更为严重。施工破损造成抗拉强度和耐久性显著降低,但对筋材弹性模量影响不大。

美国联邦高速公路管理处(FHWA)给出了不同筋材种类和不同填料性质条件下的施工破坏折减系数建议值,见表 1-33。

施工破坏折减系数 RF_{ID}　　　　　　　　　　　　　　表 1-33

加筋材料类型	回填土层厚 <102mm, $D_{50} = 30mm$	回填土尺寸 <20mm, $D_{50} = 0.7mm$
HDPE 单向拉伸格栅	1.20~1.45	1.10~1.20
PP 双向拉伸格栅	1.20~1.45	1.10~1.20
PVC 外裹 PET 格栅	1.30~1.85	1.10~1.30
Acrylic 外裹 PET 格栅	1.30~2.05	1.20~1.40
有纺织物(PP 和 PET)*	1.40~2.20	1.10~1.40
无纺织物(PP 和 PET)*	1.40~2.50	1.10~1.40
PP 裂膜丝有纺织物*	1.60~3.00	1.10~2.00

注:* 表示土工织物的最小质量为 270g/m²。

瑞士 Hufenus 等(2005 年)进行了 38 种土工织物和格栅的足尺试验,并在统计了前人相关试验成果后指出,筋材受施工破坏程度的影响不仅与筋材种类(格栅、有纺、经编、无纺或复合布)、筋材原材料有关,同时,还强烈地取决于填料的最大颗粒尺寸、级配以及颗粒形状(圆形或角砾状),只有挤压型和平肋型格栅才与填土材料有关,另外,填料的压实方法也对筋材有影响。提出了各施工损伤影响因素与 RF_{ID} 的关系如下:

$$RF_{ID} = rf_G \cdot rf_B \cdot rf_C \cdot rf_N \tag{1-23}$$

式中:rf_G——土工筋材类型的影响;

rf_B——回填材料的影响;

rf_C——压实能的影响;

rf_N——碾压遍数的影响。

各系数的具体取值需要通过对比试验才能获得。Hufenus 最后提出:在标准压实且围压不大于 55kPa 情况下,对应不同填料时土工格栅(包括单向、双向格栅)的施工破坏折减系数分别为:细粒土(黏土、粉土、砂)1.0~1.2、圆形粗粒土(粒径小于 150mm)1.0~1.3、角砾状粗粒土(粒径小于 150mm)1.1~1.5。Hufenus 等的研究成果已在欧洲一些国家的规范中得到采纳和应用。德国《加筋土结构设计指南 EBGEO》(第二版)指出,筋材的施工损伤不仅与筋材类型、填料有关,还受加筋土层厚、施工碾压设备、碾压过程等影响,在加筋土结构施工前,应模拟真实现场工况进行筋材的损伤试验,并提出了现场损伤试验的具体要求。建议对于永久性工程,填料为细粒土时,筋材的施工破坏折减系数至少应取 1.2,当填料为混合细粒/粗粒土时,至少应取 2.0。

Geosynthetic Institute(GSI)制定的标准《土工织物长期设计强度的确定方法》(GRI-GT7)针对堤坝、边坡和挡土墙等加筋土结构,建议土工织物的施工破坏折减系数取为 1.4,当分析地基承载力问题时,折减系数取为 1.5。

国内对于土工格栅施工损伤方面的研究相对较少,特别是结合实际工程进行的现场足尺损伤试验资料更为匮乏。郑鸿等(2005 年)对塑料土工格栅的现场破坏试验结果表明,塑料土工格栅的强度折减系数为 1.018~1.145,填料对格栅损伤的影响比格栅规格型号的影响更大。

长江科学院(2007 年)针对单向拉伸土工格栅进行了不同填料条件下的大型碾压试验,得到的成果表明:当填料粒径小于 5mm 时,格栅的施工损伤因子为 1.02~1.14;当填料粒径小于 40mm 时,损伤因子为 1.16~1.25;当填料粒径小于 80mm 时,格栅损伤因子增大至 1.21~1.33。

胡汉兵等(2009 年)针对湖北神农架机场加筋土工程进行了黏焊和经编型聚酯纤维单向土工格栅的现场足尺损伤试验,对筋材上、下分别设置不同保护层条件下的损伤情况进行了比较。对比发现,铺设、碾压等施工过程对格栅会造成不同程度的磨损,甚至产生局部的裂缝和孔洞,还有大量的微裂缝,虽然肉眼难以辨别,但在筋材受力拉伸后即发展出明显的孔洞,造成力学性能的显著降低。现场损伤试验结果表明:填料粒径是影响格栅施工损伤程度的主要因素,而同种材质筋材规格的差异对施工损伤影响较小。当筋材直接铺设在粗砾填料中(上下无保护层)时,施工损伤程度最大,折减系数可达 1.2~1.4;若设置上下保护层(10cm 厚中粗砂),则施工损伤情况明显降低,折减系数的平均值为 1.06~1.09。格栅施工损伤主要源自上层填料,因此需要重视筋材上保护层的作用。

施工损伤不仅会降低筋材的短期力学强度,对筋材的长期性能也有明显影响。丁金华等(2008 年)对施工损伤后土工格栅的长期蠕变性能进行了研究,发现蠕变应力水平越高,损伤对蠕变的影响越大,且随时间的发展,影响程度也越显著,蠕变量可达未受损的两倍以上。

从目前国内外各设计规范和相关研究成果来看,不同加筋材料的施工破坏折减系数取值的离散性较大,在加筋土工程应用中还需要重视相关实测数据的积累和分析,以便确定更为合理的筋材设计参数。

表 1-34 ~ 表 1-37 是若干国内土工格栅生产商提供的格栅施工损伤折减系数建议取值,可供参考。但实际工程应用中,特别是大中型工程,仍应针对工程实际填料和荷载条件,采用现场施工损伤试验来确定加筋材料的施工损伤系数。

土工格栅产品机械破坏折减系数(青岛旭域)   表 1-34

填料		机械破坏折减系数(RFD)				
种类	最大粒径	EG50R	EG65R	EG90R	EG130R	EG 170R
细	≤10mm	1.05	1.05	1.05	1.05	1.05
中	≤50mm	1.09	1.09	1.09	1.09	1.09
粗	≤75mm	1.13	1.13	1.13	1.13	1.13
特粗	≤125mm	1.15	1.13	1.13	1.13	1.13

土工合成材料施工损伤折减系数(马克菲尔)   表 1-35

土工合成材料类型	细粒土	砂类土	砾类土	漂石质土	漂石夹土
土工织物	1.1 ~ 1.2	1.1 ~ 1.6	1.2 ~ 2.0	1.3 ~ 2.5	1.5 ~ 3.0
土工格栅	1.1 ~ 1.2	1.1 ~ 1.4	1.2 ~ 1.6	1.3 ~ 2.0	1.5 ~ 2.2

经编聚酯系列格栅施工损伤折减系数(马克菲尔)   表 1-36

土工合成材料类型	粉砂 $D_{50} \leq 0.03$mm	砂砾石 $D_{50} \leq 0.3$mm	粗砂砾 $D_{50} \leq 4.5$mm	粗砂砾 $D_{50} \leq 18.5$mm
经编格栅	1.84	1.86	1.89	2.8

焊接聚酯系列格栅施工损伤折减系数(马克菲尔)   表 1-37

土工合成材料类型	粉砂 $D_{50} \leq 0.15$mm	砂 $D_{50} \leq 1.0$mm	粗砂砾 $D_{50} \leq 13$mm	粗砂砾 $D_{50} \leq 75$mm
焊接格栅	1.49	1.50	1.55	1.84

1.5.2 加筋材料-土界面作用系数设计建议值

为方便读者了解和对比不同加筋材料-土界面的特性,表 1-38 ~ 表 1-42 列出了国内外若干典型产品与土的界面性能指标,可以看出这些产品性能的异同和变化范围。在实际工程应用中,应针对具体加筋材料和土体进行界面特性试验,获得准确可靠的参数,当进行方案设计或初步设计时,可参考表中数据。

筋-土界面参数汇总表（青岛旭域）　　　　表1-38

序号	填土名称	筋材名称	筋材型号	界面摩擦比例系数λ
1	粗砾	拉伸塑料土工格栅	EG90R	0.88
2	细砾	拉伸塑料土工格栅	EG50R	1.03
3	细砾	拉伸塑料土工格栅	EG90R	0.84
4	细砾	拉伸塑料土工格栅	EG170R	0.88
5	砂质粉质黏土	拉伸塑料土工格栅	EG90R	0.62
6	粗砾	拉伸塑料土工格栅	EG90R	1.20
7	粉砂	拉伸塑料土工格栅	EG90R	1.14
8	砂质粉质黏土	拉伸塑料土工格栅	EG90R	0.88

注：1. 该表中1~5为直剪摩擦试验数据,6~8为拉拔摩擦试验数据。
　　2. 界面摩擦比例系数 $\lambda = \tan\delta/\tan\varphi$,式中,$\delta$ 为筋-土间的摩擦角,φ 为土的内摩擦角。

筋-土界面参数汇总表（湖北力特）　　　　表1-39

序号	填土名称	填土状态	筋材名称	筋材型号	似摩擦系数 f
1	细粒土	粉状红砂岩	单向土工格栅	HDPE 90KN	0.7
2	粗砂	强风化花岗岩	单向土工格栅	HDPE 90KN	0.8
3	碎石	碎石直径≤6cm	单向土工格栅	HDPE 90KN	0.8
4	卵石土	卵石与土混合料	单向土工格栅	HDPE 90KN	0.8
5	细粒土	粉状红砂岩	双向土工格栅	PET 40-40KN	0.9
6	粗砂	强风化花岗岩	双向土工格栅	PET 40-40KN	1.0*
7	碎石	碎石直径≤6cm	双向土工格栅	PET 40-40KN	1.0*
8	卵石土	卵石与土混合料	双向土工格栅	PET 40-40KN	1.0*

注：* 表示菱形纹路且为类似工字形,结合德国同类型PET焊接格栅的参数,似摩擦系数在1.0以上,在此只取1。

筋-土界面参数汇总表（马克菲尔）　　　　表1-40

序号	填土名称	筋材名称	界面摩擦比例系数λ	序号	填土名称	筋材名称	界面摩擦比例系数λ
1	黏性土	经编涤纶土工格栅	0.45	9	黏性土	焊接聚酯排水土工格栅	0.6
2	粉土	经编涤纶土工格栅	0.7	10	粉土	焊接聚酯排水土工格栅	0.7
3	砂性土	经编涤纶土工格栅	0.8	11	砂性土	焊接聚酯排水土工格栅	0.9
4	碎石土	经编涤纶土工格栅	0.85	12	碎石土	焊接聚酯排水土工格栅	0.9
5	黏性土	焊接聚酯土工格栅	0.4	13	黏性土	加筋格宾/绿色加筋格宾	0.3
6	粉土	焊接聚酯土工格栅	0.7	14	粉土	加筋格宾/绿色加筋格宾	0.5
7	砂性土	焊接聚酯土工格栅	0.9	15	砂性土	加筋格宾/绿色加筋格宾	0.65
8	碎石土	焊接聚酯土工格栅	0.9	16	碎石土	加筋格宾/绿色加筋格宾	0.9

注：1. 表格中提供的数据为设计计算过程中所采用的最低参数值。因此对于填料的性状未做描述,此参数对应于所有型号。
　　2. 界面摩擦比例系数 $\lambda = \tan\delta/\tan\varphi$,式中,$\delta$ 为筋-土间的摩擦角,φ 为土的内摩擦角。

筋-土界面参数汇总表（坦萨）　　　　　　　　表 1-41

土工格栅型号	α_s	$\alpha_b B/2S$
RE520	0.41	0.003
RE540	0.41	0.004
RE560	0.41	0.005
RE570	0.41	0.007
RE580	0.41	0.008

注:坦萨土工格栅与填土间的界面摩擦特性考虑以下两种情况:

(1)抗滑:$f_{ds} \tan \varphi'$

其中:f_{ds}为滑动系数,φ'为土体有效内摩擦角。

$$f_{ds} = \alpha_s \left(\frac{\tan\delta}{\tan\varphi'} \right) + (1 - \alpha_s)$$

式中:α_s——滑动面上固态面积所占比例。

(2)抗拔:$f_b \tan\varphi'$

其中:f_b为黏结系数,φ'为土体有效内摩擦角。

$$f_b = \alpha_s \left(\frac{\tan\delta}{\tan\varphi'} \right) + \left(\frac{\sigma'_b}{\sigma'_n} \right) \left(\alpha_b \frac{B}{2S} \right) \left(\frac{1}{\tan\varphi'} \right)$$

式中:$(\tan\delta)/(\tan\varphi')$——土体与格栅之间表面摩擦系数;

σ'_b/σ'_n——承载应力比;

$\alpha_b(B/2S)$——承载面与平面的比值。

筋-土界面参数汇总表（重庆永固）　　　　　　　表 1-42

序号	填土名称	填土状态特性描述	筋材名称	筋材型号	似摩阻系数 f
1	黏性土	强风化泥岩、粉质黏土、黄土等	钢塑复合加筋带	CAT30020 CAT50022 CAT60022	0.35
			钢塑土工格栅	CATTX60-30 CATTX80-30 CATTX100-50 CATTX120-50	0.40
2	砂类土	强风化花岗岩、粗砂、粉砂土等	钢塑复合加筋带	CAT30020 CAT50022 CAT60022	0.40
			钢塑土工格栅	CATTX60-30 CATTX80-30 CATTX100-50 CATTX120-50	0.45
3	砾碎石类土	碎石类土、粗砾、卵石土等	钢塑复合加筋带	CAT30020 CAT50022 CAT60022	0.45
			钢塑土工格栅	CATTX60-30 CATTX80-30 CATTX100-50 CATTX120-50	0.50

本章参考文献

[1] 中华人民共和国水利部. GB 50290—2014 土工合成材料应用技术规范[S]. 北京:中国计划出版社,2015.

[2] 重庆交通科研设计院有限公司. JTG/T D32—2012 公路土工合成材料应用技术规范[S]. 北京:人民交通出版社,2012.

[3] 《土工合成材料工程应用手册》编写委员会. 土工合成材料工程应用手册[M]. 2 版. 北京:中国建筑工业出版社,2000.

[4] 中国铁路总公司企业标准. 铁路工程土工合成材料:第 1 部分 土工格室[S]. 2016.

[5] 中华人民共和国行业标准. JT/T 516—2004 公路工程土工合成材料—土工格室[S]. 北京:人民交通出版社,2004.

[6] 中华人民共和国水利部. SL 235—2012 土工合成材料测试规程[S]. 北京:中国水利水电出版社,2012.

[7] 李广信. 关于土工合成材料加筋设计的若干问题[J]. 岩土工程学报,2013,35(4):605-610.

[8] 包承纲. 土工合成材料应用原理与工程实践[M]. 北京:中国水利水电出版社,2008.

[9] 王正宏. 土工合成材料应用技术知识[M]. 北京:中国水利水电出版社,2008.

[10] Palmeira E. M.. Soil-geosynthetic interaction:modelling and analysis[J]. Geotextiles & Geomembranes,2009,27(5):368-390.

[11] Geosynthetic Institute. Determination of the long-term design strength of geotextiles[J]. GRI Standard Practice GT7,2012.

[12] Geosynthetic Institute. Determination of the long-term design strength of stiff geogrids[J]. GRI Standard Practice GG4(a),2013.

[13] Geosynthetic Institute. Determination of the long-term design strength of flexible geogrids[J]. GRI Standard Practice GG4(b),2013.

[14] Jewell,R. A. Reinforcement bond capacity[J]. Geotechnique,1990,40(3):513-518.

第 2 章　加筋土边坡

编写人：丁金华　刘华北　周诗广　杨　帆
审阅人：包承纲（长江科学院）

2.1 加筋土边坡的形式和组成

加筋土边坡一般指填方工程中采用加筋材料对土体进行补强以提高边坡稳定性的一类工程,主要应用于新建填方边坡、滑坡治理、原路堤边坡加高加宽、护坡、护岸等(图2-1)。

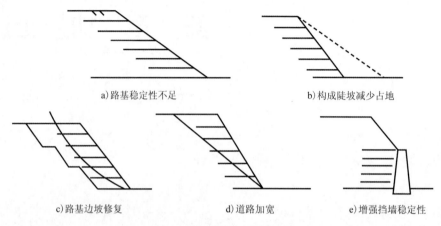

a)路基稳定性不足　　　　　　　　　　b)构成陡坡减少占地

c)路基边坡修复　　　　　d)道路加宽　　　　　e)增强挡墙稳定性

图2-1　加筋土边坡的主要应用场合

与传统边坡工程相比,通过对土体进行加筋,可以在同样填土条件,甚至是较差的填土条件下修筑更陡的边坡,减少填方量,节约土地资源。无论从安全性、经济性、施工便利性、环境协调性等多方面,加筋土边坡都具有很大的优势,特别是在土工合成材料问世后,加筋土作为一种柔性加筋材料弥补了金属条带等刚性筋材的缺点,近几十年来其在国内外水利、公路、铁路、环境、市政和建筑等不同领域内得到了广泛认可和实践应用。

加筋土边坡主要由填土、加筋材料和面层系统组成(图2-2),将筋材分层铺设于土体中形成水平加筋层,通过筋材与土体之间的相互作用达到改善土体性能、增强边坡稳定性的目的。根据边坡坡率和结构物工作要求,筋材在坡面边缘处即可水平铺设,也可回折包裹土体,其约束侧向变形的效果更强。面层系统一般为柔性护面与植被相结合的形式,也可不设。

一般将坡角小于45°(坡比1∶1)的边坡定义为缓边坡,可允许结构有较大变形,坡角介于45°～70°(坡比1∶0.364)的边坡定义为陡边坡,为避免滑动破坏带来的严重后果,对变形有一定的控制要求,特别是铁路、高速公路的路堤边坡对变形要求更为严格。两者的稳定性均按照土体滑动的极限平衡法进行设计。坡角大于70°则称为加筋土挡墙,按照郎肯或库仑土压力理论,采用楔体极限平衡法进行设计。《公路土工合成材料应用技术规范》(JTG/T D32—2012)中考虑我国常用的坡率,认为加筋路堤坡率不应陡于1∶0.5(即坡角应小于63°),否则应按挡墙进行设计。也有另外一些不同看法认为,加筋边坡缓、陡的定义不应简单以坡比1∶1来区分,对于无黏性土可以其内摩擦角(即临界坡角)衡量,坡角大于内摩擦角方可称为"陡坡"。

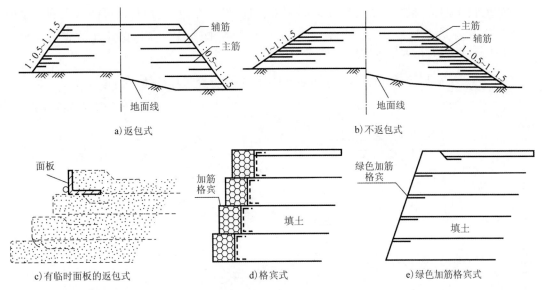

图 2-2　加筋土边坡典型结构形式

　　本章所述加筋土边坡的设计方法主要适用于坡角小于 70°的填方加筋土边坡,其地基稳定性满足要求,边坡破坏模式以土体滑动破坏为主,不考虑土压力作用,面层系统主要为柔性护面形式或不设面层系统。坡角陡于 70°的加筋结构物可参照"第 3 章　加筋土挡墙"进行设计。

　　国内规范所建议的设计方法大多与美国 FHWA 规范较接近,但近年来欧洲国家、日本等已将一些新设计理论和方法引入相关规范或指南中,对加筋土结构的合理设计提出了新建议,如 BS 8006—1：2010 建议的极限状态法等。本指南考虑到目前国内应用现状,以极限平衡法为主进行介绍。

2.2　加筋土边坡的破坏模式

　　对于加筋土边坡,随边坡具体情况(如地基条件、坡比坡高、外部荷载条件、筋材、填料等)的不同,可存在多种破坏模式,归纳为以下三类(图 2-3):

　　(1)内部破坏。破坏面穿过加筋区域,包括筋材断裂、拔出、沿筋土界面滑动等(图 2-4)。

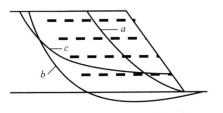

图 2-3　加筋土边坡的破坏类型

a-内部破坏;*b*-外部破坏;*c*-混合型破坏

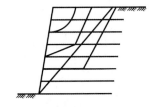

图 2-4　加筋土边坡的内部破坏形式

（2）外部破坏。破坏面在加筋土体区域外,可能发生在地基表面,也可能深入到地基内发生深层滑动;包括沿地基表面的平面滑动、深层圆弧滑动、软基侧向挤出（坡脚承载力不足）或过量沉降等（图2-5）。

（3）混合型破坏。破坏面一部分在加筋体外,一部分穿过加筋体。

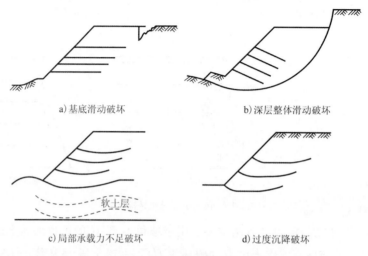

a)基底滑动破坏   b)深层整体滑动破坏

c)局部承载力不足破坏   d)过度沉降破坏

图2-5 加筋土边坡的外部破坏形式

2.3 加筋土边坡的设计要素

2.3.1 安全系数

边坡安全系数应根据工程的等级、工况、稳定性分析方法等进行综合确定,应满足各行业相关技术规程的要求。表2-1为《水利水电工程边坡设计规范》（SL 386—2007）中建议的安全系数,表2-2、表2-3为《公路路基设计规范》（JTG D30—2015）中建议的路堤/路堑边坡的安全系数。

边坡抗滑稳定安全系数（SL 386—2007）   表2-1

安全系数 运用条件	边 坡 级 别				
	1	2	3	4	5
正常运用条件	1.30～1.25	1.25～1.20	1.20～1.15	1.15～1.10	1.10～1.05
非常运用条件 I	1.25～1.20	1.20～1.15	1.15～1.10	1.10～1.05	
非常运用条件 II	1.15～1.10	1.10～1.05		1.05～1.00	

注:1.非常运用条件 I 包括:施工期;邻水边坡的水位非常降落;校核洪水位及其水位降落;由于降雨、泄水雨雾和其他原因引起的边坡体饱和及相应的地下水位变化;正常运用条件下,边坡体排水失效。

2.非常运用条件 II 为正常运用条件下遭遇地震。

高路堤与陡坡路堤稳定安全系数(JTG D30—2015)　　表 2-2

分析内容	地基强度指标	分析工况	稳定安全系数	
			二级及二级以上公路	三、四级公路
路堤的堤身稳定性、路堤和地基的整体稳定性	采用直剪的固结快剪或三轴固结不排水剪指标	正常工况	1.45	1.35
		非正常工况 I	1.35	1.25
	采用快剪指标	正常工况	1.35	1.30
		非正常工况 I	1.25	1.15
路堤沿斜坡地基或软弱层滑动的稳定性		正常工况	1.30	1.25
		非正常工况 I	1.20	1.15

路堑边坡稳定安全系数(JTG D30—2015)　　表 2-3

分析工况	路堑边坡稳定安全系数	
	高速公路、一级公路	二级及二级以下公路
正常工况	1.20 ~ 1.30	1.15 ~ 1.25
非正常工况 I	1.10 ~ 1.20	1.05 ~ 1.15

注:施工边坡的临时稳定安全系数不应小于 1.05。

　　针对加筋土路堤边坡,《公路土工合成材料应用技术规范》(JTG/T D32—2012)给出了对应各种破坏形式下边坡极限平衡计算要求的安全系数(表 2-4)。

加筋路堤安全系数(JTG/T D32—2012)　　表 2-4

破坏模式		分析内容	稳定安全系数 F_s
内部稳定破坏	滑动面位于堤身	堤身稳定性	满足现行《公路路基设计规范》(JTG D30)的要求
	滑动面穿过地基	地基与堤身的整体稳定性	满足现行《公路路基设计规范》(JTG D30)的要求
	筋材拔出	抗拔稳定性	1.5(粒料土) 2.0(黏性土)
外部稳定破坏	平面滑动破坏	平面滑动稳定性	1.30,考虑地震荷载时取 1.1
	深层滑动破坏	深层滑动稳定性	满足现行《公路路基设计规范》(JTG D30)的要求
	局部承载破坏	局部承载稳定性	1.30,考虑地震荷载时取 1.1
	过量沉降	沉降	满足现行《公路路基设计规范》(JTG D30)的要求

2.3.2　几何尺寸及荷载

　　边坡的几何尺寸包括边坡的高度、坡角、边界尺寸以及后部坡体的几何形状及尺寸。

　　需根据边坡运行状况确定边坡所受荷载,一般包括坡顶静载、临时活载、地震荷载等,铁路、公路等边坡需考虑交通荷载等,特殊情况下还需考虑渗流力的作用。

2.3.3　地基及填土

　　一般情况下,修建加筋土边坡的地基承载力应良好,否则,上部陡坡产生的应力集中更易导致地基发生破坏。

从工程实践来看,加筋边坡回填土的选取直接关系到工程的安全和造价。国外在加筋土结构建设初期对填料的要求较高,仅限于使用砂性土,而且对填料组成的各种粒径含量也有严格要求。如细粒含量(<0.075mm) >15%,则设计时应采用有效应力强度参数。填土的压实度应至少达到95%最大干密度,含水率为最佳含水率±2%。并且对土的化学成分也有一定要求,认为 pH 值最好在3~9之间,pH>12 或 pH<3 的土都不应作为回填料,而 pH 值在9~12之间的土,需要结合土性其他参数和工程条件进行具体分析。

我国对于加筋土边坡的回填料一直没有很严格的限制,国家标准《土工合成材料应用技术规范》(GB/T 50290—2014)仅指出"加筋土填料宜采用洁净粗粒料",《公路土工合成材料应用技术规范》(JTG/T D32—2012)中规定"填料不应对筋材产生腐蚀作用,应选择易于压实,能与土工合成材料产生良好摩擦与咬合作用的填料"。然而在实际加筋土工程建设中,大多是就地取材,砂土、河卵石、挖方弃土、黄土、黏土等都有应用,甚至有采用膨胀土、粉煤灰等作为工程填料的。必须重视填料的工程特性,应满足压实度和力学强度要求,保障加筋土结构的稳定性和安全性。

2.3.4　加筋材料

加筋土边坡中采用的加筋材料主要包括土工织物、土工格栅、土工带、土工格室、土工格宾等(详见第1章)。工程应用中应掌握筋材的力学特性、长期蠕变特性、耐久性、施工损伤性、老化性等。

边坡加筋材料的选择,首先取决于极限平衡设计中边坡稳定性所要求的筋材允许抗拉强度和筋材－土界面作用参数。在永久性工程或重大工程中,还应重视筋材在长期荷载作用下的变形特性,即蠕变性。在某些特殊环境条件下,如挡墙、边坡的临空面、土壤有机质含量或电解质浓度较高、高寒或高温地区等,需考虑筋材的抗老化性和耐久性。同时,筋材还应能满足现场施工的各项要求,能经受施工荷载和机械损伤等。

由于目前加筋材料种类很多,从条带状的土工带,到片状的土工织物、网格状的土工格栅,到三维的土工格室和土工格宾,很多情况下,仅根据允许抗拉强度并不能完全确定适宜的加筋材料,必须结合工程实际情况(如土层分布、荷载条件、填料性质、地下水位、工程预算等)以及筋材类型、原材料等多方面因素综合进行材料选型。

例如,土工织物不仅可以起到加筋的作用,还兼具反滤、排水和隔离功能,可以与边坡防护、排水构造设计相结合。以往限于土工织物强度较低,自土工格栅问世以来,无纺织物已逐渐淡出加筋工程领域,但近年来,国内外陆续开发并生产出多种高强度土工织物(以聚酯为主)和加强型土工织物,其强度已达到甚至超过土工格栅的强度,可以满足加筋土工程的需求。另外,以最常用的土工格栅为例,也同样存在一些模糊认识。单向拉伸塑料土工格栅和双向拉伸格栅的网格结构不同,与不同粒径填料的相互作用效果有明显差异,不能简单地仅以抗拉强度和延伸率进行对比,且单向拉伸格栅的原材料一般为高密度聚乙烯 HDPE,而双向格栅多为聚丙烯 PP,两者的长期蠕变性和耐久性也有较大差异。同样为聚酯土工格栅,由于生产工艺的不同,也有经编型和焊接型的区别,表现在格栅连接点处剥离强度的差异,工程应用中由于铺设碾压可能导致焊点剥离,对网格状格栅与填料之间特有的嵌固咬合作用是有一定影响的。

因此,加筋材料的选择应在满足结构物稳定性要求的基础上,充分了解各种筋材的物理力学特性,并根据填料的粒径和工程特性,进行综合比选和确定。

2.4　加筋土边坡的设计步骤

2.4.1　圆弧滑动面极限平衡法

目前国内规范都是采用极限平衡法进行加筋边坡设计,本节以《Design and Construction of Mechanically Stabilized Earth Walls and Reinforced Soil Slopes》(FHWA-NHI-10-024/025 2009)为例,详细介绍加筋土边坡极限平衡设计的具体计算方法和设计流程(图 2-6)。

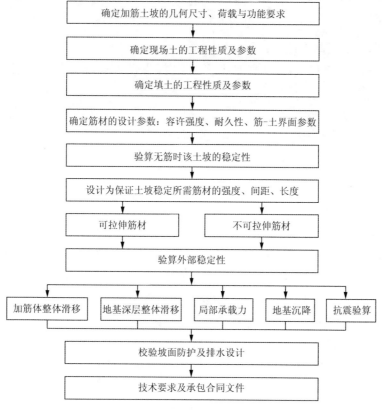

图 2-6　加筋土边坡设计流程(FHWA 2009)

具体设计步骤如下：

第一步：确定加筋土边坡的几何尺寸、荷载条件与功能要求（图2-7）。

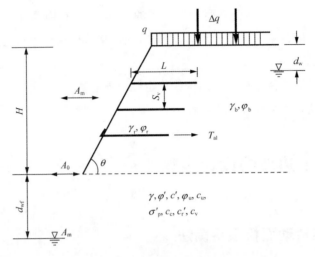

图2-7　加筋土坡的设计参数

H-坡高；θ-坡角；T_{al}-筋材容许强度；L-筋材长度；S_v-筋材垂直间距；q-坡顶超载；Δq-可变活荷载；A_0-地面加速度系数；A_m-设计动力加速度；d_w-边坡的地下水位；d_{wf}-地基中的地下水位；γ、c_u、φ_u、c'、φ'-地基土的重度和强度指标；γ_r、φ_r-加筋区填土的重度和强度指标，视具体情况可采用土的湿重度 γ_{wet} 或干重度 γ_{dry}；γ_b、φ_b-边坡原状土的重度和强度指标；c_v、c_c、σ'_p-各层土的固结变形参数

（1）几何尺寸和荷载条件

几何尺寸和荷载条件：包括坡高 H、坡角 θ、外部荷载；外部荷载包括坡顶超载 q、可变活荷载 Δq、设计地震加速度 A_m。

（2）土坡的安全性要求

根据规范设定不同破坏形式的安全系数（表2-1）。

第二步：确定现场土的工程性质及参数

（1）地基土及加筋土体后原状土的类别及性质。

（2）土的强度指标：c_u、φ_u 或者 c'、φ'。

（3）土的重度：γ_{wet} 或 γ_{dry}。

（4）固结参数：压缩系数 c_v，压缩指数 c_c 与回弹再压缩指数 $c_{e\sigma p}$ 以及先期固结压力 σ_p。

（5）地下水位 d_w，及在有渗流情况下的浸润线。

（6）如为滑坡修复治理，还应提供滑动面位置及滑坡原因等。

第三步：确定加筋土填方土料的工程性质及参数

如果加筋土中的填土不同于加筋土体后的土的性质及种类，还应了解填土的性质及指标。

（1）级配及塑性指数。

（2）压实特性：控制压实度为 95%，含水率为最佳含水率 $w_{op}\pm2\%$。

（3）每层铺土厚度。

（4）抗剪强度指标：c_u、φ_u 或者 c'、φ'。

（5）土的 pH 值。

第四步：确定筋材参数

（1）确定土工合成材料筋材的容许强度（见第 1 章）。

$$T_{al} = \frac{极限强度\ T_{ult}}{折减系数\ R_f（蠕变、施工损伤与耐久性）} \tag{2-1}$$

（2）确定界面稳定安全系数。

对于粗粒土：$F_s = 1.5$。

对于黏性土：$F_s = 2.0$。

最小锚固长度 $L_e = 1m$。

第五步：验算无加筋土坡的稳定性

（1）首先应验算土坡无筋时的稳定性，以决定是否需要加筋，论证加筋的必要性（$F_s > 1.0$），校验是否会发生整体深层滑动等；利用常规稳定分析方法计算对于潜在滑动面的稳定安全系数。

（2）确定需要加筋的安全系数临界区范围。

①确定潜在的破坏面范围：无加筋的安全系数 $F_{SU} \leqslant F_{SR}$（要求的安全系数）。

②在边坡断面图上画出所有滑动面。

③安全系数等于设计要求的安全系数 F_{SR} 的所有滑动面的包线就围出了临界区，见图 2-8a）。

（3）如果临界区延伸到坡脚以下，表明将会发生深层滑动，后者涉及地基承载力问题，需进行地基稳定分析与地基处理。

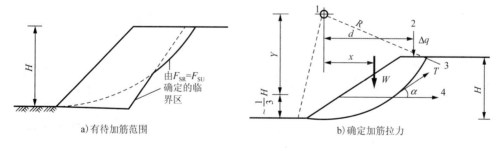

a）有待加筋范围　　　　　　　b）确定加筋拉力

图 2-8　加筋边坡设计示意图

1-圆心；2-超载；3-延伸性筋材；4-非延伸性筋材；H-边坡高度；Y-临界滑动面圆心至筋材的垂直距离；R-临界滑动面圆弧半径；d-临界圆心至坡顶超载的水平距离；Δq-坡顶超载；x-边坡滑动体形心至临界圆心的水平距离；W-边坡滑动体质量；T-拉筋拉力

第六步：加筋边坡设计

（1）计算筋材总拉力 T_s。

73

为达到需要的安全系数 F_{SR},对于在临界区内的每一个潜在的滑动面计算筋材总拉力[图 2-8b)]。

$$T_s = (F_{SR} - F_{SU}) \frac{M_D}{D} \tag{2-2}$$

式中：T_s——考虑拉断与拔出,在筋材与滑动面交界处,每延米所需的筋材总拉力;

M_D——滑动土体对应于滑动面圆心的力矩;

D——T_s 关于圆心的力臂;FHWA 建议对于连续片状分布的可延伸性筋材(如土工织物等)或连续片状分布的刚性网状筋材,可认为 $D = R$;对于分散的条状类筋材,可先假定破坏面在坡高的 1/3 处,此时 $D = Y$;也有另一种假定认为,筋材与滑裂面相切仅发生在边坡产生很大滑移的情况,此时不需区分可延性或刚性筋材,只需假定筋材水平分布,$D = Y$ 即可,此时填土需用残余强度;

F_{SR}——加筋土坡所要求的安全系数;

F_{SU}——不加筋土坡的稳定安全系数。

需要注意的是,在不加筋土坡临界区中搜索时,每一个滑动面都对应一个 T_s,具有最小安全系数的滑动面不一定对应于 T_{smax},而筋材设计需要寻找最大的筋材拉力 T_{smax}。

加筋土边坡的安全系数为：

$$F_{SR} = F_{SU} + \frac{T_s \cdot D}{M_D} \tag{2-3}$$

(2)计算筋材单宽最大拉力 T_{smax}。

图 2-9 为基于以下假设给出的最大筋材拉力和加筋长度的设计图表,可参照使用：

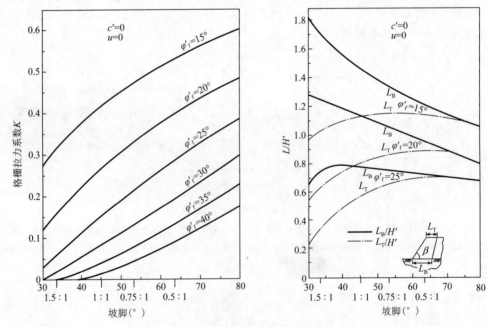

图 2-9　确定最大的筋材拉力和加筋长度的计算图

①筋材可拉伸。

②填土为均匀的无黏性土($c=0$)。

③坡内无孔隙水压力。

④坚硬、水平的地基,即承载力足够。

⑤无地震力。

⑥坡顶作用均匀超载 $q \leqslant 0.2\gamma_H$。

⑦筋土间摩阻力相对较高,$\varphi_{sg} = 0.9\varphi_r$,一般情况下为格栅类筋材。

图中:

①先确定

$$\varphi_f = \tan^{-1}\left(\frac{\tan\varphi_r}{F_{SR}}\right) \tag{2-4}$$

式中:φ_r——加筋区填土的内摩擦角。

②确定

$$T_{smax} = 0.5K\gamma_r(H')^2 \tag{2-5}$$

$$H' = H + \frac{q}{\gamma_r}$$

式中:q——坡上均布超载;

γ_r——加筋区填土的重度。

③确定边坡顶部的加筋长度 L_T 和坡底加筋长度 L_B。

利用图 2-9 将计算的 T_s 与 T_{smax} 相比较,如果两者有明显的差别,应检查无筋土坡稳定安全系数的搜索与计算。

(3)确定筋材分布(图 2-10):

①如果坡高 $H \leqslant 6m$,则可将总拉力 T_{smax} 均匀分配给各层筋材,筋材可等间距布置。

②如果 $H > 6m$,则可沿坡高分为等高度的 2~3 个加筋区,每个加筋区内的筋材拉力均匀分配,其总和等于 T_{smax}。

1 个分区时,$T_z = T_{smax}$。

2 个分区时,底部 $T_z = (3/4)T_{smax}$;上部 $T_z = (1/4)T_{smax}$。

3 个分区时,底部 $T_z = (1/2)T_{smax}$;中部 $T_z = (1/3)T_{smax}$;上部 $T_z = (1/6)T_{smax}$。

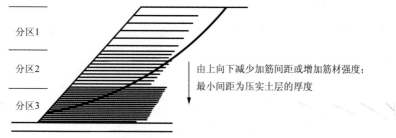

图 2-10   加筋土坡筋材的分区布置

(4)确定筋材竖向间距 S_v,或各层筋中的最大拉力 T_{max}。

①每个加筋分区的最大筋材拉力 T_{max} 决定于各层筋的竖向间距 S_v；或者说，如果筋材容许强度已知，则最小的竖向间距及加筋层数由下式决定：

$$T_{max} = \frac{T_{zone}S_v}{H_{zone}} = \frac{T_{zone}}{N} \leqslant T_{al}R_c \tag{2-6}$$

式中：R_c——加筋覆盖率，对于连续片状筋材，$R_c = 1.0$，对于条带状筋材，等于筋材的宽度 b 除以水平间距 S_h；

S_v——竖向间距，应等于压实铺土层厚度的倍数；

H_{zone}——分区高度；

T_{zone}——各区最大加筋拉力，当坡高小于 6m 时，即等于 T_{smax}；

N——加筋层数；

T_{al}——筋材允许抗拉强度。

②对于 1∶1 的边坡，为了防止包裹式坡面鼓胀，间距需要密一些（不大于 40cm，见图 2-11）；对于较陡的边坡，为了防止坡面脱落，一般需要包裹式的坡面；也为了预防坡面脱落，可以采用变间距布置，必要时应对坡面鼓胀进行稳定验算。

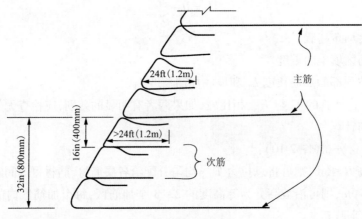

图 2-11　短筋层的设置

（5）为了确保边坡的局部稳定，对于危险与复杂的情况，可以假设潜在滑动面通过各主加筋层以上，用式（2-1）进行验算，重新计算 T_s。

（6）确定筋材锚固长度 L_e。

①每层主筋的埋置长度取决于临界滑动面，一般也是计算 T_{smax} 所用的滑动面；必须满足拉拔阻力要求：

$$L_e = \frac{T_{max}F_s}{F^*\alpha\sigma'_v R_c C} \tag{2-7}$$

式中：L_e——滑动面后被动区内筋材的埋置长度；

F^*——抗拔阻力系数（界面摩擦系数）；

σ'_v——筋土交界面的有效正应力，可按作用在筋材上的自重应力计算；

C——筋材的有效周长,对于条带、格栅、片状筋可取 2;

α——考虑筋材与土相互作用的非线性分布效应系数,资料缺乏时,土工格栅取 0.8,
土工织物取 0.6;

R_c——加筋覆盖率,对于连续分布的土工格栅和土工织物,$R_c = 1.0$。

②中间加筋层的筋材较短,可以在 1.2~2.0m 之间,最大间距为 60cm,当同时起到包裹作用时,间距可适当加密,见图 2-11;如果仅仅是为了稳定坡面和便于压实,则可以更短。

③L_e 的最小值是 1.0m;对于黏性土,应校核短期和长期抗拔稳定,摩擦系数 F^* 可以从半经验公式取得:$F^* = (2/3)\tan\varphi_r$。对于长期设计,$c_r = 0$,只采用 φ_r。如果筋材拉力不能满足,可以增加不通过滑动面的筋材长度,或增加底部筋材强度。

④为了简化筋长布置,可以分为两段或者三段等长度的配筋。

⑤除底层加筋长度受抗滑移所需要的筋材长度控制,至少应延伸到临界区边界之外,上部筋材一般可不延伸到临界区以外(图 2-12)。我国铁路规范中规定加筋土路堤的最小锚固长度不得小于 2.5m。

⑥检查验算通过每一个破坏面的筋材总拉力大于所要求的 T_s。

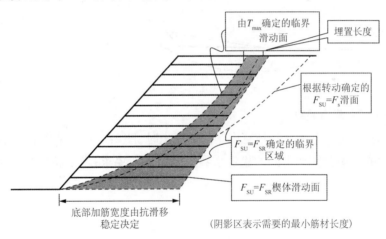

图 2-12　加筋布置示意图

第七步:外部稳定性验算

(1)抗滑移稳定验算

这时可以将加筋区当成一个刚性挡土墙进行墙底滑动验算;底边滑动面假定为加筋土坡底部或各层筋材的筋土界面,如图 2-13 所示。加筋区后的土压力可由库仑主动土压力确定。外部稳定的安全系数需大于规范规定的最小值。

(2)深层滑动稳定验算(图 2-14)

在无筋土坡的稳定计算中可以发现是否存在深层滑动面。当完成加筋土坡设计以后,还应检查是否所有通过加筋土体之后及深入地基土层的滑动面都满足下式:

$$F_s = \frac{M_R}{D} \geq 1.3 \tag{2-8}$$

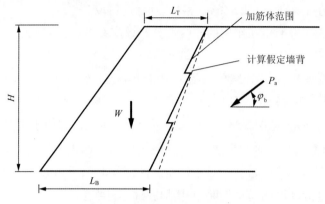

图 2-13　加筋边坡外部稳定分析

计算可采用简化毕肖甫(Bishop)法、简布(Janbu)法、斯宾塞(Spencer)法、摩根斯坦－泼赖斯(Morgenstern-Price)法等。

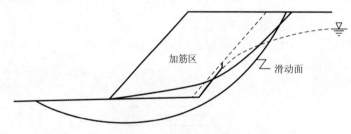

图 2-14　整体滑动稳定校核

(3)坡脚局部承载力验算

当边坡下存在深度 D_s 小于边坡宽度 b' 的软弱土时(图 2-15),可采用下式计算局部侧向挤出的稳定系数 F_{sq}。计算所得到的稳定系数应满足规范要求;当不满足要求时,应对地基进行处理。

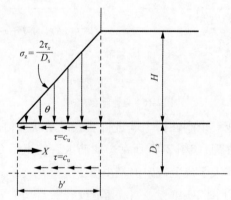

图 2-15　局部侧向挤出稳定分析

$$F_s = \frac{2c_u}{\gamma D_s \tan\theta} + \frac{4.14c_u}{H\gamma} \geqslant 1.3 \tag{2-9}$$

式中:θ——坡角;

γ——土的重度；

D_s——填方坡底以下软土的厚度；

H——坡高；

c_u——坡下软土的不排水强度。

（4）地基沉降验算

地基沉降可采用经典的沉降计算方法进行验算，计算总沉降量的大小、差异沉降与沉降速率。

第八步：抗震稳定验算

对于重要的、高加筋土坡，应进行抗震稳定验算。

（1）进行加筋土边坡的地震动力分析及抗震设计，首先必须确定边坡所在位置的地震动参数。目前，可依据《建筑工程抗震设计规范》（GB 50111—2006）（2009 年版）[7]或《水工建筑物抗震设计规范》（DL 5073—2000）[8]确定地震动参数，包括加筋土边坡所在位置地表的峰值水平加速度、特征周期、最大地震影响系数等，上述参数常用设计响应谱的形式出现，如图 2-16 所示。确定设计地震动时，必须考虑加筋土边坡所在位置场地特性，根据场地类型选用相应的地震动参数。

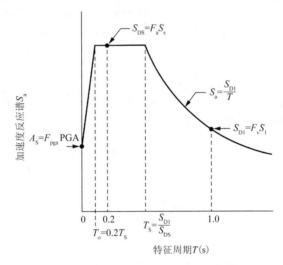

图 2-16　设计地震动参数

（2）地震动力分析一般采用拟静力法进行，这时要求的稳定安全系数为 $F_s = 1.1$。

（3）基于极限平衡法进行加筋土边坡的拟静力稳定分析时的步骤与上述静力分析类似，只是荷载中增加了水平及竖向地震惯性力。其分析简图如图 2-17 所示。

对低于 30m 的加筋土边坡，可采用下式确定水平地震系数 k_h：

$$k_h = \frac{a_{max}}{g}\left[1 + 0.01H\left(0.5\,\frac{S_D}{a_{max}/g} - 1\right)\right]$$

式中：a_{max}——地表峰值加速度；

　　　　g——重力加速度；

S_D——最大地震影响系数,对于高于 30m 的加筋土边坡,建议采用动力数值分析确定水平地震系数。

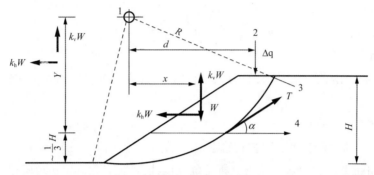

图 2-17   拟静力地震响应分析简图

k_h-加筋土边坡的水平地震系数,由加筋土边坡所在场地的设计地震及加筋土边坡自身的性质,包括坡高、填土、筋材刚度、加筋间距等共同决定;k_v-竖直地震系数,一般可根据规范规定,取为水平地震系数的某个比值,根据《水工建筑物抗震设计规范》[8],$k_v = \dfrac{2}{3}k_h$。

(4)采用拟静力法进行筋材抗力验算时,安全系数取 1.1,筋材的抗拉强度不用考虑蠕变折减,仅需考虑老化折减及施工损伤折减;进行筋材拔出验算时,安全系数也取 1.1,但筋材的抗拔阻力系数需做一定折减,在缺乏试验结果的条件下,可根据美国 FHWA 的建议做80%折减,即

$$L_e \geqslant \frac{1.1T_{max}}{2 \times 0.8 \times F^* \alpha \sigma'_v R_c} \tag{2-10}$$

式中:T_{max}——考虑地震作用的筋材最大拉力。

第九步:坡面防护排水设计

具体设计可参见本章 2.5 节。

2.4.2   考虑分层筋材拉力的极限平衡条分法

传统的极限平衡条分法在计算安全系数时没有考虑每个加筋层对边坡稳定的贡献,而是在确定潜在滑移面后考虑加筋层合力 T_s 对安全系数的增大作用。而严密的极限平衡法需在进行条分法稳定分析时,同时考虑加筋层的贡献,如图 2-18 所示。本节介绍考虑分层筋材拉力的极限平衡条分法。

如图 2-18 所示,假定潜在滑移面为圆弧面,并假定加筋层在边坡处于极限状态时保持水平位置且位于竖直土条底面的中心,则对于滑移面内的竖直土条 i,其绕滑移面圆心的力矩为:

$$M_i = W_i R \sin\alpha_i (c_i \Delta x / \cos\alpha_i + N_i \tan\varphi_i) / F_s R + E_{x+\Delta x}(R\cos\alpha_i b_{x+\Delta x}) -$$
$$E_x(R\cos\alpha_i - b_x) + (T_{x+\Delta x} - T_x)R\sin\alpha_i - T^i_{max}R\cos\alpha_i = 0$$

式中:R——滑动面半径。

潜在滑移面上的剪切抗力 S_i 可根据摩尔 – 库仑破坏准则及边坡的安全系数 F_s 确定。

$$S_i = \frac{\dfrac{c_i \Delta x}{\cos\alpha_i} + N_i \tan\varphi_i}{F_s}$$

式中：c_i、φ_i——土条的黏聚力和内摩擦角。

对所有竖直土条的力矩稳定方程进行求和，可得整个滑移体的力矩稳定方程。由于相邻土条的水平土压力 $E(x)$ 和竖直剪切力 $T(x)$ 的大小相等，方向相反，其对整体力矩稳定的贡献相互抵消。

得到考虑分层筋材拉力的边坡安全系数表示为：

$$F_s = \frac{\sum \dfrac{c_i \Delta x + W_i \tan\varphi_i}{m_{\alpha i}}}{\sum W_i \sin\alpha_i - \sum T_{\max}^i \cos\alpha_i} \quad (2\text{-}11)$$

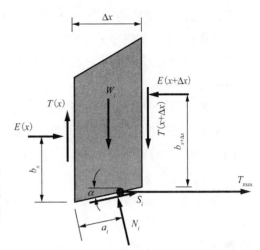

图 2-18 考虑筋材作用条分法简图

W_i-土条 i 质量；Δx-土条宽；$T_{\max}$-筋材允许最大拉力；$E(x)$-相邻土条的不平土压力；b_x-$E(x)$ 的作用距离；$T(x)$-相邻土条间的剪切力；S_i-潜在滑移面上的剪切抗力；N_i-土条底面的法向压力；α-土条底边与水平方向的夹角

采用上述极限平衡法进行加筋土边坡设计分析的步骤如下：

（1）根据经验或类似工程初步确定筋材的允许抗拉强度 T_a、加筋层的长度及间隔。亦可以用 2.4.1 节的第一～七步初步确定筋材的分布。

（2）采用上述介绍的加筋土边坡条分法分析加筋土边坡的安全系数。

（3）比较加筋土边坡的安全系数与规范规定值，如不满足要求或安全系数过大，调整筋材的强度及布置，重新进行第二步的分析，直到边坡的安全系数等于或稍大于规范要求数值。

（4）进行外部稳定校核。可按照 2.4.1 节的第七步进行外部稳定校核。

（5）进行局部侧向挤出稳定分析及整体滑动稳定校核，其分析方法与 2.4.1 节的第七步相同。

2.4.3　极限平衡设计中需注意的一些问题

传统的加筋边坡极限平衡分析是基于若干假定条件而设立的，这些条件的合理性以及相应的计算参数选取必然会对设计结果产生影响。本节主要讨论加筋材料拉力、应变及筋材类型等的影响。

对加筋边坡中筋材的受力方向，目前主要有两种假定：一是假定拉力沿筋材的铺设方向（即水平向），二是假定沿滑动面的切向。实际上，不同的土工合成材料加筋，其刚度不同，在加筋土结构中与不同填料之间的变形协调性能不同，其实际受力方向是很复杂的。FHWA

以及国内大多数规范均认为,对于刚度大的条带式加筋,受力方向可设置为筋材铺设方向;对土工格栅、土工织物等柔性片状筋材,由于滑移体可能出现较大滑移量,相应滑移面上土的剪切变形较大,其受力方向宜取滑动面切向。英国和德国的加筋土边坡设计规范均假定筋材水平。

加筋土结构中筋材的类型极多,大致可分为条带状土工带、片状土工织物、平面网格状土工格栅以及三维土工格室等几类。不同类型筋材与填料的相互作用和加筋机理并不完全相同,筋材起到的加筋效果也有差异。但极限平衡分析仅针对平面问题,筋材的作用也仅通过抗拉强度这个单一参数来反映,实际上很难如实模拟不同类型的加筋材料。

在式(2-7)中,采用三个经验系数 C、α、R_c 来近似反映不同筋材类型的影响。其中 C 表示筋材的有效周长,对于条带、格栅、片状筋可取 2;α 为考虑筋材与土相互作用的调整系数,应根据筋 – 土拉拔试验确定,FHWA 建议缺乏资料时,可对刚性筋材取 1.0、柔性筋材取小于 1.0 的值,如土工格栅可取 0.8,土工织物取 0.6;R_c 为加筋覆盖率,$R_c = b/S_h$,其中 b 为筋材单元体宽度,S_h 为两个筋材单体间的间距(图 2-19),对于连续分布的土工格栅和土工织物可取 1.0。

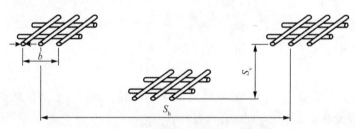

图 2-19　不同筋材类型参数示意图

传统的极限平衡分析并不考虑筋材应变,对于刚性筋材而言尚可满足,但对于可拉伸变形的柔性筋材,其带来的误差不容忽视。法国 Rowe 等(1985 年)首先引入了土与筋材的应变相容关系,提出"允许相容应变"的概念,随后 J. E. Gourc(1986 年)等将其引入到极限平衡分析中,提出了加筋边坡的位移法。其设计思路主要包括:根据筋材伸长率、变形模量以及土体的变形模量,在假定沉降量条件下,利用连续性几何关系,推求任一加筋层承担的拉力和筋材弯曲后形态,校核此时的滑动安全系数;如不满足要求,则另假定较大的下沉量进行重复计算;如果最后得到的沉降量超过了土体变形的要求,则另行确定筋材强度和模量,或减小加筋间距,以控制土体的变形。

2.4.4　加筋土边坡的优化设计

土工合成材料加筋土工程可以显著降低工程造价,已得到国内外工程界广泛公认,B. R. Christopher(2014 年)认为加筋土结构节省投资体现在以下四个方面:①降低工程量;②简化施工工序和加速施工进度;③改善结构的长期性能,延长服役周期;④保护自然环境,重视可持续发展。如道路工程中采用土工合成材料,可减少碎石料 30% ~ 40%,特别是对中小型工程,采用土工合成材料建造加筋土挡墙,可比钢筋混凝土结构节省 25% ~ 50% 的投资,如能进一步代替桩和桩帽结构,则节省投资可达 50% 以上。

土工合成材料加筋结构可以有效延长结构物的服役周期,材料由工厂制造,质量风险可控,工程后期维护费用低,使得工程单位成本也显著降低,这种隐蔽的经济效益是不容忽视的。由于采用当地材料或废弃料作为填料,即减少了废料存量和堆放,又减少了运输成本,对降低碳排放量和能耗有明显作用。

因此,大力发展土工合成材料加筋土结构符合当前建设环境友好型社会的迫切需求。但实践中影响加筋土边坡稳定性的因素很多,不仅与填料组成、土粒粒径与级配、筋材类型、结构尺寸、力学性质有关,同时还与环境条件、边坡坡高坡率、荷载状况等因素有关。近年来对于加筋边坡优化设计的研究成果表明,控制稳定性的敏感性因素依次为填土的内摩擦角、筋土界面似摩擦系数、填土黏聚力、筋材长度、筋材强度、筋材间距、填土重度。

以往的加筋土设计优化多集中在筋材铺设位置和间距的选择上。从工程成本控制的经济性和合理性方面来说,确定适宜有效的加筋边坡结构尺寸既可充分利用多种因素提高加筋边坡的稳定性,又可避免过度设计产生的浪费。但影响加筋土边坡造价和稳定性的因素很多,如何合理判断各影响因素的重要性,如何将主要因素的作用合理反映在设计方法中,在保证工程安全、结构稳定的前提下,开展加筋土边坡的优化设计,获得工程造价最经济的设计参数组合已经是当前需要重点关注的问题。有研究者提出了基于经济效益的加筋土边坡优化设计思路,以加筋土边坡每延米最低工程造价为目标函数,针对某三级加筋边坡进行了优化设计。结果显示,通过优化设计可使加筋边坡的综合坡率减小 1°,每延米土工格栅用量减少 36.3%,而安全系数仍较原设计提高 0.008,最终体现在经济效益方面,每延米工程造价可节约 33.3%。

传统的极限平衡法很难实现优化设计的目的,可能只有采用数值分析方法对多因素进行敏感性分析和对比,才是解决这一问题的主要突破口。国内近年来也已开展了一些分析工作,获得了一些有益的成果,但如何将优化设计思路和方法融入工程设计实践中,还有待更深入的研究工作。

2.4.5　加筋土边坡的设计算例

以某一路堤加宽工程为例,介绍加筋边坡的典型设计算例。

如图 2-20 所示,原路堤边坡坡比为 1∶1.6(坡角 31.4°),坡高 19m,根据工程需要,顶部需拓宽 25m,为此采用加筋填方边坡,初步确定加筋土边坡比为 1∶0.84(坡角 50°)。

1)确定加筋边坡尺寸及功能要求等

几何尺寸:加筋填方边坡坡比 1∶0.84(坡角 50°);坡高 19m。

荷载条件:坡顶交通荷载简化为均匀静载 12.5kPa。

安全系数:外部稳定安全系数 $F_s \geq 1.5$;内部稳定安全系数 $F_s \geq 1.5$。

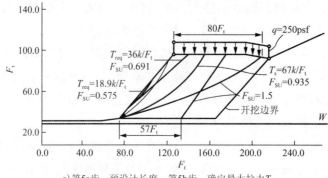

a)第5a步：预设计长度；第5b步：确定最大拉力T_{max}

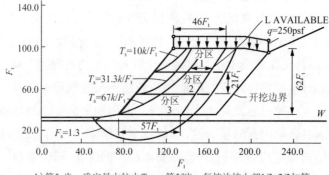

b)第5a步：确定最大拉力T_{max}；第5f步：复核边坡上部1/3~2/3加筋

图2-20 加筋边坡设计计算例示意图

2）现场土的性质

现场土的有效应力参数指标为 $c'=12\text{kPa}$；$\varphi'=34°$。

3）填料性质

填料 $c'=0\text{kPa}$；$\varphi'=34°$；重度 $\gamma_r=18.8\text{kN/m}^3$。

4）加筋材料参数

筋材采用极限抗拉强度为 100kN/m 的土工格栅，其允许抗拉强度为：

$$T_{al}=\frac{\text{极限强度 } T_{ult}}{\text{折减系数 } R_f}，其中 R_f=R_{fID}\times R_{fCR}\times R_{fD}$$

取耐久性折减系数 $R_{fD}=1.25$，施工损伤折减系数 $R_{fID}=1.2$，蠕变折减系数 $R_{fCR}=3.0$。

因此，筋材的允许抗拉强度为 $T_{al}=\dfrac{1000}{1.25\times1.2\times3.0}=22\text{kN/m}$。

对于粗粒土，界面抗拔安全系数为 $F_s=1.5$，最小锚固长度为 1.0m。

5）验算无加筋边坡的稳定性

首先假定填方边坡无加筋，采用修正 Bishop 法计算无加筋边坡的稳定性，得到其最小安全系数 $F_{SU}=0.935$，论证加筋的必要性。绘出所有滑动面，以安全系数为 1.5 的滑动面包线为临界加筋区域[图2-20a)]，该区在坡底处宽17m，坡顶处宽14m。

— 84 —

6）计算加筋最大总拉力

根据 $T_s = (F_{SR} - F_{SU}) \dfrac{M_D}{D}$ 计算加筋总拉力为：

$$T_s = (1.5 - 0.935) \frac{67800}{38.3} = 1000 \text{kN/m}$$

根据图 2-9 校核筋材最大拉力。

由于 $\theta = 50°$，且 $\varphi_f = \tan^{-1}\left(\dfrac{\tan\varphi_r}{F_{SR}}\right) = \tan^{-1}\left(\dfrac{34°}{1.5}\right) = 24.2°$

由图 2-9 可确定加筋系数 $K = 0.21$，且

$$H' = H + \frac{q}{\gamma_r} = 19 + \frac{12.5}{18.8} = 19.6 \text{m}$$

因此 $T_{smax} = 0.5 K \gamma_r (H')^2 = 0.5 \times 0.21 \times 18.8 \times 19.6^2 = 766 \text{kN/m}$。

可见 $T_s > T_{smax}$，因此采用筋材总拉力 T_s 作为最大拉力。

坡高 $>6\text{m}$，按照三个分区进行拉力分配，得到：

每个分区高度为 $19\text{m}/3 = 6.3\text{m}$。

底部分区 3：$T_z = (1/2) T_{smax} = 500 \text{kN/m}$。

中部分区 2：$T_z = (1/3) T_{smax} = 333 \text{kN/m}$。

上部分区 1：$T_z = (1/6) T_{smax} = 167 \text{kN/m}$。

最少加筋层数：$N = \dfrac{T_{smax}}{T_{al}} = \dfrac{1000}{22} = 45.5$ 层。

其中，分区 1 的最少加筋层数：$N_1 = \dfrac{167}{22} = 7.6$ 层，设为 8 层。

分区 2 的最少加筋层数：$N_2 = \dfrac{333}{22} = 15.1$ 层，设为 16 层。

分区 3 的最少加筋层数：$N_3 = \dfrac{500}{22} = 22.7$ 层，设为 23 层。

总加筋层数为：47 层 >45.5 层，可行。

则筋材垂直间距分别为：

分区 1：$S_{V1} = \dfrac{6.3}{8} = 0.78\text{m}$，设为 0.8m。

分区 2：$S_{V2} = \dfrac{6.3}{16} = 0.39\text{m}$，设为 0.4m。

分区 1：$S_{V3} = \dfrac{6.3}{23} = 0.27\text{m}$，设为 0.3m。为减少筋材间距过密带来的施工困难等，可考虑在顶部分区 1 中设置主筋和次筋。

不同边坡高度 Z 处的筋材被动区抗拔长度根据 $L_e = \dfrac{T_{max} F_s}{F^* \alpha \sigma'_v R_c C}$ 确定，根据拉拔试验确

定界面调整系数 $\alpha = 0.66$，筋材有效周长 C 取为 2.0，加筋覆盖率为 $R_c = 1.0$，因此可得：

当 $Z = 1\text{m}$ 时，$L_e = 8.05\text{m}$。

当 $Z = 2\text{m}$ 时，$L_e = 4.02\text{m}$。

当 $Z = 3\text{m}$ 时，$L_e = 2.68\text{m}$。

当 $Z = 4\text{m}$ 时，$L_e = 2.01\text{m}$。

当 $Z = 5\text{m}$ 时，$L_e = 1.61\text{m}$。

当 $Z = 6\text{m}$ 时，$L_e = 1.34\text{m}$。

当 $Z = 7\text{m}$ 时，$L_e = 1.15\text{m}$。

当 $Z > 8\text{m}$ 时，$L_e \geq 1.0\text{m}$。

7）校核外部稳定性

抗滑移稳定验算：根据楔体稳定分析，计算加筋区域的整体安全系数为 1.5，满足要求。

深层滑动稳定验算：圆弧滑动法计算得到深层滑动面的安全系数为 1.3[图 2-20b)]，不满足要求，因此需要进一步增长边坡底部区域的筋材长度，或放缓边坡坡角，直到深层滑动面的安全系数达到 1.5（图 2-21）。

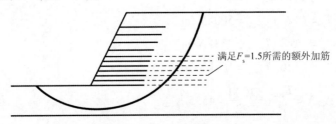

满足 $F_s = 1.5$ 所需的额外加筋

图 2-21 深层稳定性验算示意图

坡脚局部承载力验算：根据 $F_s = \dfrac{2c_u}{\gamma D_s \tan\theta} + \dfrac{4.14c_u}{H\gamma}$，计算得到坡脚侧向挤出安全系数为 1.02，不能满足 $F_s \geq 1.3$ 的要求，必须对地基进行处理。

2.5　加筋土边坡坡面防护设计

一般而言，边坡坡面防护可分为两大类，即工程防护和植物防护。传统的工程防护类型很多，如框格防护、封面、护面防护、干砌片石护坡、浆砌片石护坡、浆砌预制块护坡、锚杆钢丝网喷浆、喷射混凝土护坡等。植物防护是一种简便、经济、有效的坡面防护措施，利用植物覆盖并固定表层土壤，防止雨水冲刷带来的土壤流失，同时还可美化环境。在当前对环保和生态要求更为关注的情况下，已很少采用单纯的工程防护方法，多采用植物防护或工程防护与植被相结合的方法。但对于易受水流冲刷的边坡工程，应以工程防护为主。

一般情况下，缓边坡多采用直接喷播绿化防护方式，过陡的边坡植被生长较为困难，可采用土工合成材料与植草或灌木相结合的方式形成复合防护体系,多采用土工网、土工网垫、立体植被网、土工织物或土工格栅等。

植被防护工程在施工中应注意预施基肥,根据地区气温、降水和土质条件等进行草种选择,一般应选取多年生、耐寒、耐旱、根系发达的草种,或当地容易成活的树种(可为灌木),必要时可进行试种。播种季节应避开寒冷或高温多雨季节,最好选在春季或秋季,如是栽草,以春季为宜。播种完毕需及时覆盖土工织物,并追肥、洒水。如采用三维土工网,应满足最低抗拉强度要求,以保证边坡挂网稳定和安全。土工网上部应在坡顶予以反压,坡下部顺压,叠压长度不应小于30cm,搭接重叠部分不小于10cm。挂网后其上需覆土至少20mm,再进行喷播作业。需要注意的是,植被防护时应设置坡脚护面墙,以保障坡脚处不至于由于降水汇集和冲刷等作用引起淘蚀破坏。

另外一种应用较为普遍的土工合成材料护面结构形式是土工石笼(也称为土工格宾),是由土工格栅、土工网绳、条带或土工网等做成各种网格或笼体,内装块石或砾卵石,再逐层堆叠于边坡表面,形成完整防护层体系。土工石笼具有强度高,抗腐防霉,耐久性好,施工简便,料源丰富,造价便宜等优点。

图2-22和图2-23是以《公路土工合成材料应用技术规范》(JTG/T D32—2012)为例,示出的几种典型的护面类型。

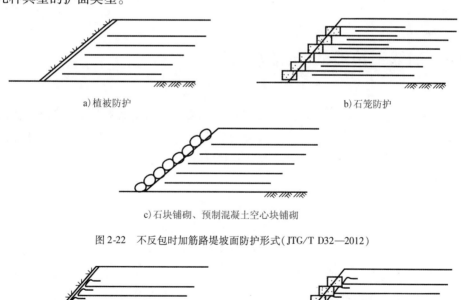

a)植被防护　　　　　　　　　　　　　　　b)石笼防护

c)石块铺砌、预制混凝土空心块铺砌

图2-22　不反包时加筋路堤坡面防护形式(JTG/T D32—2012)

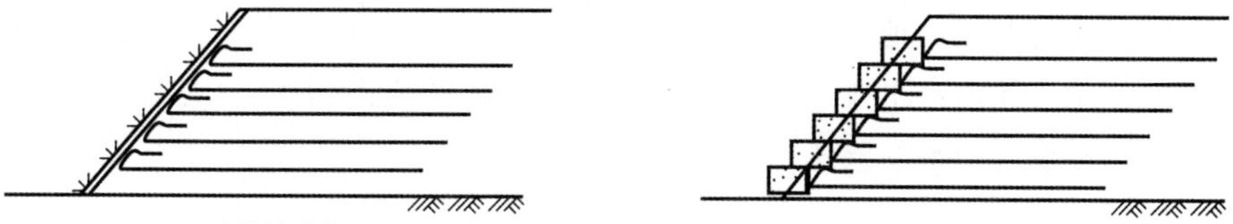

a)植被防护　　　　　　　　　　　　　　　b)石笼防护

图2-23　反包时加筋路堤坡面防护形式(JTG/T D32—2012)

FHWA2009则针对不同边坡条件和填土类型,给出了更为具体的坡面防护方案,可参考使用(表2-5)。

加筋土边坡推荐的坡面形式（FHWA）　　　　　　　表2-5

坡角及填土类型	坡面形式			
	非包裹式坡面		土工合成材料包裹式坡面	
	植物护坡	工程护坡	植物护坡	工程护坡
>50°，各种土类	—	格宾	草皮防冲毯，种籽	钢丝网、砌石喷浆护面
35°～50°，纯净砂、圆砾	—	格宾掺土水泥	草皮防冲毯，种籽	钢丝网、砌石喷浆护面
35°～50°，粉土与砂质粉土	生物加筋，排水复合结构	格宾掺土水泥石砌面	草皮防冲毯，种籽	钢丝网、砌石喷浆护面
35°～50°，粉砂，含黏土砂，级配良好的砂、砾	临时：防冲毯、种籽与草皮；永久：防冲垫、种籽与草皮	无须硬护面	无须土工合成材料包裹护面	无须土工合成材料包裹护面
25°～35°，各种土质	临时：防冲毯、种籽与草皮；永久：防冲垫、种籽与草皮	无须硬护面	无须土工合成材料包裹护面	无须土工合成材料包裹护面

2.6　加筋土边坡的防/排水设计

水是影响边坡稳定的重要因素，特别是雨季，由降雨导致的边坡坡面溜滑甚至垮塌现象屡见不鲜。加筋土边坡也不例外，必须重视边坡内部与坡面的防/排水设计，应根据实际情况确定防/排水设施的结构形式和尺寸、范围与具体位置等。

边坡的防/排水工程包括地表水防治和地下水防治两部分，需针对不同水流状态，采用合理措施（开挖水沟、设置过滤体或排水层或排水管网、铺设防渗膜等）保证外水和内水都能及时顺利排出，避免积水浸泡坡角。对于地表水，一方面可以采用防水防渗措施拦截降雨或其他外源性地表水的流入，另一方面可以设置排水体或排水通道，将来水及时引出边坡。对于边坡内地下水，需要根据地层含水带厚度、分布情况、补给条件等，采用截、排等措施降低地下水位，可利用坡体内水平排水孔排出边坡深部含水；当地下水以边坡上部或侧向补给为主要来源时，可以设置边坡截渗沟以截断地下水。

简要介绍一些典型的排水结构如下。

（1）排水沟：包括纵向排水沟、横向排水沟和坡面贴坡排水等，见图2-24。一般采用混凝土或浆砌石砌筑，作为坡面排水系统的一部分，主要是为了防止雨水集中冲刷或漫流形成雨淋沟而影响边坡稳定。其截面形状可以为L形、三角形、碟形、矩形、梯形、U形、圆形等，具体尺寸应根据设计流量进行水力计算来确定。纵向排水沟可根据边坡高度分级设置，有马道的情况下一般设置在马道内侧;横向排水沟间隔视边坡具体情况和地形条件而定,应与纵向排水沟相连接。贴坡排水是一种简单易行的表面排水措施,在土石坝边坡中较常应用,可以起到防止坝坡土发生渗流破坏、保护坝坡避免下游波浪淘刷的作用。

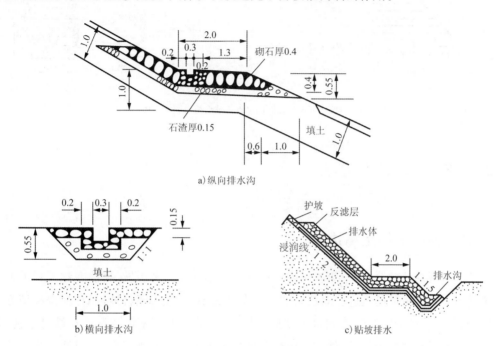

图2-24 坡面排水系统示意图(尺寸单位:m)

(2)坡体内排水:包括水平排水孔、地下排水沟或排水管等(图2-25)。

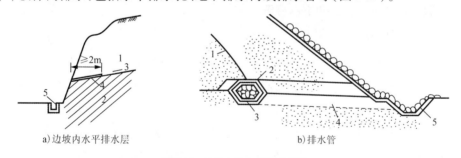

图2-25 坡体内排水系统示意图
1-浸润线;2-排水管;3-反滤层;4-水平排水层;5-排水沟

水平排水可以加速坡体内孔隙水压力消散,降低浸润线,在坡体内不同标高处设置水平排水层的位置、层数和厚度等应根据计算确定。地下排水管适用于渗流量大、常规排水带尺寸不能满足要求时,管径需通过计算确定。管周围应设置反滤层,也可采用带孔或孔隙的花管,其孔径或缝宽应按反滤料的粒径计算来确定。

土工合成材料,包括土工膜、土工织物、土工排水网、透水软管等,目前已大量应用在边坡防/排水体系中,应注意根据相应的排水反滤准则和边坡水流条件等确定合适的设计参数。图2-26示出FHWA建议的加筋土边坡地下水及表面排水复合排水结构形式。

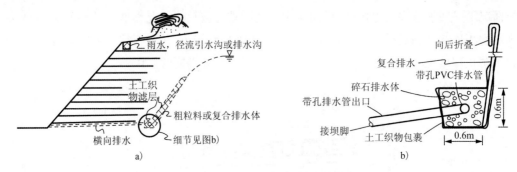

图 2-26　边坡地下水及表面排水复合排水结构形式（FHWA）

2.7　特殊加筋土边坡

2.7.1　多级加筋土高边坡

由于土地资源日益紧缺，近年来国内已修建了很多加筋土高边坡，目前在建工程最大高度已超过 60m。由于加筋土边坡对填料的选择余地较小，一般只能就地取材，使得高填方工程的风险更大，边坡的竖向沉降和水平变形，以及筋材的变形都不可忽视。对筋材来说，除了抗拉强度要满足要求外，其延伸率也应当与填方工程中的变形相匹配，此时筋材与土的变形协调关系就显得更为重要，筋材并非做得"越强"就越好。从工程实践和研究成果来看，目前高加筋土边坡设计主要存在如下亟待解决的问题：

1）筋材拉力分区分配

高边坡一般都是分级的，在两级边坡之间设置平台。测试表明，在正常工作状态下，加筋材料最大拉力在整体上沿竖向的分布呈锯齿形，拉力突变主要发生在两级边坡相邻的位置。在每级边坡内部分布则近似成三角形或梯形。在强度折减法计算中逐步降低土的强度，分布则会由三角形向梯形甚至矩形过渡。水平方向上最大轴力的位置也向边坡内部移动。而基于极限平衡法只能得到总的加筋力，无法直接确定具体每层筋材应当分担的加筋力。

我国加筋土设计规范主要参考美国联邦公路局的规定，建议对于高度不大于 6m 的低坡，筋材受力可以均匀分配；对于高度大于 6m 的边坡，可以按两区或三区分配，在每一区内筋材的拉力按均匀分布。这种分配方法只适用于较低的简单边坡。对于分级建造、结构复杂的高边坡，这种分配方法就显得比较粗糙。有限元法能够得到不同情况下各层筋材的受力情况，这是极限平衡法所不具备的。但依据什么规律进行筋材受力的分配还需要进一步研究。虽然目前有较多的工程观测数据，但它们主要反映正常工作情况下筋材的受力分配关系，不足以代表极限状态下力的作用关系，也难以反映从正常工作状态向极限状态过渡的关键特征。

2）地基稳定性

对于加筋土边坡,规范推荐采用极限平衡法,只要安全系数满足要求就认为边坡是安全的。坡趾存在软土层时进行深层挤出验算和局部承载力验算,实践表明对于高度较小、坡度较缓的边坡这种规定应当是没有问题的。但对无须按"墙"设计的高陡坡,对地基土的强度和变形模量应当达到什么要求目前还不十分明确。在实际工程中带来的问题就是:边坡地基要不要处理？如果需要处理那么应当达到什么标准？地基土过大的沉降会不会使坡趾位置筋土作用关系和筋材受力发生恶化？随着加筋土边坡的越来越高、越来越陡,继续回避这些问题会给加筋土工程本身埋下安全隐患。

3）分级高度和平台宽度

对于较高的加筋土边坡需要分级建造。但目前加筋土工程中每级的分级高度和平台的宽度设计比较随意。没有从受力变形分析等力学机理的角度结合工程使用与管理,认真研究最佳的平台布置和分级方式。另外,限于筋材本身强度、填料强度和筋土界面强度,按常规设计,高度超过 60~80m 时加筋土边坡的安全系数就很难满足规范要求。为了修建更高的边坡,需要与其他支挡结构联合使用,比如护坡桩、重力式挡土墙与预应力锚杆等。目前的设计方法主要是分开计算,没有考虑它们之间的相互作用关系和作用机理。

4）筋材强度

目前边坡工程设计仍然依赖于对条间力进行很多假定的极限平衡法。如何充分利用有限元计算得到的信息是值得进一步研究的方向。为了保证加筋高边坡的安全,有必要综合运用各种方法进行稳定性评价。但它们还存在彼此匹配的问题。比如极限平衡法中计算涉及的是总的加筋力,在某种程度上具有平均的含义,但在强度折减法中针对的是每一层筋材的受力。对加筋土边坡采用极限平衡法计算时,要求在设计容许抗拉强度的基础上再除以边坡的整体安全系数。在强度折减法中如果对单根筋材也在容许抗拉强度的基础上除以整体安全系数,与极限平衡法相比,结果可能会更偏于保守。因为此时受力较大的只是个别筋材,其他筋材的受力仍比较小,平均受力并不大,从总的加筋力的储备上还是能够满足要求的。这种情况在较低的边坡中表现得不会很突出,但在高边坡中就使得对筋材的强度要求过高,使得工程过于保守。如何协调上述关系、充分利用有限元等数值计算手段,还需要进一步研究。

如何结合已有工程实践经验,解决加筋高边坡所面临的上述问题是非常迫切的。如果不能从理论上将筋土作用关系和有关机理阐述清楚,简单套用以往的经验,在一些情况下可能会对筋材强度提出过高的要求,造成工程浪费,在另外的情况下则又可能埋下诸多安全隐患。有限元的应力变形数值计算能够模拟施工过程,且能够反映筋材和土的变形和相互作用关系,在高加筋土工程中的应用越来越广泛。

2.7.2　加筋土边坡与原边坡的联合加固

在一些场地有限或分布岩石/原状硬土坡的地区,受地势空间的限制,难以实现加筋体内部稳定对筋材长度的要求,此时可采用加筋填方边坡与原边坡锚固联合加固的方式,借助锚杆打入土层或岩层中来解决格栅长度不足所带来的拉应力欠缺的问题。通过连接件将锚杆与筋材连接,结合面层系统形成统一的加筋结构体系,满足内部稳定和外部稳定的要求。

主要加固措施包括面层系统、加筋体以及锚杆等,如图 2-27 所示。加筋体由筋材(一般为土工格栅)和回填料组成,填料宜采用碎石土、砾石土或透水的细粒土。面层系统布置在原岩坡/土坡表面,由混凝土压顶、栏杆、碎石排水层、混凝土模块、砂浆护面、排水管、条形基础组成。通过连接构件(包括钢筋网、骨架钢筋、锚杆上的钢垫板等)将锚杆与加筋体联结为一体。

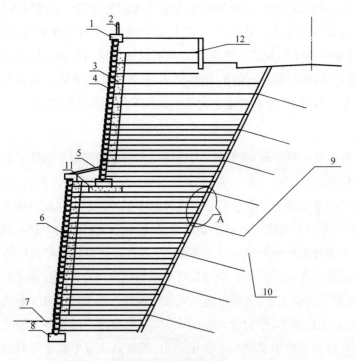

图 2-27　加筋土边坡与原边坡的联合加固示意图

1-混凝土压顶;2-栏杆;3-碎石排水层;4-混凝土模块;5-砂浆护面;6-排水管;7-地面线;8-混凝土条形基础;9-锚杆;10-硬质斜坡面(岩石或硬质土);11-回填填料层;12-土工格栅

首先进行岩坡/硬质土坡的锚杆加固[图 2-28a)],然后将骨架钢筋呈网格状设置在原岩坡/硬质土坡表面[图 2-28b)]。锚杆外露一端焊接钢垫板,骨架钢筋交叉部位与对应锚杆上的钢垫板连接。土工格栅加筋体由水平铺设的格栅层和回填填料层交替压合而成[图2-28c)～e)],在其逐层施工过程中将相应层面的筋材与钢筋网连接,并结合植被复播形成

完整的面层系统 [图 2-28f)]。

a) 锚杆施工

b) 浇筑骨架钢筋

c) 铺设格栅,填料压实

d) 格栅反包固定

e) 格栅分层施工成型

f) 完工并复植后 2 周的坡面

图 2-28　银川西路道路边坡联合加固

　　这种联合加固技术已在我国西南、西北部分山区加筋土工程中得到实践,但有关稳定分析和设计方法还很不完善。设计中需首先校核原边坡稳定性,为工程安全计,可将全部下滑力设计为锚杆承担,据此确定锚杆的布置方式(间距、长度、极限承载力等),再根据具体场地条件和工程要求设计加筋填方边坡的筋材长度和间距等,应注意校核填方体的内部稳定性。有研究者建议对于有限填土范围内的联合加固体,应同时开展圆弧滑移稳定性分析和平面滑移稳定性分析。前者用于确定加筋土边坡的内部和整体稳定性,而后者则是用来确定其直接滑移稳定性。在外部稳定性分析时按照滑移楔体平衡分析方法计算作用在加筋土体上的土压力;对于内部稳定性分析,建议采用郎肯主动土压力系数折减法计算作用在每一层筋材上的拉力。

2.7.3 土工管袋加筋堤

土工管袋筑堤技术是由高强编织土工织物制成长管袋,其内填充粉细砂或吹填淤泥等,由多个袋体交叠堆置形成围堤(图 2-29)。

由于土工管袋兼具排水、加筋和包裹作用,可在水下施工等优点,近年来已在沿海地区围垦造地、疏浚吹填、围堰填筑等工程中得到普遍应用,在一些治污工程中,还利用土工管袋既能排水,又可有效防止重金属等有害物质漏出的特点,作为污染土或污染淤泥的防治措施,如昆明滇池的治污工程,已取得了很好的效果(图 2-30)。

图 2-29　土工管袋围堤　　　　　图 2-30　昆明滇池污泥处理工程土工管袋

天津新港围堤工程采用了大型充砂土工管袋结合表面模袋混凝土护面。首先在堤基表面铺设一层 $150g/m^2$ 机织复合土工布,即可增大地基承载力,也可起到隔离作用,然后在其上铺设大型充砂土工管袋作为围堤的堤心,围堤表面采用模袋混凝土作护面。土工管袋采用 $130g/m^2$ 的聚丙烯编织布制成,其抗拉强度达 15kN/m,袋长 20～33m,每 $16m^2$ 设置一充填口,采用水力充填法施工,控制充填压力为 0.2～$0.3kg/cm^2$,充填率为 60%～85%,成型后的袋体厚 0.4～0.5m。

土工管袋工程具有施工方便、进度快、造价低、断面小、可灵活调整堤身断面形状等特点,在设计中应重点考虑土工管袋的抗拉强度、渗透系数、等效孔径、耐磨性、抗老化性等材料参数,对某些特殊应用场合,如近海或岛礁等工程,还应考虑其耐化学侵蚀性等。

应注意的是,由于土工管袋加筋堤多建于沿海一带的软土地基上,常规的边坡极限平衡稳定分析无法考虑土工管袋为其内吹填的粉细砂等填料提供的约束和加筋作用,更难以考虑波浪、潮流淘刷等条件,因此无法模拟软基上管袋加筋堤的稳定性,可以说有关土工管袋围堤稳定性和设计方法的理论研究远远落后于工程实践。一种简化经验分析方法提出,可从加筋机理出发,认为土工管袋的加筋作用为粉细砂提供了似黏聚力,提高了土的强度,因此可直接在传统圆弧滑动法中采用新的土体参数进行分析。该法概念简单明确,很容易与传统计算方法衔接,但没有指出如何确定合理准确的似黏聚力,且忽略了管袋堤发生层间破坏的可能性。

2.8　加筋土边坡施工

2.8.1　施工工艺

加筋土边坡的施工工序见图 2-31,由下至上逐层施工,直至坡顶,坡顶压顶按设计要求进行,为常规施工方法。

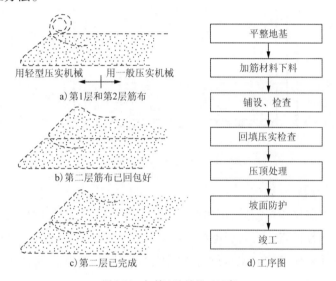

a)第1层和第2层筋布

b)第二层筋布已回包好

c)第二层已完成

d)工序图

平整地基 → 加筋材料下料 → 铺设、检查 → 回填压实检查 → 压顶处理 → 坡面防护 → 竣工

用轻型压实机械 ← → 用一般压实机械

图 2-31　加筋土边坡施工工序

(1)平整坡底和基础。

铺设加筋材料前,应对地基表面进行清理,保证地表平整,严禁有尖锐突出物。

(2)铺设第一层加筋材料。

土工格栅采用人工分层铺设,应根据碾压层厚度及设计反包长度预留足够格栅长度。用 U 形钢筋将格栅固定在基层面,相邻两块格栅之间可采用细铅丝进行绑扎或连接棒进行固定(图 2-32),搭接处应交错设置。铺设时,筋材纵向(强度大的方向)垂直于坡面。应保证加筋材料顺直、平展,不皱折。

图 2-32　反包格栅与上层格栅连接示意图

（3）筋材上铺土压实。

使用张拉梁将格栅一自由端拽紧。张拉钩用 $\phi6$ 钢筋制作，长约 1m，张拉格栅时至少 2 人同时进行，每人左右手各拉一根张拉钩。用机械或人工将填土堆放在拉紧后的格栅上面，车辆与施工机械等不得直接碾压格栅，以免格栅损坏和松懈。按设计厚度铺土，先铺边坡处，再逐渐向后铺填（图 2-33）。采用碾压机械碾压时，填土厚度一般在 150~350mm，要求达到设计压实度。应超填一定宽度（多为 50cm），近坡面处用轻型机械压实，也可采用土工袋在坡面局部进行压实，保持坡面平整。

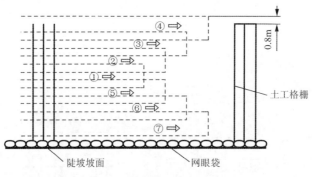

图 2-33　铺土顺序平面示意图

（4）格栅反包及连接。

当压实层达到上层格栅标高后，按照设计坡比削坡。铺设该层格栅，用 U 形钉固定在土层面并进行张拉。将预留格栅反包至上层，反包长度不应小于 100cm，与该层格栅用连接棒连接。通过格栅网孔钩住格栅的张拉梁对主栅施加张拉力，绷紧格栅之间的连接并使其下结构面上的反包格栅绷紧。

（5）重复以上施工步骤，进行后续多层格栅铺设和上覆土压实施工，直到坡高达到设计高度。

顶层格栅应有足够长度埋在填土下面，保证填土可提供足够的约束力锚固格栅，并按要求压实最上一层填土。

（6）根据边坡护面结构设计，进行坡面防护施工。

各典型施工步骤见图 2-34。

a）铺设土工格栅

b）土工格栅碾压层填料（进占法）

图　2-34

c)土工格栅处理层碾压施工　　　　　　　d)形成坡面

图 2-34　土工格栅加筋土边坡碾压施工过程

2.8.2　施工注意事项

1)筋材与其他结构单元的连接

加筋土结构经常遇到筋材与其他结构单元的连接问题,如连接部位处理不好很容易成为整个工程的薄弱点。如筋材与面板的连接,筋材与混凝土墩的连接等。

对于这些连接结构应进行专门设计,例如嵌固连接、锚固连接等,务使连接牢固、耐久,不被风化。同时,连接部位附近填土的密实度也应引起重视,这些部位很难进行机械施工,需要特别采用局部人工压实措施以保障压实度。

2)边坡防排水

加筋土结构的顶面和坡面必须做好排水系统,一方面必须及时排除外来降雨或坡面汇流,另一方面必须做好坡内的排水。

3)防止两层筋材直接接触

筋材直接接触可能带来层间相对滑动的后果,如遇同一平面上筋材有重叠或交叉的情况(如反包部位),宜用填料将两层隔开若干厘米。

4)防止筋材施工过程中的人为损伤

施工人员在进入施工现场时必须佩戴好防护用品,应严禁酒后、穿拖鞋、赤脚进入施工现场。在格栅铺设时应确保地基土层平整,严禁有尖锐的凸出物,筋材张拉到位,与上下层土体密切贴合,不宜发生褶皱。

本章参考文献

[1] 重庆交通科研设计院有限公司.JTG/T D32—2012　公路土工合成材料应用技术规范 [S].北京:人民交通出版社,2012.

［2］ US. Department of Transportation Federal Highway Administration. AASHTO LRFD Bridge Construction Specifications. Design and Construction of Mechanically Stabilized Earth Walls and Reinforced Soil Slopes［S］. FHWA-NHI-10-024/025.

［3］ BSI Standards Limited. BS 8006-1:2010　Code of practice for strengthened /reinforced soils and other fills［S］.

［4］ 中华人民共和国水利部. SL 386—2007　水利水电工程边坡设计规范［S］. 北京:中国水利水电出版社,2007.

［5］ 中华人民共和国交通运输部. JTG D30—2015　公路路基设计规范［S］. 北京:人民交通出版社,2015.

［6］ 中华人民共和国住房和城乡建设部. GB/T 50290—2014　土工合成材料应用技术规范［S］. 北京:中国计划出版社,2015.

［7］ 中华人民共和国铁道部. GB 50111—2006　铁路工程抗震设计规范［S］. 北京:中国计划出版社,2009.

［8］ 中华人民共和国国家经济贸易委员会. DL 5073—2000　水工建筑物抗震设计规范［S］. 北京:中国电力出版社,2001.

［9］ R Kerry Rowe. Reinforced embankments:analysis and design［J］. Journal of Geotechnical Engineering,ASCE 110(2):231-246,1984.

［10］ B. R. Christopher. Cost Savings by Using Geosynthetics in the Construction of Civil Works Projects［C］. 10th Conf. ICG,9. 21-25,2014. Berlin.

［11］ 宋雅坤,郑颖人. 土工格栅加筋土挡墙稳定性影响因素敏感性分析［J］. 后勤工程学院学报,2010,26(3):1-7.

［12］ 黄锋. 基于强度折减有限差分法的高陡加筋土边坡稳定性分析及优化设计初探［D］. 长安大学,2009.

［13］ 包承纲. 土工合成材料应用原理与工程实践［M］. 北京:水利水电出版社,2008.

［14］ 中华人民共和国交通运输部. JTG/T D33—2012　公路排水设计规范［S］. 北京:人民交通出版社,2013.

［15］ 姚祖康. 公路排水设计手册［M］. 北京:人民交通出版社. 2002.

［16］ 李广信,介玉新. 土工合成材料加筋土边坡的设计方法［C］. 第四届全国土工合成材料加筋土学术研讨会,2013.

［17］ 青岛旭域土工材料股份有限公司. 土工格栅加筋墙体及其施工方法:中国,CN201210515042. X［P］. 2013. 3. 13.

［18］ 王正宏. 土工合成材料应用技术知识［M］. 北京:中国水利水电出版社,2008.

［19］ 宋为群,叶志华,彭良泉. 软土地基上土工管袋围堤的稳定性分析［J］. 人民长江,2004,35(12):32-34.

第3章　加筋土挡墙

编写人:杨广庆　陈建峰　邹维列　何　波
审阅人:李广信(清华大学)

3.1 加筋土挡墙的组成

加筋土挡墙由墙面、墙面基础、加筋材料和墙体填土四部分组成(图 3-1)。

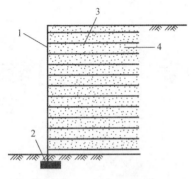

图 3-1 加筋土挡墙组成

1-墙面;2-墙面基础;3-加筋材料;4-墙体填土

(1)墙面

墙面是为阻止两层加筋材料之间填土表面脱落或鼓胀而设置的,成为加筋土挡墙的一部分,也是加筋土挡墙唯一的可视部分。加筋土挡墙墙面系统的类型可分为预制混凝土模块式墙面、土工合成材料包裹式墙面、整体现浇混凝土墙面、预制钢筋混凝土板块式墙面和格宾墙面等几种。

(2)墙面基础

墙面下一般应设置宽度不小于 0.40m,厚度不小于 0.4m,强度不低于 C15 的混凝土条形基础。

(3)加筋材料

加筋土挡墙使用的加筋材料按其空间结构分为平面加筋材料和立体加筋材料两大类。平面加筋材料按其几何形状一般分为条带型筋材(土工带)、网眼型满铺式筋材(土工格栅)和非网眼型满铺式筋材(土工布)三种类型,立体加筋材料主要为土工格室。由于土工格栅特殊的网眼结构能与填土产生较大的界面咬合摩擦强度,且具有模量大、抗拉强度高、质量轻、耐腐蚀、抗老化性能好等优势,目前国内外大部分加筋土挡墙均采用土工格栅作为加筋材料。

(4)墙体填土

加筋土挡墙墙体填土是位于墙面系统后两层加筋材料之间的部分。关于加筋土挡墙填土的选择使用,国外大部分规范不允许使用黏性土,且对于填土的级配也有严格要求。一些国家对墙体填土中的细粒土提出了明确要求:英国和美国 FHWA(美国联邦公路局)分别要求细粒土含量小于 10% 和 15%;巴西和美国 NCMA(美国混凝土砌体协会)分别要求细粒土含量不大于 30% 和 35%,NCMA 提出如果进行精细化施工,细粒土含量可达 50%。对于允许使用黏性土的相关规范而言,其塑性指数最大值规定如下:$I_p \leqslant 6$(FHWA),$I_p \leqslant 15$(巴西),$I_p \leqslant 20$(中国香港)。

国内相关规范虽明确提出加筋土挡墙墙体填土宜采用透水性好的粗粒料,如中粗砂、砂砾、碎石等。但基于经济性和环境等方面的考虑,实际工程中墙体填土就地取材情况也较为多见,如采用黏性土、粉煤灰、改良土等填筑。

3.2 加筋土挡墙的破坏模式

加筋土挡墙的破坏模式主要包括外部稳定性破坏、内部稳定性破坏和整体稳定性破坏三种。另外,过大的变形也属于一种破坏模式。

3.2.1 外部稳定性破坏

加筋土挡墙外部稳定性破坏是指将挡墙作为一个整体而发生的破坏,其行为与重力式挡墙相似,主要表现形式有:水平滑动破坏、倾覆破坏及地基承载力不足引起的破坏,如图3-2所示。

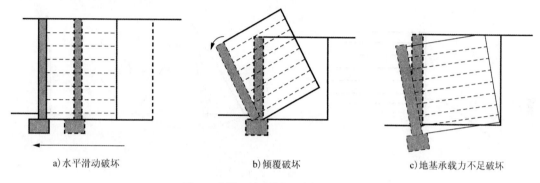

a)水平滑动破坏   b)倾覆破坏   c)地基承载力不足破坏

图 3-2 加筋土挡墙外部稳定性破坏形式

3.2.2 内部稳定性破坏

加筋土挡墙内部稳定性破坏主要表现为加筋材料的拉断破坏或拔出破坏[图 3-3a)、b)]。对于模块式加筋土挡墙,还可能发生沿筋材表面滑动破坏[图 3-3c)]、筋材与面板连接强度过低导致面板脱落[图 3-3d)]、筋材竖向间距过大发生面板鼓出甚至脱落等[图3-3e)]。

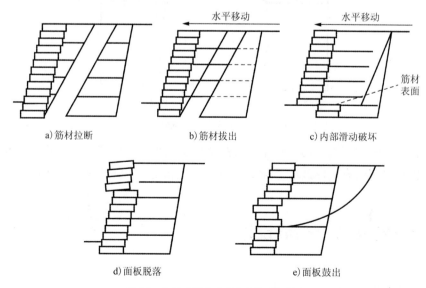

a)筋材拉断   b)筋材拔出   c)内部滑动破坏

d)面板脱落   e)面板鼓出

图 3-3 加筋土挡墙内部稳定性破坏形式

3.2.3 整体稳定性破坏

加筋土挡墙整体稳定性破坏是指滑动面通过加筋土体、墙后填土及地基而发生的整体滑动(图3-4),一般易发生在软土地基加筋土挡墙结构中。可按照滑弧滑动面假定采用条分法进行计算,分别检算滑动面穿过加筋土体及地基土的某圆弧的稳定性,通过搜索最危险滑弧确定最不利的稳定系数。

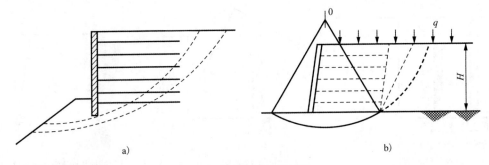

图 3-4 整体稳定性破坏形式

3.2.4 变形破坏

加筋土挡墙变形破坏是指以上三种破坏形式虽未在结构中发生,但由于变形累积或不均匀变形过大使结构丧失正常使用功能,包括加筋土挡墙过大的地基沉降、不均匀沉降或墙面过大的水平位移等(图3-5)。

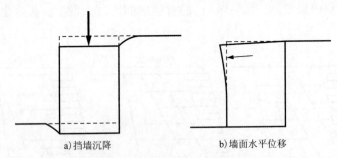

a)挡墙沉降　　　　　　　　　b)墙面水平位移

图 3-5 加筋土挡墙的变形破坏形式

在实际工程中,加筋土挡墙的破坏往往表现为综合性的破坏,既有内部稳定性破坏也有外部稳定性破坏,甚至还有变形破坏,且各种破坏形式互相交叉、互相转化,同时或者先后发生。

3.3 一般加筋土挡墙设计

加筋土挡墙设计流程如图3-6所示。

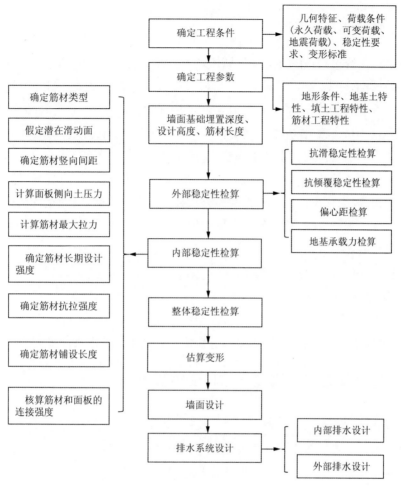

图 3-6　加筋土挡墙设计流程

3.3.1　确定加筋土挡墙的工程条件

本部分设计内容包括:确定挡墙的几何特征、荷载条件(永久荷载、可变荷载、地震荷载)、稳定性要求、变形标准等。

(1)几何特征

几何特征包括墙体高度、墙面倾角、墙面类型、墙顶填土情况。

(2)荷载条件

荷载条件包括土体自重、永久荷载、可变荷载、对结构内外部稳定性有影响的临近荷载以及地震荷载等。

(3)结构行为准则

结构行为准则包括采用的设计规范及设计体系、不均匀沉降标准、水平变形标准、设计使用年限等。

3.3.2 确定工程参数

本部分设计内容包括:确定地基土、墙体填土以及加筋体后土体的工程参数。

(1)地基土工程参数

地基土工程参数包括:地基土的抗剪强度指标,即 c_u、φ_u 或 c'、φ';固结参数,压缩系数 a_{v1-2}、先期固结压力 σ_p、固结系数 c_v、渗透系数 k 等;重度 γ_{sat}、γ 或 γ_d;地下水位情况等。

根据地基上部结构荷载大小及结构功能,需要确定地基土的承载力、沉降特征等。地基承载力可根据有关地基基础规范或手册确定。事先应了解地基土的强度指标、重度以及地下水位情况等,强度指标应根据地基土的渗透系数和排水条件确定;地基的沉降特征包括地基总沉降和地基的固结沉降,总沉降量可采用传统的分层总和法进行计算,必要时还需要结合地基土的固结系数等分析其固结沉降。对于软土地基,当其沉降或承载力不满足设计要求时,需要进行地基加固处理或桩基等。

(2)墙体填土及加筋体后土体工程参数

墙体填土的工程参数包括:填土的级配、塑性指标、最大干密度 ρ_{dmax}、最佳含水率 w_{opt}、压实系数、抗剪强度指标(即 c_u、φ_u 或 c'、φ')、pH 值以及施工时的虚铺厚度和压实厚度等。

3.3.3 墙面基础埋置深度与筋材最小长度

1)墙面基础埋置深度

墙面基础的最小埋置深度由地基承载力、冻胀性、沉降或稳定性确定,应避免在较大的垂直应力作用下地基发生剪切破坏。除岩石地基以外,需要满足:

(1)一般情况下,最小埋置深度为 0.6~1.0m。

(2)在季节性冻土地区,基底应在冻结线下,若不满足,则应将冻结深度范围内的土体换成非冻胀性材料,如中粗砂、砾石等。

(3)斜坡上的加筋土挡墙应设不小于 1.2m 宽的护脚,埋深由护脚顶起算,埋置深度见表 3-1。

斜坡地基上加筋土挡墙基础最小埋置深度   表 3-1

序　号	条　件	最小埋置深度(m)
1	水平地面	$H/20$
2	1:3 斜坡地面	$H/10$
3	1:2 斜坡地面	$H/7$
4	2:3 斜坡地面	$H/5$

(4)沿河挡墙,埋置深度在冲刷深度以下不小于 60cm。

(5)加筋土挡墙最底部筋材需布置在墙前地面线以下。

2）筋材最小长度

目前,世界各国相关标准或指南规定,加筋土挡墙在满足内外部稳定性的同时,加筋材料的最小长度应满足表 3-2 要求。

国内外相关标准(指南)对筋材最小长度的规定　　　　　　　　　表 3-2

序号	标准/规范	筋材最小长度
1	AASHTO LRFD Bridge design specifications(2007年)	不小于 $0.7H$(H 为挡墙高度),且不小于 2.4m
2	Design manual for segmental retaining wall(3rd Edition)	不小于 $0.6H$
3	Design and construction of mechanically stabilized earth walls and reinforced soil slopes(FHWA-NHI-10-024)	大于 $0.7H$,且不小于 2.5m。当墙顶有附加荷载或考虑动荷载时,应大于 $0.8H$
4	Code of practice for strengthened/reinforced soils and other fills(BS 8006-1:2010)	大于 $0.7H$,且不小于 3.0m
5	《铁路路基支挡结构设计规范》(TB 10025—2006)	不小于 $0.6H$,且不小于 4.0m。当 $H<3.0$m 时,不小于 4.0m,且采用等长筋材。当采用不等长筋材时,同长度筋材的墙段高度不应小于 3.0m。相邻不等长筋材的长度差不宜小于 1.0m
6	《公路路基设计规范》(JTG D30—2015)	$H \geqslant 3.0$m 时,筋材最小长度宜大于 $0.8H$,且不小于 5m;$H<3.0$m 时,筋材长度不应小于 3.0m

3.3.4　外部稳定性分析

在进行加筋土挡墙外部稳定性分析时,视结构为加筋复合体,将加筋范围内的土体视为刚性体,即相当于厚度为加筋长度的一般重力式挡墙。加筋土挡墙的外部稳定性分析包括墙体背部侧向土压力计算、抗滑稳定性检算、抗倾覆稳定性检算及基底合力偏心距检算、基底压应力检算。总的说来,其计算内容和计算方法与重力式挡墙相近,可参考相关规范进行计算,在此仅作简要说明。

1）墙体背部侧向土压力计算

加筋土挡墙墙体背部侧向土压力应按照库仑土压力理论或朗肯土压力理论进行计算,侧向土压力系数采用主动土压力系数。加筋体后填土强度指标根据试验确定。填土为黏性土时应分别考虑排水和不排水情况。无试验数据时,可参考第 1 章的经验值。

(1)当墙背垂直或倾角不小于 80°、加筋体墙顶作用有均布荷载时(图 3-7):加筋体背部的主动土压力系数 K_{ab} 按下式计算:

$$K_{ab} = \tan^2\left(45° - \frac{\varphi'_b}{2}\right) \tag{3-1}$$

式中:φ'_b——加筋体后土体的内摩擦角(°)。

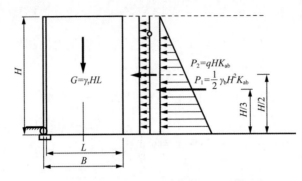

图 3-7　墙顶作用均布荷载时计算示意图

（2）当墙背垂直或倾角不小于 80°、填土顶面为直线斜坡型时（图 3-8），加筋体背部的主动土压力系数 K_{ab} 计算如下：

$$K_{ab} = \frac{\sin^2(\theta + \varphi'_b)}{\Gamma \sin^2\theta \sin(\theta - \delta)} \tag{3-2}$$

$$\Gamma = \left[1 + \sqrt{\frac{\sin(\varphi'_b + \delta)\sin(\varphi'_b - \beta)}{\sin(\theta - \delta)\sin(\theta + \beta)}} \right]^2 \tag{3-3}$$

式中：δ——加筋体假想墙背与非加筋土体的摩擦角，令 $\delta = \beta$，β 为墙背填土顶面坡面坡角；

　　　θ——加筋土挡墙墙背与水平面的夹角。

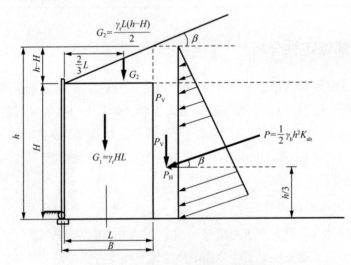

图 3-8　直线斜坡填土荷载时计算示意图

（3）当墙背垂直或倾角不小于 80°、填土顶面为折线斜坡型时（图 3-4），加筋体背部的主动土压力系数 K_{ab} 计算见式（3-2）和式（3-3），此时公式中的 β 为 I（I 角如图 3-9 所示）。

（4）当墙背倾角小于 80°、大于 70°时，不论墙背顶面填土坡面及作用荷载呈何种分布形式，加筋体背部的主动土压力系数的计算仍采用式（3-2）和式（3-3），此时 θ 表示加筋土挡墙墙背与水平面的夹角，$\delta = \beta$（图 3-10）。

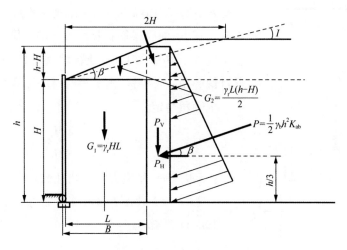

图 3-9　折线斜坡填土荷载时计算示意图

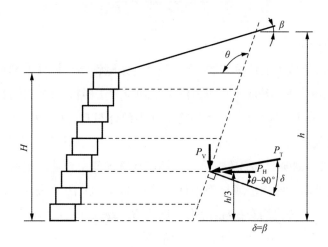

图 3-10　墙背倾角小于 80°、大于 70°时计算示意图

2）抗滑稳定性验算

按刚性挡墙验算加筋土挡墙的抗滑动稳定时，其安全系数 K_c 应满足相应的行业和结构设计规范，计算式为：

$$K_c = \frac{\sum N \cdot f}{\sum E_x} \tag{3-4}$$

式中：$\sum N$——加筋体作用于基底上的总垂直力（kN）；

　　　　f——基底与地基土间的摩擦系数；

　　　　$\sum E_x$——墙后主动土压力的总水平分力（kN）。

3）抗倾覆稳定性及基底合力偏心距验算

加筋土挡墙的抗倾覆稳定安全系数 K_0 应满足相应的行业和结构设计规范。基底合力偏

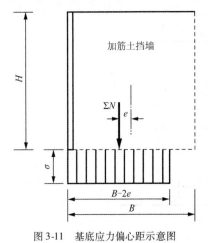

图 3-11　基底应力偏心距示意图

心距 e(图 3-11)需满足:对土质地基不应大于 $B/6$(B 为挡墙基底宽度,即底层筋材长度 L 与墙面厚度之和);岩石地基不应大于 $B/4$。对加筋土挡墙而言,抗倾覆稳定性可以通过偏心距 e 来校核,不满足时可增加筋材长度。

抗倾覆稳定:

$$K_0 = \frac{\sum M_y}{\sum M_0} \tag{3-5}$$

式中：$\sum M_y$——稳定力系对墙趾的总力矩(kN·m);

　　　　$\sum M_0$——倾覆力系对墙趾的总力矩(kN·m)。

基底合力偏心距:

$$e = \frac{B}{2} - \frac{\sum M_y - \sum M_0}{\sum N} \tag{3-6}$$

4)基底压应力验算

加筋土挡墙基底压应力的计算方法主要有三种:按刚性结构计算的梯形分布法、在折减面积上均布的 Meyerhof 法及基底平均应力法。平均应力法即将加筋土体自重及墙顶荷载平均分布在基底,应力分布图为矩形,或将加筋土视为散体材料,基底某点应力等于垂直方向填土自重及墙顶荷载重之和,应力分布图与断面形状一致。国内规范中一般根据上部填土自重及外部荷载、墙背侧向土压力等按重力式挡墙计算加筋土挡墙的基底压应力,应力一般按照梯形分布。国外的一些规范或指南中认为采用 Meyerhof 法较为合理,即把偏心力考虑为作用在折减面积上的等代均布荷载,分布宽度为 $B-2e$,其中 B 为加筋土挡墙基底宽度,e 为偏心距,即挡墙的合力作用点距挡墙中心的距离。

上述三种方法的计算式分别为:

梯形分布法

$$当 |e| \leqslant \frac{B}{6} 时,\sigma_{1,2} = \frac{\sum N}{B}(1 \pm \frac{6e}{B}) \tag{3-7}$$

Meyerholf 法

$$\sigma = \frac{\sum N}{B - 2e} \tag{3-8}$$

要求 $e \leqslant B/6$。当 $e < 0$ 时,取 $e = 0$。

平均应力法

$$\sigma = \frac{\sum N}{B} \tag{3-9}$$

加筋土挡墙作为一种柔性结构,在外力作用下具有较好的变形协调能力。在加筋土挡墙地基承载力检算中,基底应力如按刚性挡墙计算,最大应力偏大,显然过于保守。如不考虑地基变形的影响,加筋体自重产生的基底应力分布与加筋体的形状相同,在墙后土压力、墙顶荷载外力作用下,在基底将产生一偏心作用,按 Meyerhof 理论,可近似假定基底应力在 $(B - 2e)$ 范围内均匀分布。虽然在基底不会出现零应力区,但采用 Meyerhof 法计算的应力检算地基承载力能满足要求。

3.3.5　内部稳定性分析

加筋土挡墙的内部稳定性分析是要解决筋材的设置问题,包括筋材的强度检算和筋材锚固长度检算。主要内容包括:确定筋材最大拉力、潜在滑动面的位置,进行筋材的强度检算和抗拔稳定检算。设计过程包括:选择筋材类型、确定潜在破裂面位置、确定合适的筋材间距、计算每层筋材的最大拉力和拉拔阻力。下面先就内部稳定性分析时需要明确的几个问题加以讨论。

1)墙面背部侧向土压力系数

一般认为,按照经典土力学理论,当墙面垂直、墙后填土面水平、墙背光滑时采用朗肯土压力理论计算墙背侧向土压力,否则采用库仑土压力理论。世界各国结合大量的实践经验,提出了加筋土挡墙墙面背部侧向土压力计算方法,如表3-3所示。

国内外相关标准(指南)对墙面背部侧向土压力系数计算的规定　表3-3

序号	标准/规范	侧向土压力系数计算方法
1	AASHTO LRFD Bridge design specifications(2007年)	朗肯主动土压力系数(墙面垂直)
2	Design manual for segmental retaining wall(3rd Edition)	库仑主动土压力系数
3	Design and construction of mechanically stabilized earth walls and reinforced soil slopes(FHWA-NHI-10-024)	朗肯主动土压力系数(墙面倾角大于80°),其他情况采用库仑主动土压力系数
4	Code of practice for strengthened/reinforced soils and other fills(BS 8006-1:2010)	朗肯主动土压力系数
5	Nordic guidelines for reinforced soil and fills(2003年)	朗肯主动土压力系数
6	《土工合成材料应用技术规范》(GB/T 50290—2014)	朗肯主动土压力系数(筋材为土工格栅或土工织物);墙顶填土以下6.0m范围内侧向土压力系数 K_i 自静止土压力系数 K_0 线性渐变至朗肯主动土压力系数 K_a,6.0m以下 K_i 采用朗肯主动土压力系数 K_a(筋材为土工带)
7	《铁路路基支挡结构设计规范》(TB 10025—2006)	墙顶填土以下6.0m范围内侧向土压力系数 K_i 自静止土压力系数 K_0 线性渐变至朗肯主动土压力系数 K_a,6.0m以下 K_i 采用朗肯主动土压力系数 K_a
8	《公路路基设计规范》(JTG D30—2015)	

从以上比较可以看出,国外大多数的标准(指南)规定墙面背部侧向土压力系数采用朗肯主动土压力系数。我国相关规范采用变系数法主要是沿用《公路加筋土工程设计规范》(JTJ 051—1991)的规定,而《公路加筋土工程设计规范》(JTJ 051—1991)是参考了20世纪80年代法、美、英、日、南非等国七组试验数据结果经整理而提出的。因此结合国内外相关标准和规范,建议拉伸塑料土工格栅加筋土挡墙墙面背部侧向土压力系数宜采用朗肯主动土压力系数 K_a,即

$$K_a = \tan^2\left(45° - \frac{\varphi'_r}{2}\right) \tag{3-10}$$

式中:φ'_r——加筋体填土有效内摩擦角。

2)潜在破裂面形状

关于加筋土挡墙潜在破裂面形状,目前各国机构没有统一。具体规定见表3-4。

国内外相关标准(规范)对加筋土挡墙潜在破裂面形状的规定 表3-4

序号	标准/规范	破裂面形状
1	AASHTO LRFD Bridge design specifications(2007)	朗肯破裂面,即破裂面与水平面的交角为45° + $\varphi/2$[设计荷载下应变超过1%的可延伸筋材,图3-11a)所示],其他筋材时,为0.3H折线形破裂面[图3-11b)所示]
2	Design and construction of mechanically stabilized earth walls and reinforced soil slopes(FHWA-NHI-10-024)	
3	Design manual for segmental retaining wall(3rd Edition)	朗肯破裂面
4	Nordic guidelines for reinforced soil and fills(2003)	朗肯破裂面
5	《土工合成材料应用技术规范》(GB/T 50290—2014)	朗肯破裂面(筋材为土工格栅或土工织物);0.3H折线形破裂面(筋材为土工带)
6	《铁路路基支挡结构设计规范》(TB 10025—2006)	0.3H折线形破裂面
7	《公路路基设计规范》(JTG D30—2015)	

国外大多数的标准(指南)规定加筋土挡墙潜在破裂面为朗肯破裂面。美国FHWA和AASHTO规定非土工合成材料加筋土挡墙的潜在破裂面为0.3H折线形破裂面。我国相关行业规范采用0.3H折线形破裂面主要是沿用《公路加筋土工程设计规范》(JTJ 051—1991)的规定。因此结合国内外相关标准和规范,建议拉伸塑料土工格栅加筋土挡墙潜在破裂面为朗肯破裂面,如图3-12所示。

我国大量的工程实测表明,在工作应力状态下土工格栅加筋土挡墙筋材的最大应变一般不大于1%,由此低应变数值推测挡墙潜在破裂面位置是否合理有待进一步商榷。另外,挡墙潜在破裂面位置也受墙面刚度等因素的影响。

3)筋材竖向间距

一般认为筋材竖向间距越小加筋效果越显著。但过小的筋材间距容易造成"超筋土",不但经济上不合理,增大施工难度,而且实际的加筋效果并不比适度加筋效果明显。因此,

要使加筋土挡墙更加稳定,充分发挥筋材效用,应当确定合理的筋材竖向间距。

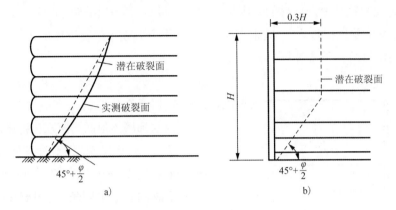

图 3-12　加筋土挡墙破裂面形状

模块式加筋土挡墙筋材竖向间距应为模块高度的倍数,但最大间距不应超过 800mm。土工格栅包裹式加筋土挡墙筋材竖向间距一般也不超过 800mm。

对于高度较低的加筋土挡墙通常只选用同一强度筋材且进行等竖向间距布置,而较高的挡墙可根据情况沿墙高选用多种强度的筋材或进行非等竖向间距布置。

4)墙顶有均布荷载作用时内部稳定性分析

(1)筋材强度验算

每层筋材均应进行强度检算。第 i 层单位墙长筋材承受的水平拉力 T_i 按下式计算:

$$T_i = \sigma_{hi} \cdot S_h \cdot S_v \tag{3-11}$$

式中:σ_{hi}——作用于墙面背部的侧向土压力,包括由填土自重产生的侧向土压力 σ_{h1i}、加筋体顶面均布永久荷载产生的侧向土压力 σ_{h2i}、交通荷载及其他可变荷载产生的侧向土压力 σ_{h3i};

S_h、S_v——筋材之间水平及垂直间距,采用土工格栅等满铺式土工合成材料筋材时,$S_h = 1$。当筋材非等竖向间距布置时,S_v 应为本层筋材与上下层筋材竖向间距的平均值。

(2)筋材强度验算

筋材拉力 T_i 应不大于筋材的容许抗拉强度 T_a。当筋材拉力 T_i 大于筋材的容许抗拉强度 T_a 时,应调整筋材竖向间距或改用具有更高抗拉强度的筋材。

筋材的容许抗拉强度 T_a 按照下式计算:

$$T_a = \frac{T}{FS} \tag{3-12}$$

式中:T——由加筋材料拉伸试验测得的极限抗拉强度(kN/m);

FS——考虑筋材施工损伤、蠕变、化学作用、生物破坏等因素时的强度折减系数,其取值大小参考第 1 章。

（3）抗拔稳定性检算

抗拔稳定性检算是根据筋材的锚固抗拔力与拉拔拉力的比值确定。

第 i 层筋材的锚固抗拔力 T_{pi} 应根据挡墙破裂面以外筋材有效长度的 L_{ei} 与周围土体产生的摩擦力（图3-13）按下式计算：

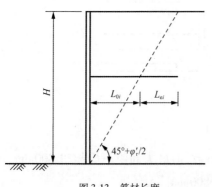

图3-13　筋材长度

$$T_{pi} = 2\sigma_{vi} a L_{ei} f \tag{3-13}$$

式中：σ_{vi}——筋材所在位置的垂直应力，其值为填土自重与加筋体顶面均布永久荷载产生的压力之和（不考虑交通荷载和其他可变荷载）；

a——筋材宽度（m），片状筋材满铺时 $a = 1m$；

L_{ei}——筋材的有效锚固长度，即潜在破裂面以外的筋材长度（m），其值最小不得小于1.0m；

f——筋材与填土之间的摩擦系数，应根据抗拔试验确定，取值大小可参考第 1 章。

筋材抗拔稳定性安全系数按下式确定：

$$K = \frac{T_{pi}}{T_i} \tag{3-14}$$

安全系数 K 应不小于 1.5。不能满足时，应加长筋材或增加筋材用量，并重新进行检算。

（4）筋材长度设计

由内部稳定性确定的加筋土挡墙所需的筋材长度 L_i 由下式计算：

$$L_i = L_{0i} + L_{ei} + L_{wi} \tag{3-15}$$

式中：L_{0i}——第 i 层筋材主动区内的筋材长度（m）；

L_{ei}——计算确定的筋材有效长度，即锚固长度（m）；

L_{wi}——第 i 层筋材外端部包裹土工袋土体所需长度，或筋材与墙面连接所需长度（m）。

土工格栅包裹式加筋土挡墙筋材返包长度 L_{wi} 应按下式计算：

$$L_{wi} = \frac{S_v \sigma_{hi}}{2(c_{sg} + \gamma_r h_i \tan\delta_{sg})} \tag{3-16}$$

式中：L_{wi}——计算第 i 层筋材的水平返包段长度，为水平投影长（m）；

c_{sg}——筋材与填土之间的黏聚力（kPa）；

δ_{sg}——筋材与填土之间的摩擦角（°），填土为砂类土时，取 $(0.5 \sim 0.8)\varphi_r$。

包裹式土工格栅加筋土挡墙筋材应采用统一的水平返包段长度，其长度应大于上述计算值，且不宜小于1.2m。加筋体最上部第1、2层筋材的返包长度应适当加长。

5）墙顶有斜坡型分布荷载时内部稳定性分析

当加筋土挡墙墙顶作用有斜坡型分布荷载时，会增加由加筋体上部斜坡型荷载产生的侧向土压力。计算时应将加筋体上斜坡型荷载换算成等代均布荷载计算。该等代荷载均布土层高度等于距面板背面 0.5 倍加筋体高度 H 的水平距离位置加筋体墙顶填土高度 h_z（图 3-14）。荷载换算土柱高 h_z 按下式计算。

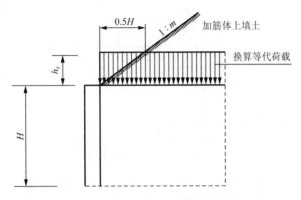

图 3-14　加筋土上等代荷载计算示意图

$$h_z = \frac{1}{m}\left(\frac{H}{2} - a\right) \tag{3-17}$$

式中：h_z——斜坡分布荷载换算等代荷载土柱高（m）；

　　　m——墙顶荷载填土边坡坡率；

　　　H——加筋土挡墙墙高（m）；

　　　a——墙顶边坡坡脚至加筋土挡墙墙面的水平距离（m）。

此项等代荷载只适用于内部稳定性分析。

墙顶斜坡型分布荷载对墙面板产生的侧向土压应力为：

$$\sigma_{h4i} = K_a \gamma_r h_z \tag{3-18}$$

作用于墙面板的侧向土压力为：

$$\sigma_{hi} = \sigma_{h1i} + \sigma_{h2i} + \sigma_{h3i} + \sigma_{h4i} \tag{3-19}$$

筋材强度检算和筋材抗拔稳定性检算方法同前。

3.3.6　整体稳定性分析

除了对加筋土挡墙进行内、外部稳定性分析外，还应检算加筋体及其后填土沿地基土体滑动的可能性，特别是对于软土地基上的加筋土挡墙。检算时一般采用滑弧条分法进行，如图 3-15 所示。检算穿过加筋体及地基土的某弧 ABC 的滑动稳定，通过搜索最危险滑弧找出最不利的稳定系数。

整体稳定性分析时往往假设滑动面为一个圆弧，实际情况中由于受各方面影响，滑动可能是多条弧线的组合，甚至是折线与弧的组合。影响因素包括填土与地基之间、加筋体与墙后填土之间存在强度性质的差异、地基的软弱程度、施工工况及加筋材料性质、布置等。因此有学者建议进行滑弧检算时按填土与地基分成两段圆弧的组合，如图 3-15 中 AB 弧和 BC

弧;对粗粒土填土与黏性土地基也可按折线与圆弧的组合计算,如图中 *AB* 弧和 *BE* 折线;同时应注意检算沿加筋体后缘面 *BD* 与圆弧 *AB* 的组合,一些工程实测加筋区与加筋体后填土之间的沉降变形相差较大,表明加筋体结构也可能作为整体滑动的一部分。

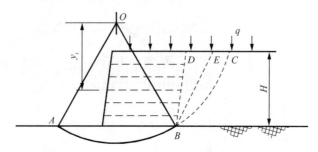

图 3-15 深层滑动稳定分析图示

由于我国目前加筋土挡墙的填土很多采用当地材料,所以采用细粒土填土很多。这就涉及在不同工况下强度指标的采用。这里参考《碾压土石坝设计规范》(DLT 5395—2007)对于不同情况强度指标的选用推荐,如表 3-5 所示。

土体强度指标的选用 表 3-5

填　　土		强　　度　　指　　标		
粗粒土		施工、竣工期	竖向加载期	抗震设计与验算
		有效应力强度指标 c'、φ'		
细粒土	加筋区填土	不排水 c_u、φ_u	固结不排水 c_{cu}、φ_{cu}	固结不排水 c_{cu}、φ_{cu}
	加筋区后填土	不排水 c_u、φ_u	固结不排水 c_{cu}、φ_{cu}	固结不排水 c_{cu}、φ_{cu}
	加筋区后原状土	固结不排水 c_{cu}、φ_{cu}	不排水 c_u、φ_u	固结不排水 c_{cu}、φ_{cu}
	地基土	不排水 c_u、φ_u	固结不排水 c_{cu}、φ_{cu}	固结不排水 c_{cu}、φ_{cu}

注:1. 对于缺少中间颗粒的级配不均匀情况,细粒土含量大于 35%,则按细粒土考虑。
　　2. 在细粒土的渗透系数 $k < 10^{-7}$ cm/s 及压缩系数 <0.2MPa 时,可用直剪试验代替相应的三轴试验。
　　3. 如果软土地基经排水预压处理,则施工、竣工期验算可按固结不排水 c_{cu}、φ_{cu} 。
　　4. 竖向加载是指铁路、公路加筋土挡墙路堤在完成后所施加的交通荷载。

3.3.7　加筋土挡墙构造设计

1)墙面设计

加筋土挡墙的美观性主要集中在墙面的面层类别、规模和结构上。

(1)预制混凝土模块式墙面(图 3-16)

这种墙面的模块尺寸一般高 10 ~ 30cm,宽 20 ~ 40cm,长 25 ~ 50cm,可为实心或空心,模块上下均带有企口,竖向可直接码砌也可采用销钉连接,模块间的孔隙可兼具排水功能。这种墙面可进行工厂化预制,有利于快速施工,对墙面变形具有较强的适应性,也具有良好的抗震性能。

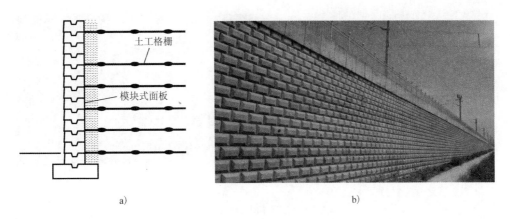

a)   b)

图3-16　预制混凝土模块式墙面

（2）土工格栅包裹式墙面（图3-17）

这种墙面是下层土工格栅在墙面处将压实的土工袋返包,并与上层土工格栅通过连接棒连接而形成的筋材自连接墙面结构。该墙面形式整体稳定性好,将加筋土体形成一整体。同时可以在土工格栅空隙中种植植被或进行液压喷播植草,用以保护土工格栅免受紫外线直射,同时还可起到绿化与美观的作用。

a)   b)

图3-17　土工格栅包裹式墙面

（3）整体现浇混凝土墙面（图3-18）

这种墙面是在土工格栅包裹式墙面施工完成一段时间至变形基本稳定后,利用墙体中预埋的锚杆在包裹体外侧挂钢筋网,然后再立模现浇一定厚度的混凝土墙面。这种墙面形式有利于保护土工格栅筋材,避免因格栅老化而降低其使用性能,也可以弥补由于施工原因导致土工格栅包裹式墙面坡率不一致而影响外形美观的缺陷。

（4）预制钢筋混凝土面板（图3-19）

这种墙面是具有构造配筋的一种墙面形式,其厚度不应小于8cm,形状有十字形、正方形、矩形、六边形等,竖向相邻单元之间通常以销钉连接。

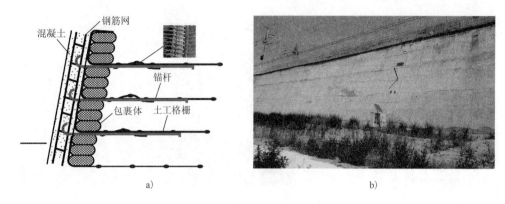

图 3-18 整体现浇混凝土墙面

图 3-19 预制钢筋混凝土面板

（5）加筋格宾墙面（图 3-20）

这种墙面是以经过特殊防腐处理的低碳钢丝经机编而成的双绞合六边形金属网面加筋结构，墙面为格宾网箱，然后在构件中用级配良好的硬质石料填充密实，墙面与拉筋均由同一钢丝网面制成，消除了面板与筋带连接处的薄弱环节。同时可与土工格栅结合使用，土工格栅置于加筋格宾单元之间形成挡墙系统。

图 3-20 加筋格宾墙面

（6）绿色加筋格宾墙面（图3-21）

这种墙面是以经过特殊防腐处理的低碳钢丝经机编而成的双绞合六边形金属网面加筋结构，墙面为金属网面返包式面板，并采用钢筋面板及支撑架增加刚度，在墙面钢丝内侧铺设有椰棕植生垫进行绿化。

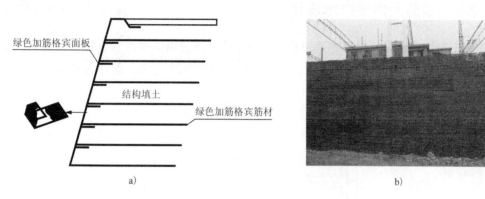

图3-21　绿色加筋格宾墙面

在实际应用上，有时也可能同时采用两种或两种以上的墙面，例如对于高挡墙，下部采用有一定埋深刚性基础的整体现浇墙面，上部采用包裹式墙面。

2）预制面板与筋材的连接

预制混凝土模块式墙面板与筋材之间的连接方式主要有三种：一是将土工格栅等加筋材料置于上下两层模块之间，在预制模块时预留的插孔中放置销钉进行连接[图3-22a)]；二是将土工格栅的横肋预制到模块中，外侧至少预留一条横肋，通过连接棒将筋材与模块外露的格栅连接[图3-22b)]；三是在模块面板预制时上下留有楔口，格栅置于上下模块间，通过特制的连接件将面板与格栅相连[图3-22c)]。对于各种连接形式，施工中均应注意将连接部位拉紧，避免局部的应力集中与损伤。

图3-22　预制面板与筋材的连接

由于潜在的化学降解作用，PET土工格栅和土工织物不应浇筑于混凝土中进行连接。

3）墙面基础设计

墙面下应设置混凝土条形基础。对土质地基和风化层较厚难以全部清除的岩石地基，基础的埋置深度不应小于0.6m。当基底不宜设置纵坡时,可做成水平或结合地形做成台阶形。墙前应设4%的横向排水坡,在无法横向排水地段应设纵向排水沟,基础底面应设置于外侧排水沟底以下。

3.3.8 加筋土挡墙排水设计

加筋土挡墙排水设计的目的是使水分不受阻碍地流过墙体或在水分进入墙体前收集并排出而不影响墙体稳定,加筋土挡墙墙体水的来源如图3-23所示。设计内容包括内部排水设计和外部排水设计。

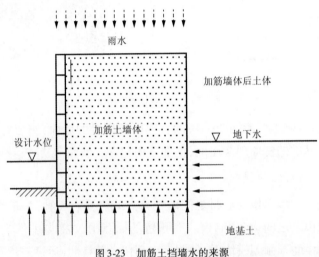

图3-23 加筋土挡墙水的来源

内部排水设计主要是防止墙顶或墙体后的水分渗入加筋土体内,内部排水效果主要取决于填土的特性。内部排水系统主要有两种形式:一是靠近墙面的排水系统,用于排除靠近墙面表面的渗水;二是加筋体后及加筋体下的排水系统,用于排除地下水。

一般模块式加筋土挡墙墙面后都布置一定宽度、级配满足排水要求的碎石排水层,最小宽度为300mm,碎石排水层应满足反滤要求,可选择土工布置于碎石排水层和加筋土体之间。格宾墙面土工布反滤层置于墙面卵石和加筋土体之间。如果加筋土挡墙受到地下水浮力、静水压力或地表水渗流的影响,应在加筋体下和加筋体后设置有排水出路的排水系统以确保挡墙的长期稳定。

因此,墙体内部排水应根据具体条件分别选用:紧贴墙面板背的有一定厚度的透水料的竖向排水层、墙后填土为透水料的全断面排水体、倚贴在墙后开挖坡上的透水料或者排水材料的斜排水层和位于挡墙底部的水平排水层。以上不同排水措施都应通过墙面的排水孔管将水导出墙外。

外部排水设计主要防止墙体范围之外的水流进入墙体内,外部排水效果主要取决于墙体所在位置的水文地质条件。为防止地表水渗入墙体的外部排水,可在墙顶地面做防水层(如不透水夯实黏土层或混凝土面板),向墙外方向设散水坡和纵向排水沟,将集水导出。

典型的加筋土挡墙排水设计示意图如图 3-24 所示。

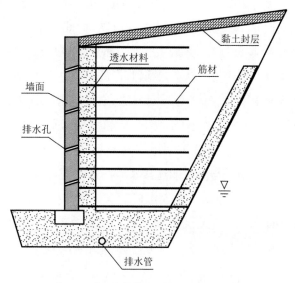

图 3-24　典型的加筋土挡墙排水设计示意图

3.3.9　加筋土挡墙水平位移

加筋土挡墙的水平位移形状主要有图 3-25 所示的主要形式。

（1）墙体外倾：表现为挡墙整体向临空方向倾斜，且墙顶变形最大。主要有三种不同的变形形式，见图 3-25b）、c）、d）。整体现浇混凝土墙面由于能够承受弯矩，墙面的水平位移有绕面板基础旋转运动的趋势。

（2）弧形外鼓：表现为墙面最大水平位移发生在 $0.5H \sim 0.7H$ 墙高处，见图 3-25e）。预制混凝土模块式墙面、土工格栅包裹式墙面、预制钢筋混凝土板块式墙面及格宾墙面不能承受较大弯矩，墙面有发生"鼓肚"水平位移的趋势。

（3）整体滑移，见图 3-25f）。当加筋土挡墙整体刚度较大时，可能会表现为沿挡墙基底的整体滑移。

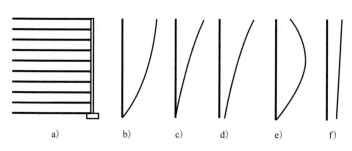

图 3-25　加筋土挡墙水平变形形状

由于加筋土挡墙的水平位移是地基沉降、施工期变形、墙顶荷载、墙背侧向土压力、筋材蠕变、设计施工方法、填土压实度、填土的冻融与湿化变形、筋材长度、筋材刚度、筋材布置方式、竖向间距、连接(筋/面)松弛、面板系统的综合反映,因此其水平位移的计算是非常复杂的。目前加筋土挡墙水平位移的计算方法主要有三种:①极限平衡方法(包括一些经试验数据修正的极限状态方法或工作应力方法),根据假设的筋材应力状态计算筋材应变,通过对筋材的应变积分计算墙面水平位移;②有限元方法,通过有限元分析,计算墙面水平位移和筋材应变;③用经验数据分析方法建立设计表图,计算墙面水平位移。

实际上,加筋土挡墙的水平位移主要发生在施工期,其大小与填土的压实设备、压实功、筋材的拉伸特性、筋材长度、筋材与面板的连接及墙面板刚度有关。竣工后的位移与墙顶荷载、墙体沉降、填土的长期变形、地基的长期沉降有关。表3-6为国际相关标准与规范界定的挡墙水平位移大小,Bathurst结合北美以及国际上十多个挡墙的现场观测结果分析表明:加筋土挡墙的墙面水平位移 $\Delta x/H$ 一般小于 1.5%(H 为墙高)。

国际相关标准(规范)界定的挡墙水平位移大小　　　　　　表3-6

来　　源	墙面结构形式	最大水平位移(mm)	$\Delta x/H$
FHWA(2008年), AASHTO(2009年)	所有		无超载时 $0.9\% \sim 4\%$
Bathurst et al. (1995年)	模块式挡墙	1%, $H \leq 8m$ 1.5%, $H > 8m$	
北欧 NGG(2005年)	所有		$0.1\% \sim 0.3\%$
EN 14475(2006年)	混凝土面板	25mm	
	模块式面板	50mm	
	格宾墙面	100mm	
BS8006(2010年)	所有		0.5%
NCMA(2009年)	模块式面板		3.5%
PWRC(2000年)	所有	300mm	3%
华盛顿州交通部 WSDOT (2005年)	格宾		1.3%(3m 高度范围内)
	混凝土面板、模块式面板		0.4%(3m 高度范围内)
	包裹式墙面		1.7%(3m 高度范围内)

在工程应用中,可以在墙面设计坡率的基础上,再预留一定的后仰度,通过测量不同墙高时墙面绕以墙趾为圆心的轴向前转动的角度,计算出墙面的水平位移量,用于指导调整施工工艺,最终将建成后加筋土挡墙的墙面坡率控制在安全稳定的范围内。

3.3.10 加筋土挡墙竖向沉降

1）不均匀沉降容许值

加筋土挡墙沿墙的纵向和与墙面垂直的方向都可承受较大的沉降。因此，地质不良的地基条件并不影响填筑加筋土挡墙。但在会产生显著的不均匀沉降（局部倾斜小于1/100）的地段，须提供充分的接缝宽度和滑动接缝来防止面板开裂。

表3-7为加筋土挡墙可容许的接缝宽度和不均匀沉降极限值。

接缝宽度和不均匀沉降极限值　　　　表3-7

接缝宽度（mm）	不均匀沉降极限值	接缝宽度（mm）	不均匀沉降极限值
20	1/100	6	1/300
13	1/200		

整体现浇混凝土面板加筋土挡墙不均匀沉降极限值为1/500；预制混凝土模块式面板挡墙不均匀沉降极限值为1/200；格宾挡墙不均匀沉降极限值为1/50。

对于可能会产生显著的不均匀沉降的地段，应对地基进行加固处理以控制沉降。

2）沉降计算

加筋土挡墙的竖向沉降计算可分为两个部分：一是加筋土挡墙在自身重力和墙顶荷载作用下自身发生的压缩沉降，可采用考虑墙体水平位移的修正的分层总和法进行计算；二是地基受附加荷载作用产生的沉降变形，一般地基沉降采用分层总和法计算，复合地基沉降计算通常采用复合模量法、应力修正法、桩身压缩量法和规范法等。

地基沉降可以通过采取地基加固处理的方法进行控制。关于加筋土挡墙在自重作用下的压密沉降值，理论上很难计算准确。大量的工程监测表明，当填土为粗粒土时，沉降量为墙高的0.10%~0.30%，且在墙体竣工5~6个月后沉降基本稳定。

3.3.11 加筋土挡墙抗震设计

目前对静荷载作用下的加筋土挡墙的机理和设计理论的认识已较成熟和完善，然而对地震荷载作用下加筋土挡墙特性的研究还不够成熟。当前基于极限平衡法的加筋土挡墙抗震设计方法仍采用与静力法相似的方法，其是将静荷载和地震荷载分开计算，然后再综合起来考虑。加筋土挡墙抗震设计内容也分外部稳定性分析和内部稳定性分析两个部分。

1）外部稳定性分析

图3-26为加筋土挡墙抗震设计外部稳定性计算图。地震作用时，加筋体除受到水平向

静止土压力 F_T 作用外,还受到地震水平推力 P_{AE} 的作用。此外,加筋体受到水平向惯性力 P_{IR} 的作用,即 $P_{IR} = MA_m$,其中 M 假设为 $0.5H$(H 为墙高)宽度范围内加筋体单位长度重量,A_m 为加筋土挡墙的最大水平加速度系数。

地震水平推力 P_{AE} 的计算可采用拟静力物部 – 冈部(Mononobe-Okabe)方法,并假定水平加速度系数 $K_h = A_m$,设竖向加速度系数 $K_v = 0$。

加筋土挡墙抗震设计外部稳定性分析步骤如下:

(1)计算地震时墙体上产生的最大水平加速度系数 A_m:

$$A_m = (1.45 - A)A \tag{3-20}$$

式中:A——峰值水平地面加速度系数,等于地震时最大加速度的统计平均值与重力加速度的比值,当 $A \leqslant 0.05$ 时可不考虑地震作用;

A_m——墙体形心上的最大加速度系数。

(2)计算水平惯性力 P_{IR} 和地震水平推力 P_{AE}:

①当墙顶填土水平时[图 3-26a)],惯性力 P_{IR} 和地震水平推力 P_{AE} 分别按下式计算:

$$P_{IR} = 0.5A_m \gamma_r H^2 \tag{3-21}$$

$$P_{AE} = 0.375A_m \gamma_b H^2 \tag{3-22}$$

②当墙顶填土倾斜角为 β 时[图 3-26b)],地震水平推力 P_{AE} 按式(3-23)计算。

$$P_{AE} = 0.5\gamma_b (H_2)^2 K_{AE} \tag{3-23}$$

式中:H_2——挡墙等效高度,$H_2 = H + \dfrac{\tan\beta \times 0.5H}{(1 - 0.5\tan\beta)}$;

K_{AE}——地震总土压力系数,可按式(3-24)计算。

$$K_{AE} = \cfrac{\cos^2(\varphi'_r - \xi - 90° + \theta)}{\cos\xi \cos^2(90° - \theta)\cos(\beta + 90° - \theta + \xi)\left[1 + \sqrt{\cfrac{\sin(\varphi'_r + \beta)\sin(\varphi'_r - \xi - \beta)}{\cos(\beta + 90° - \theta + \xi)\cos(\beta - 90° + \theta)}}\right]^2} \tag{3-24}$$

$$\xi = \arctan A_m \tag{3-25}$$

式中:β——墙顶填土倾斜角;

φ'_r——填土有效内摩擦角;

θ——墙面倾角。

惯性力 P_{IR} 按以下公式计算:

$$P_{IR} = P_{ir} + P_{is} \tag{3-26}$$

$$P_{ir} = 0.5A_m \gamma_b H_2 H \tag{3-27}$$

$$P_{is} = 0.125A_m \gamma_b (H_2)^2 \tan\beta \tag{3-28}$$

式中:P_{ir}——加筋填土所产生的惯性力;

P_{is}——加筋填土上覆倾斜填土的加速度所引起的惯性力。

如图 3-26b)所示,计算 P_{ir} 和 P_{is} 的加筋体宽度为 $0.5H_2$,且 P_{IR} 作用在 P_{ir} 和 P_{is} 的组合形心处。

(3)将地震和原静力荷载(包括重力、超载和水平静推力)同时作用在挡墙上进行外部稳定性分析。动荷载包括 P_{IR} 和 P_{AE},分析时注意两个问题,即动载的设计值大小和作用点的问题。由于两个动荷载很难同时达到最大值,所以在确定它们的设计值时,P_{AE} 取计算值的 50%,P_{IR} 取全值;P_{IR} 作用在加筋体的中心,而 P_{AE} 作用在距挡墙底部 $2H/3$ 处。动力荷载下的安全系数取值为静力条件下安全系数的 75%。

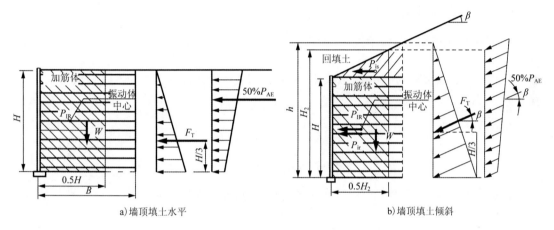

a)墙顶填土水平　　　　　　　　　　　　　　b)墙顶填土倾斜

图 3-26　外部稳定计算图

2)内部稳定性分析

在地震作用下,除了既有的静力,假定还产生一水平惯性力 P_I。P_I 的产生导致了筋材最大拉应力的增大。

加筋土挡墙抗震设计的内部稳定性分析步骤如下:

(1)计算作用在挡墙主动区的惯性力 P_I。

$$P_I = A_m W_A \tag{3-29}$$

$$A_m = (1.45 - A)A \tag{3-30}$$

式中:W_A——主动区土体的重量;

　　　A——场地加速度系数;

　　　A_m——墙体形心上的最大加速度系数。

(2)计算总静荷载作用下每层筋材的最大拉力 T_{max}。

(3)计算地震作用下每层加筋体所增加的拉力 T_{md}。T_{md} 由惯性力 P_I 产生,其大小等于 P_I 按单位宽度范围内的被动区筋材长度分配后的值,公式如下:

$$T_{md} = P_I \frac{L_{ei}}{\sum\limits_{i=1}^{n} L_{ei}} \tag{3-31}$$

式中：L_{ei}——第 i 层的筋材在被动区的长度；

n——总加筋层数。

（4）计算每层筋材的总拉力 T_t：

$$T_t = T_{max} + T_{md} \tag{3-32}$$

（5）内部稳定验算：

根据筋材的拉断和拔出破坏两种情况校核稳定性。

①筋材拉断破坏验算。

对于刚性筋材的拉断破坏，验算公式如下：

$$T_a \geqslant \frac{0.75 T_{total}}{R_c} \tag{3-33}$$

对于土工合成材料筋材的拉断破坏，筋材强度必须同时满足静力荷载和动力荷载的要求。

静力荷载状态：

$$T_{max} \leqslant \frac{S_{rs} \times R_c}{0.75 \times FS \times K_{FS}} \tag{3-34}$$

动力荷载状态（由于荷载作用时间很短，故不考虑蠕变的影响）：

$$T_{md} \leqslant \frac{S_{rs} \times R_c}{0.75 \times FS_{ID} \times FS_{CD} \times FS_{BD} \times K_{FS}} \tag{3-35}$$

式中：S_{rs}——筋材所需抵抗静力荷载的强度；

R_c——筋材覆盖比；

K_{FS}——安全系数。

因此，筋材的极限强度为：

$$T_{ult} = S_{rs} + S_{rt} \tag{3-36}$$

式中：S_{rt}——筋材所需抵抗振动荷载或瞬时荷载的强度。

②筋材拔出破坏验算。

对于地震作用下的拔出破坏，对于所有的筋材类型，拔出摩擦系数 F^* 应减小至静止状态值的 80%：

$$T_t \leqslant \frac{P_r R_c}{0.75 F_{SP}} = \frac{0.8 F^* C}{0.75 \times 1.5} \gamma_r Z' L_e R_c \alpha \tag{3-37}$$

式中：F_{SP}——抗拔安全系数；

P_r——抗拔强度；

C——筋材接触系数；

α——比例系数；

$\gamma_r Z'$——上覆应力，只包括永久荷载。

3.3.12　一般加筋土挡墙设计算例

某市政道路需设计拉伸塑料土工格栅加筋土挡墙,设计步骤如下:

1) 确定工程条件

(1) 挡墙顶面距地面垂直高度 7.2m。

(2) 交通荷载分布强度 9.4kPa。

(3) 不考虑地震荷载。

(4) 不考虑水的影响。

2) 确定工程参数

(1) 地基为密实的碎石土,$\varphi' = 30°$,地基承载力特征值为 300kPa。

(2) 挡墙墙体填土,$\varphi'_r = 34°$,$\gamma_r = 18.8kN/m^3$。

(3) 加筋体后填土,$\varphi'_b = 30°$,$\gamma_b = 18.8kN/m^3$。

3) 确定墙高、墙面板及筋材参数

(1) 墙面板基础埋置深度 0.6m,加筋土挡墙高度 $H = 7.8m$;

(2) 墙面采用预制混凝土模块式墙面结构,模块尺寸 0.5m×0.2m×0.3m(长×宽×高)。

(3) 加筋材料为 HDPE 拉伸塑料土工格栅,竖向间距 0.3m。

(4) 筋材的基本长度:考虑到挡墙上部的路面结构层作用,筋材长度宜不小于 $0.7H = 0.7 \times 7.8 = 5.46m$,取筋材长度 $L = 5.5m$。

4) 外部稳定性检算

(1) 加筋土挡墙墙背侧向土压力系数

$K_{ab} = \tan^2(45° - \varphi'_b/2) = \tan^2(45° - 30°/2) = 0.33$

(2) 基底抗滑稳定安全系数

$N_1 = HL\gamma_r = 7.8 \times 5.5 \times 18.8 = 806.5kN/m$

$N_2 = 9.4 \times 5.5 = 51.7kN/m$

$P_1 = \gamma_r H^2 K_{ab}/2 = 18.8 \times (7.8)^2 \times 0.33/2 = 188.7kN/m$

$P_2 = qHK_{ab} = 9.4 \times 7.8 \times 0.33 = 24.2kN/m$

$K_c = \dfrac{\sum N \cdot f}{\sum E_x} = \dfrac{N_1 + N_2}{P_1 + P_2}f = \dfrac{806.5 + 51.7}{188.7 + 24.2} \times \tan 30° = 2.32 > 1.3$,满足要求。

(3) 基底抗倾覆稳定安全系数

$$K_0 = \frac{\Sigma M_y}{\Sigma M_0} = \frac{N_1 \times L/2 + N_2 \times L/2}{P_1 \times H/3 + P_2 \times H/2} = \frac{806.5 \times 5.5/2 + 51.7 \times 5.5/2}{188.7 \times 7.8/3 + 24.2 \times 7.8/2} = 3.99 > 1.5 \,,\text{满}$$

足要求。

（4）基底合力偏心距

$$e = \frac{B}{2} - \frac{\Sigma M_y - \Sigma M_0}{\Sigma N} = \frac{5.7}{2} - \frac{2360 - 591}{858.2} = 0.79 < L/6 = 0.92\text{m} \,,\text{满足要求。}$$

（5）基底压应力验算

$$\sigma = \frac{\Sigma N}{B - 2e} = \frac{806.5 + 51.7}{5.7 - 2 \times 0.79} = 208.3\text{kPa} < 300\text{kPa} \,,\text{满足要求。}$$

5）内部稳定性检算

按照下述各公式顺序依次计算各个参数：

（1）墙面板背部侧向土压力系数

$$K_a = \tan^2 \left(45° - \frac{\varphi'_r}{2}\right) = 0.28$$

（2）第 i 层筋材位置的垂直应力

$$\sigma_{vi} = \gamma_r z_i + q = 18.8 z_i + 9.4$$

（3）第 i 层筋材位置墙面板背部侧向土压力

$$\sigma_{hi} = \sigma_{vi} K_a = (18.8 z_i + 9.4) \times 0.28$$

（4）第 i 层单位墙长筋材承受的水平拉力

$$T_i = \sigma_{hi} \cdot S_h \cdot S_v = (18.8 z_i + 9.4) \times 0.28 \times 0.3$$

（5）土工格栅长期强度折减系数

$$FS = FS_{ID} \times FS_{CR} \times FS_{CD} \times FS_{BD} = 1.13 \times 3.0 \times 1.0 \times 1.0 = 3.39$$

（6）第 i 层筋材的锚固抗拔力

$$T_{pi} = 2\sigma_{vi} a L_{ei} f = 2 \times 18.8 z_i \times L_{ei} \times 0.8 \tan\varphi'_r = 2 \times 18.8 z_i \times L_{ei} \times 0.54$$

（7）锚固长度

$$L_{ei} \geq \frac{1.5 T_i}{20.304} = \frac{1.5 \times (18.8 z_i + 9.4) \times 0.084}{20.304 z_i}$$

（8）第 i 层筋材主动区内的筋材长度

$$L_{0i} = (7.8 - z_i) \times \tan(45° - \varphi'_r/2) = (7.8 - z_i) \times 0.5317$$

具体计算结果见表3-8。

根据计算结果所设计的拉筋材料长度满足锚固要求，最大极限抗拉强度为65.537kN/m。因此，筋材可选用抗拉强度为70kN/m及以上规格的HDPE单向拉伸塑料格栅，筋材长度为5.5m，筋材竖向间距0.3m，等长等间距布置。

内部稳定性计算结果　　表3-8

距墙顶距离 (m)	侧压力系数	侧向土压力 (kPa)	筋材最大拉力 (kN/m)	强度折减系数	筋材极限抗拉强度 (kN/m)	有效长度计算值 (m)	有效长度采用值 (m)	无效长度 (m)	筋材长度 (m)
0.3	0.28	4.211	1.263	5.0	6.317	0.311	1.0	3.988	4.988
0.6	0.28	5.790	1.737	5.0	8.686	0.214	1.0	3.828	4.828
0.9	0.28	7.370	2.211	5.0	11.054	0.181	1.0	3.669	4.669
1.2	0.28	8.949	2.685	5.0	13.423	0.165	1.0	3.509	4.509
1.5	0.28	10.528	3.158	5.0	15.792	0.156	1.0	3.350	4.350
1.8	0.28	12.107	3.632	5.0	18.161	0.149	1.0	3.190	4.190
2.1	0.28	13.686	4.106	5.0	20.530	0.144	1.0	3.031	4.031
2.4	0.28	15.266	4.580	5.0	22.898	0.141	1.0	2.871	3.871
2.7	0.28	16.845	5.053	5.0	25.267	0.138	1.0	2.712	3.712
3.0	0.28	18.424	5.527	5.0	27.636	0.136	1.0	2.552	3.552
3.3	0.28	20.003	6.001	5.0	30.005	0.134	1.0	2.393	3.393
3.6	0.28	21.582	6.475	5.0	32.374	0.133	1.0	2.233	3.233
3.9	0.28	23.162	6.948	5.0	34.742	0.132	1.0	2.074	3.074
4.2	0.28	24.741	7.422	5.0	37.111	0.131	1.0	1.914	2.914
4.5	0.28	26.320	7.896	5.0	39.480	0.130	1.0	1.755	2.755
4.8	0.28	27.899	8.370	5.0	41.849	0.129	1.0	1.595	2.595
5.1	0.28	29.478	8.844	5.0	44.218	0.128	1.0	1.436	2.436
5.4	0.28	31.058	9.317	5.0	46.586	0.127	1.0	1.276	2.276
5.7	0.28	32.637	9.791	5.0	48.955	0.127	1.0	1.117	2.117
6.0	0.28	34.216	10.265	5.0	51.324	0.126	1.0	0.957	1.957
6.3	0.28	35.795	10.739	5.0	53.693	0.126	1.0	0.798	1.798
6.6	0.28	37.374	11.212	5.0	56.062	0.126	1.0	0.638	1.638
6.9	0.28	38.954	11.686	5.0	58.430	0.125	1.0	0.479	1.479
7.2	0.28	40.533	12.160	5.0	60.799	0.125	1.0	0.319	1.319
7.5	0.28	42.112	12.634	5.0	63.168	0.124	1.0	0.160	1.160
7.8	0.28	43.691	13.107	5.0	65.537	0.124	1.0	0.000	1.000

3.4 特殊结构加筋土挡墙设计

3.4.1 多级加筋土挡墙设计

在我国的公路、铁路、机场等高填方边坡工程中,为节省造价、减少施工难度、节约占地并提高边坡的稳定性,台阶式多级土工格栅加筋土挡墙的应用逐渐增多。但对于台阶式多级加筋土挡墙的设计方法而言,只有美国 FHWA 和 NCMA 分别基于不同的假定,仅对双级加筋土挡墙的设计方法进行了简单规定。目前国内规范均没有明确台阶式加筋土挡墙的设计方法。FHWA 设计方法认为:当平台宽度 $D \leqslant (H_1 + H_2)/20$($H_1$ 为上级墙高度,H_2 为下级墙高度)时,可以把双级加筋土挡墙按照单级墙考虑;当 $D \geqslant H_2 \tan(90° - \varphi)$ 时,上下级挡墙可以进行单独设计,不考虑其相互作用;只有 $(H_1 + H_2)/20 \leqslant D \leqslant H_2 \tan(90° - \varphi)$ 时,需要在考虑上级墙荷载对下级墙垂直压力影响的基础上,进行下级墙的内部和外部稳定性计算。该设计方法对结构的整体稳定性分析是按照"坡"的稳定性计算模式进行的,但对两级以上的台阶式加筋土挡墙的设计方法没有说明。NCMA 方法认为:上级墙的设计中不考虑上下相邻两级墙的相互作用,而下级墙设计时应把上级墙等效成作用在该挡墙顶面的均布外荷载。杨广庆通过分析 FHWA 方法的不足,根据墙面后加筋土体三个不同性质的应力区域,提出了不同平台宽度时台阶式加筋土挡墙下级墙墙体附加垂直应力和墙背附加侧向土压力的计算方法。

一般地,对多级加筋土挡墙,第一级(最上级)墙的设计方法可采用单级挡墙的模式。下级挡墙的设计,则将上级墙作为超载进行外部和整体稳定性检算,包括挡墙的抗滑、抗倾覆、基底压应力及合力偏心距、沿地基的深层滑动稳定等。进行内部稳定性计算时,受两级挡墙间平台宽度的影响,在加筋体内将产生不同的应力变形情况,宜采用不同的设计方法。

将上级挡墙作为外加荷载作用在下级挡墙顶面时,则根据荷载所在位置,上级挡墙对下级挡墙内的应力分布、对墙面板的影响及筋材强度等会有不同的变化,下面就不同平台宽度的多级加筋土挡墙分别进行分析讨论。

1)双级加筋土挡墙设计

(1)上级墙荷载引起的下级墙体中附加垂直应力

加筋土挡墙后土体内有两个重要的界线,一是自然边坡的稳定界线,对无黏性散粒物质土体,当自然边坡的倾角等于或小于土的内摩擦角 φ 时,土体处于稳定状态,当边坡倾角超过 φ 时,则需要施加额外的力维持土体的平衡;另一界线是达到极限状态下的土体破裂面。理论上,对填土顶面水平的主动极限状态,其破裂面倾角为 $45° + \varphi/2$。自然稳定边坡及主动极限状态时破裂面位置如图 3-27 所示。

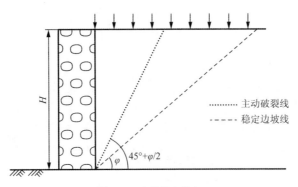

图 3-27　土体稳定状态

上级墙荷载引起的下级墙体附加垂直应力受台阶宽度的影响较大。当上级墙面板基础位于主动区即平台宽度 $D < D_1 = H_2 \tan(45° - \varphi/2)$ 时,下级墙体附加垂直应力如图 3-28a)所示;当上级墙面板基础位于过渡区即 $D_1 < D < D_2 = H_2 \tan(90° - \varphi)$ 时,下级墙体附加垂直应力如图 3-28b)所示;当上级墙面板基础位于稳定区即 $D > D_2$ 时,上级墙荷载扩散应力全部在下级墙的稳定区之内,对下级墙的稳定性无影响。在进行下级墙的内部稳定性分析时,可不考虑上级墙荷载的影响。

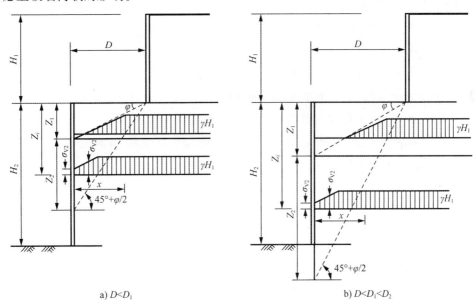

a) $D < D_1$　　　　　　　　　　　　b) $D < D_1 < D_2$

图 3-28　上级墙荷载引起的下级墙体附加垂直应力

①上级墙面板基础位于下级墙主动区内。

若 $Z_i < Z_1$,则

a. 当 $0 \le x < A_1$

$$\sigma_{v2} = 0 \qquad\qquad (3-38)$$

b. 当 $A_1 < x < A_2$

$$\sigma_{v2} = \frac{x - A_1}{A_2 - A_1}\gamma H_1 \tag{3-39}$$

c. 当 $x > A_2$

$$\sigma_{v2} = \gamma H_1 \tag{3-40}$$

若 $Z_1 < Z_i < Z_1 + Z_2$,则

a. 当 $x = 0$

$$\sigma_{v2} = \frac{Z_i - Z_1}{Z_2}\gamma H_1 \tag{3-41}$$

b. 当 $0 < x < A_2$

$$\sigma_{v2} = \frac{\gamma H_1}{A_2 Z_2}\left[(Z_1 + Z_2 - Z_i)x + (Z_i - Z_1)A_2 \right] \tag{3-42}$$

当 $x > A_2$ (图中未定义 $A_1 \smallsetminus A_2$)

$$\sigma_{v2} = \gamma H_1 \tag{3-43}$$

若 $Z_1 + Z_2 < Z_i < H_2$,则

$$\sigma_{v2} = \gamma H_1 \tag{3-44}$$

以上式中: $Z_1 = D\tan\varphi$,

$\qquad Z_2 = D\tan(45° + \varphi/2) - Z_1$,

$\qquad A_1 = (Z_1 - Z_i)\tan(90° - \varphi)$,

$\qquad A_2 = (Z_1 + Z_2 - Z_i)\tan(45° - \varphi/2)$;

$\qquad \gamma$ ——墙背后填土重度 (kN/m^3) ;

$\qquad \varphi$ ——填土有效内摩擦角 $(°)$;

$\qquad \sigma_{v2}$ ——上级墙荷载引起的下级墙体附加垂直应力 (kPa) ;

其他符号意义如图 3-28 所示。

②上级墙面板基础位于下级墙过渡区内。

若 $Z_i < Z_1$,则

a. 当 $0 \leqslant x < A_1$

$$\sigma_{v2} = 0$$

b. 当 $A_1 < x < A_2$

$$\sigma_{v2} = \frac{x - A_1}{A_2 - A_1}\gamma H_1 \tag{3-45}$$

c. 当 $x > A_2$

$$\sigma_{v2} = \gamma H_1 \tag{3-46}$$

若 $Z_1 < Z_i < H_2$,则

a. 当 $x = 0$

$$\sigma_{v2} = \frac{Z_i - Z_1}{Z_2}\gamma H_1 \tag{3-47}$$

b. 当 $0 < x < A_2$

$$\sigma_{v2} = \frac{\gamma H_1}{A_2 Z_2} \Big[(Z_1 + Z_2 - Z_i) x + (Z_i - Z_1) A_2 \Big] \tag{3-48}$$

c. 当 $x > A_2$

$$\sigma_{v2} = \gamma H_1 \tag{3-49}$$

③上级墙面板基础位于下级墙稳定区内。

当 $D > D_2$ 时,则

$$\sigma_{v2} = \gamma H_1 \tag{3-50}$$

（2）上级墙荷载引起的下级墙墙背侧向土压力

上级墙荷载引起的下级墙墙背侧向土压力的计算以墙背处的附加垂直应力乘以主动土压力系数表示。因此,下级墙墙背的侧向土压力为:

$$\sigma_{hi} = K_a \gamma_b h_i + K_a \sigma_{v2i} \tag{3-51}$$

式中:h_i——下级墙顶距该级墙第 i 层面板中心高度。

其中,土压力系数 K_a 的计算如前。

①当级间平台宽度较小,即 $D \leqslant (H_1 + H_2)/20$ 时。

由于平台宽度较小,上墙对下墙的作用较为明显,且上墙墙面板基础墙趾处对下墙顶面产生较大的竖向应力,可能引起局部筋材的应力集中现象,不利于筋材稳定,此时可作为整体结构进行检算。

将下墙坡面延伸至上墙顶面,进行内部稳定分析,最大拉力包线同单级墙一致,如图 3-29 所示。根据工程中的实践经验,认为过小的平台宽度对结构稳定性影响较大,且给上墙的基础施工、面板铺设及今后的维修养护带来困难,一般不采用过窄的平台。对加筋土高挡墙的结构形式,建议采用多级修建时,平台宽度一般不宜小于 2.0m。

②上级墙面板基础位于下级墙主动区内。

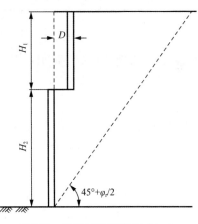

图 3-29　加筋土挡墙计算图式(一)

上墙的设计可按单级挡墙进行,由于上墙部分墙体作用在下墙的库仑破裂体上,下墙设计时,两墙用一个等量的加筋土体代表,即用同等的断面积斜墙进行简化计算(图 3-30)。斜墙墙面倾角 θ,可用下式计算:

$$\tan\theta = \frac{(H_1 + H_2)^2}{2H_1 D} \tag{3-52}$$

最大拉力线相对于垂直墙面的情况在水平及垂直方向分别予以折减,折减系数为:

$$R_\theta = \frac{\theta - \varphi_r}{90° - \varphi_r} \tag{3-53}$$

下墙加筋体内某点的垂直土压力 σ_{vi} 计算式为：

$$\sigma_{vi} = \lambda \left(\gamma_1 H_1 + \gamma_2 H_{2i} \right) \tag{3-54}$$

式中：λ——土压力折减计算系数（小于等于 1.0）。

③上级墙面板基础位于下级墙过渡区内。

此时上墙墙体作用在下墙的库仑破裂体外，对下墙墙面处结构的影响较小，下墙设计时，可忽略上墙的作用，单独进行墙面板土压力计算，两墙的最大拉力线亦可分别考虑，如图 3-31 所示。但计算下墙内筋材的最大应力时，从实测资料表明比按单墙计算时为大，应考虑上墙对下部加筋体的影响。

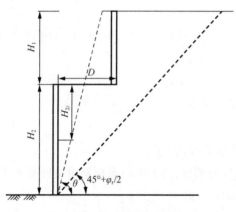

图 3-30　加筋土挡墙计算图式（二）　　　图 3-31　加筋土挡墙计算图式（三）

将上墙作为荷载，加筋体内的垂直应力根据平台宽度的不同，计算式为：

$$\sigma_{vi} = \frac{D_2 - D}{D_2 - D_1} \gamma_1 H_1 + \gamma_2 H_{2i} \tag{3-55}$$

式中：D_1、D_2——下墙顶墙面板至主动状态下破裂面和稳定边坡坡面的距离，即 $D_1 = H_2 \tan(45° - \varphi_r/2)$；$D_2 = H_2 \tan(90° - \varphi_r)$。

④上级墙面板基础位于下级墙稳定区内。

此时上墙墙体作用于下墙填土的稳定边坡外，上墙荷载对下墙的加筋体结构稳定计算无影响，可单独设计，最大拉力线亦分别考虑。

（3）外部稳定性验算

对于第二级的外部稳定性分析，应按照以下可能的滑动面进行：

模式一，包括第一级墙且通过第二级墙趾和墙踵的滑动面（图 3-32）。

模式二，仅包括第二级和包括第一级且通过第二级墙趾的滑动面（图 3-33）

模式三，包括第二级和包括第一级且通过第二级墙趾的滑动面。滑动面分别通过第二级墙每层筋材与面板的连接处（图 3-34）。

模式四，包括完全通过挡墙地基土和加筋区的滑动面（图 3-35）。

（4）内部稳定性验算

由上述得出下级墙背侧向土压力 σ_{hi}，可参照第一级墙的抗拉、抗拔稳定检算过程检算下级墙体的内部稳定性。计算出锚固区的加筋长度,由墙体潜在破裂面计算主动区的加筋长度,总筋材长度 $L = L_a + L_e$。

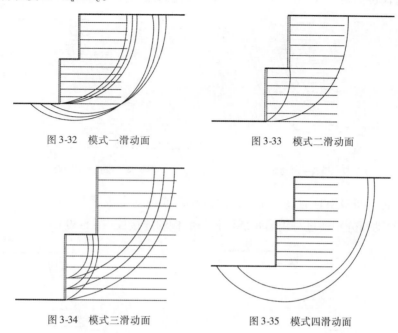

图 3-32　模式一滑动面　　　　　　　图 3-33　模式二滑动面

图 3-34　模式三滑动面　　　　　　　图 3-35　模式四滑动面

2）三级台阶式加筋土挡墙设计

（1）设计思路

设计第三级挡土墙时,把第二级、第三级挡墙当成“等效二级挡墙”设计,把第一级台阶当成外荷载,如图 3-36 所示。

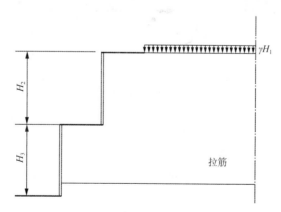

图 3-36　“等效二级挡墙”的设计

然后将第一级墙体荷载 γH_1 等代成与第二级挡墙同宽的均布荷载。按照上述二级挡墙的设计方法进行设计。

（2）外部稳定性验算

对于第三级的外部稳定性分析,应按照以下可能的滑动面进行:

模式一,包括第一级墙和第二级墙且通过第三级墙趾和墙踵的滑动面(图3-37)。

模式二,仅包括第三级、第二级和第一级且通过每级墙趾的滑动面(图3-38)。

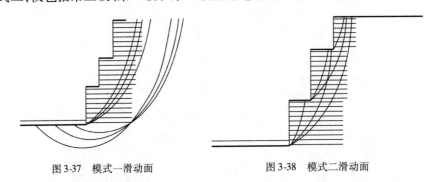

图3-37　模式一滑动面　　　　　　　　图3-38　模式二滑动面

模式三,包括每级墙且通过该级墙趾的滑动面或包括本级墙及上级墙且通过本级墙趾的滑动面。滑动面分别通过每级墙每层筋材与面板的连接处(图3-39)。

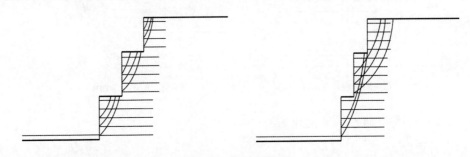

图3-39　模式三滑动面

模式四,包括完全通过挡墙地基土和加筋区的滑动面(图3-40)。

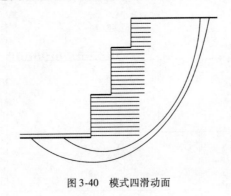

图3-40　模式四滑动面

(3)内部稳定性验算

参考第二级内部稳定性验算。

3.4.2　刚性面加筋土挡墙设计

刚性面加筋土挡墙是指采用具有抵抗弯曲、剪切变形能力的钢筋混凝土墙面和加筋材料所构筑的倾斜或垂直面的挡墙系统。这种刚性面加筋土挡墙的墙面厚度比传统重力式挡墙要薄得多,而与面板式(或模块式)加筋土挡墙的不同则在于其刚性墙面能有效地约束墙后加筋土的侧向变形(尤其是作为路堤挡墙,当墙顶以上有较高路基填土的超载作用时);在设计上,这种刚性墙面要承担墙后土压力,而面板式(或模块式)加筋土挡墙的墙面一般只起防护和美化作用,设计上并不承担土压力。

日本交通部最早于1992年批准在日本铁道部门采用刚性面加筋土挡墙,后来广泛应用于各种道路路堤挡墙(图3-41)。

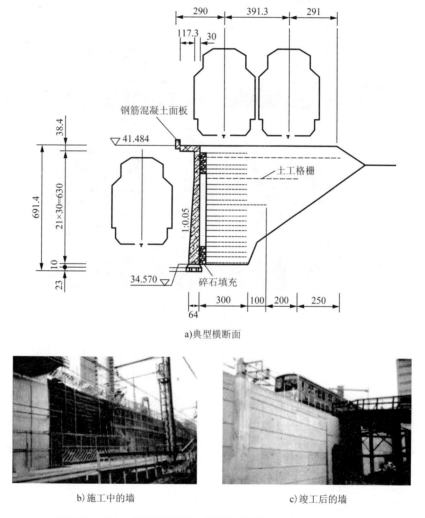

a)典型横断面

b)施工中的墙   c)竣工后的墙

图3-41 日本山手线快速铁路上的刚性面加筋土挡墙(尺寸单位:cm)

采用这种挡墙的主要优点有:

(1)由于墙面可以很陡或者垂直,因此用作路堤挡墙时,即使在场地狭窄的场所也能施工;而且用地量大为减少。

(2)由于采用刚性较大的混凝土墙面,路堤或岸堤的稳定性更高,变形更小。

1）施工工序

刚性面加筋土挡墙的施工是分阶段修建（Staged Construction），其顺序见图3-42。其中墙面的混凝土浇筑是在墙后加筋土和墙底地基土的大部分变形都已完成之后进行的。

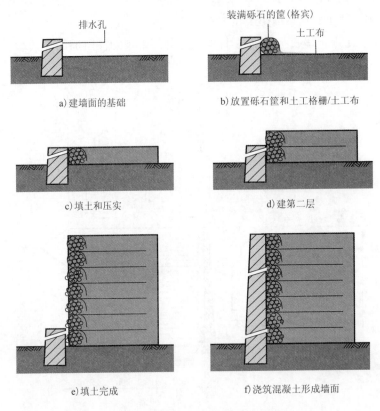

图 3-42　刚性面加筋土挡墙的施工顺序

2）刚性面的力学特点

传统的各式挡墙基本上是一个承担墙后无加筋材料的填土所产生的主动土压力的悬臂结构，墙底因大的力矩和推力而产生应力集中，导致挡墙有时可能还需要采用桩基础。但在刚性墙面和加筋土之间牢固地设置联结钢筋（图3-43）的情况下，其刚性面可视为一个支撑在很多个联结钢筋点处的连续梁，墙面上的力就较小了，这使得墙面可以很薄。由于墙底的倾覆力矩和推力都很小，所以其刚性面也不需要桩基础。

3）刚性面加筋土挡墙的设计

刚性面加筋土挡墙设计的主要内容与普通加筋土挡墙基本上是相同的，即都必须使之满足外部稳定性、内部稳定性和整体稳定性的要求。不同之处在于还需要对承担土压力的刚性面进行配筋计算（本节不予讨论，可参考混凝土结构设计手册）并符合构造规定，使之满足抗弯、抗剪的要求。其构造要求包括（图3-42）：

（1）刚性面的厚度从墙底至墙顶可按一定比率减薄，但考虑到墙面混凝土浇筑的需要，其墙顶最小厚度不小于 30cm。

（2）墙面与加筋土之间的联结钢筋的直径不小于 13mm，长度不小于 120cm。联结钢筋的布置可与筋材的竖向间距相协调，即联结钢筋的竖向间距可取筋材间距的 1 倍，横向间距可取筋材间距的 2 倍；联结钢筋在加筋土一侧的末端集中固定在一个或几个锚板上。

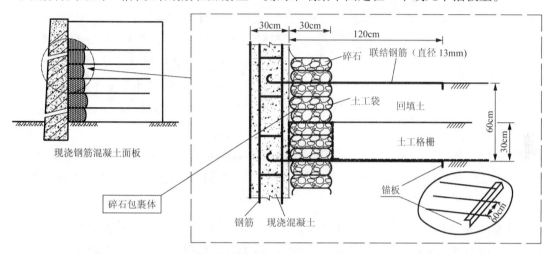

图 3-43 刚性面加筋土挡墙的构造设计

以下重点给出刚性面加筋土挡墙内部稳定性分析的计算方法——"双楔体法"。

采用刚性面加筋土挡墙的目的是充分发挥刚性挡墙和加筋土挡墙各自的优点，以有效控制加筋土的变形、减小刚性墙面后的土压力。研究表明，刚性面加筋土挡墙与普通加筋土挡墙的工作性状不同，因此正确计算筋材拉力和墙后土压力是内部稳定性分析的关键。

（1）筋材拉力的计算

目前在北美流行的 AASHTO 简化方法不考虑墙面刚度、墙趾约束（主要是墙面自重产生的沿墙底的摩阻力）等因素对筋材拉力的影响，假定侧向土压力全部由筋材承担来选定筋材的强度、长度和铺设间距。Bathurst 等（2005 年）指出，AASHTO 方法对加筋土挡墙长期运行所需要的筋材拉力估计地过于保守。Leshchinsky 等（2010 年）、Han 等（2006 年）也认为，对于刚性面加筋土挡墙，如果考虑墙底摩阻力的影响，AASHTO 方法所给出的筋材拉力可能是保守的。不过，Leshchinsky 等（2010 年）同时指出，按 Bathurst 等（2005 年）基于现场实测数据的回归分析所提出的呈"分段线性"分布的筋材拉力（见图 3-44。图中 H 为墙高；z 为筋材距墙底的位置高度；T_{max-i} 为各层筋材中的最大拉力；$max(T_{max-i})$ 为各层筋材拉力最大值中的最大值）所得到的各层筋材最大拉力的合力 $\sum T_{max-i}$ 可能并不满足挡墙的整体极限平衡要求，导致筋材拉力被严重低估，是偏于不安全的。

可见，目前国内外尚无较为准确而又简单的确定刚性面加筋土挡墙筋材拉力的新方法，因此建议仍按 3.3.5 节所述的方法确定其筋材拉力，以便与目前国内外的通用规范接轨。

（2）墙后土压力的确定

数值分析结果表明,刚性面加筋土挡墙墙后水平土压力较格宾后填土水平压力明显要低,且沿墙高呈明显的非线性分布,难以给出该分布的计算公式。为此,借鉴日本《RRR-B工法设计与施工规范》,在内部稳定性计算时,采用"双楔法"来确定墙后土压力。

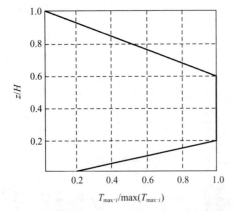

图3-44 日本《RRR-B 工法设计与施工规范》给出的"双楔法"（图3-45）与德国建筑研究所（DIBT）关于普通加筋土挡墙内部稳定性计算所采用的"双楔法"本质上是相似的,只不过考虑到刚性墙面的刚性大,滑动面并不通过墙面,而仅限于通过墙踵的情况。此法是将图3-45中土楔 F 的下端 a 固定于挡墙墙踵,改变图中 b 的位置（通过改变 θ_f 和 θ_b 来实现）来寻找最小安全系数。具体步骤是:

图3-44 由筋材应变测值推算的不同归一化深度(z/H)处筋材的归一化拉力$[T_{max-i}/\max(T_{max-i})]$

①假定 θ_f 和 θ_b,得到某一个潜在滑裂面后,不计筋材的拉力,根据作用于图3-45b）中 F、B 两个土楔在各种荷载（图中 H_f 和 H_b 均为水平地震荷载）作用下力的极限平衡条件,即利用两个土楔的力多边形的几何关系[图3-45c）],可求得作用于挡墙墙后的土压力 P_f。

②取包括墙体、土楔 F、B 在内的脱离体,见图3-45a）。图中 W_{gh} 为挡墙受到的水平地震力;$W_{gv}\tan\varphi_d$ 为挡土墙和地基之间的摩阻力。但在实际计算时,由于挡土墙与地基之间的摩阻力并不明确,多数情况下不考虑摩阻力的作用（偏于安全）,计入潜在破裂面 ab、bc 上作用的筋材拉力（各层筋材的拉力 T_i 按照3.3.5节的方法计算）,计算挡墙抗滑动稳定安全系数 F_s 和抗倾覆稳定安全系数 F_0,直至所有潜在滑裂面中的最小安全系数 F_{smin}、F_{0min} 均满足要求时,相应的土压力即为墙后土压力。如果 F_{smin}、F_{0min} 中任意一个不满足规定要求,则通过改变筋材的布置（间距、长度）或者采用抗拉强度更高的筋材等措施,按同样的方法重复计算,直至满足规定的安全系数为止（这样的重复计算可以编制程序完成）。

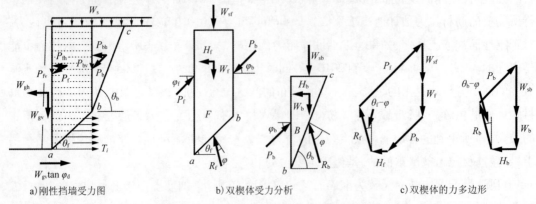

a) 刚性挡墙受力图　　　　b) 双楔体受力分析　　　　c) 双楔体的力多边形

图3-45 日本"双楔体法"确定土压力方法示意图

3.5　加筋土挡墙施工技术

3.5.1　预制混凝土模块式墙面加筋土挡墙施工技术

1）施工工艺流程

预制混凝土模块式墙面加筋土挡墙施工工艺流程见图 3-46。

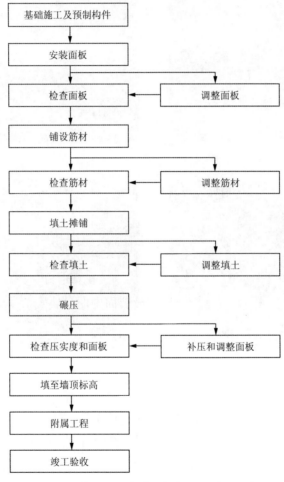

图 3-46　模块式墙面加筋土挡墙施工工艺流程图

2）基础施工

在挡墙基础基坑开挖、辗压完成后，复核基底标高和轴线，如有偏差及时修正处理，使基底达到设计要求。

在基底放线，标出基础混凝土垫层的轴线和边线，并在基底设置标高桩。按每段墙体设置,并在桩上标出垫层和基础顶标高位置,随后进行混凝土垫层的浇筑,严格控制标高和轴线位置。混凝土水平施工缝留在基础顶面以上300mm处,并做成凹缝。

3)面板的预制与安装

(1)墙面板预制。墙面板的作用是阻挡填土从相邻层筋材间挤出,使筋材、填土及墙面板构成一个统一整体,因此墙面板的预制、安装质量在加筋土挡墙中起关键作用。加筋土挡墙面板必须采用钢模预制,要求外光内实,外形轮廓清楚,线条顺直,不得挠曲、掉角、啃边(图3-47)。

a)

b)

c)

d)

图3-47 墙面板预制

(2)墙面板安装。第一层面板是控制全墙基线的基准,因此放线应准确。安装前首先将条形基础清理干净,每5m设一中线控制点,在清洁的条形基础上准确画出面板外缘线及每块板的位置,安装时用M5砂浆找平,不得用石子或铁片支垫,同层面板水平误差不大于10mm,轴线偏差每20延来不大于10mm。相邻上下层间垂直安装缝错开(图3-48)。为防止填土压实时面板外倾,在安装单块面板时向内预留1%作为填土压实时面板外倾的预留度。为防止相邻面板错位,第一层面板用木料加工的斜撑固定,以上各层面板均用夹木固定。此后各层面板安装时每隔5m设一标杆,每层用垂球挂线核对,每安装完三层面板应用仪器测量标高及轴线,发现偏差及时调整。

图 3-48　墙面板安装

4）筋材铺设与固定

在已经整平夯实的地基上，裁剪并安放底层土工格栅，按照图 3-49 预制面板与筋材的连接方式与面板连接。相邻土工格栅横肋之间的连接采用连接棒连接（图 3-49），连接棒不得外露。按图纸要求的标高、长度和方向来铺设格栅。

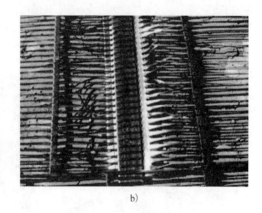

图 3-49　连接棒连接土工格栅

格栅铺设时需要人工进行拉紧和调直，铺好的土工格栅每隔 1.5~2.0m 用木楔或 U 形钉固定于压实地面（图 3-50）。

筋材为土工格栅时，其下料长度不得少于设计长度。铺设第一层格栅时，将格栅放在平整、密实的地基上，土工格栅的纵向肋与墙面垂直，并将其与模块式面板中外露的筋材用连接棒相连，一般应平铺、拉直，不得重叠，不得卷曲、扭结。格栅另一端拉紧用木楔子固定。应对土工格栅铺设长度、平展度、连接方式、与面板连接处的松紧情况等进行施工质量检验。

5）填土摊铺、碾压

（1）加筋土挡墙的填土应采用砂类土（粉砂、黏砂除外）、砾石类土、碎石类土，也可选用

— 141 —

细粒土。填土与格栅直接接触部分不应含有尖锐棱角的块体,填土中最大粒径不应大于10cm,且不宜大于单层填土压实厚度的1/3。

(2)填土可人工摊铺,也可机械摊铺。卸料机械作业时机械距面板的距离保持1.5~2.0m,防止机械卸料时撞动已安装好的面板。卸料时将填土按一定间距呈鳞状卸于土工格栅上(图3-51)。

图3-50　土工格栅固定　　　　　　　　　图3-51　填土摊铺

(3)第一遍先轻压,碾压时从筋材中部逐步压向尾部,再碾压靠近面板部位,轻压后再全面碾压(图3-52)。压实机械禁止采用羊足碾。

(4)碾压前应进行试验施工,根据碾压机械和填土性质确定碾压遍数以指导施工。

(5)距面板1.5m范围内用轻型机械压实(图3-52)。

a)　　　　　　　　　　　　　　　　b)

图3-52　填土碾压

(6)填土碾压时填土的含水率应控制在最优含水率左右。

(7)填土的压实按中部→尾部→前部的顺序进行,碾压完毕后按规定的方法和频度检测密实度,检验合格后方可继续施工。

6)填土压实质量检测

加筋土体必须进行压实质量检测。监测频率必须满足相关技术标准与要求。

重复以上施工步骤直至挡墙的设计高度。

3.5.2　土工格栅包裹式墙面加筋土挡墙施工技术

（1）测量放样：将墙面线在地面上测量、放样，并将要砌筑的坡面线挂好。

（2）按照设计裁剪土工格栅，土工格栅长度为设计长度＋相邻两层格栅间距＋返包长度（1.5～2.0m）。

（3）铺设第一层土工格栅时将格栅放在压实好的地基上，土工格栅长度方向垂直于墙面，并将（2）中的后两段长度部分置于墙线以外（图3-53）。

（4）将充填土的土袋（编织袋或生态袋）按设计坡线码放成墙体。土袋顺方向堆码，土袋一个紧靠一个横向码放，相邻土袋间咬合150mm左右。

（5）用木板将码放好的土袋夯平、夯实（图3-54）。

图3-53　土工格栅铺设

（6）土工格栅另一端拉紧（不能出现褶皱），铺好的土工格栅每隔1.5～2.0m用锚固件（当填土为黏性土时可使用"U"型钢筋，填土为粗粒土时使用木楔）钉好固定。在土袋后铺设好的土工格栅上用垂直倾倒的方式将填土倾倒在土工格栅上。

a) 　　　　　　　　　　　　　　b)

图3-54　土袋摆放与夯实

（7）摊铺填土。

为了避免土工格栅在施工中受到损伤，摊铺填土时应按前进方向摊铺，机械履带与格栅之间应保持有150mm厚的填土层。应用诸如斗式挖掘机或带有铲斗的推土机等机械设备来进行填土施工，目的是保证填土是通过倾倒的方式摊铺在土工格栅上。用于填土施工的机械设备应与边坡坡面保持至少2m的距离。

（8）填土应分层压实，压实机械与返包土袋坡面距离不得小于2.0m，在此范围内优先选用透水性良好的填土，用小型压路机轻压或用人工夯实，严禁使用大、中型压实机械。碾压时，应避免压轮与土工格栅接触，以防格栅损坏。

（9）检查回填土压实度和返包土袋。

在进行下一道土工格栅摊铺之前，需要对填土进行压实度检测，压实度应符合设计要求。检查返包土袋边坡，对在回填碾压过程中发生变形或破损的土袋及时进行处理。在以上两项符合设计和材料产品标准的情况下，转入下一道工序。

（10）铺设第二层土工格栅时，将裁剪好的土工格栅用连接棒与返包回来的第一层土工格栅进行连接，土工格栅纵向必须是 100% 连接。

（11）继续下一层的填筑，重复以上的操作规程直至墙顶。

3.5.3　整体现浇混凝土墙面加筋土挡墙施工技术

整体现浇混凝土墙面加筋土挡墙的施工是在包裹式墙面加筋土挡墙施工过程中预埋钢筋锚杆，待墙体施工完成，在锚杆上挂设钢筋网，然后现浇混凝土。

3.5.4　加筋格宾墙面加筋土挡墙施工技术

施工工艺流程如图 3-55 所示。

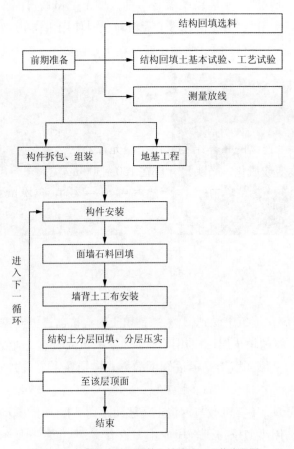

图 3-55　加筋格宾墙面加筋土挡墙施工工艺流程图

1）运输

加筋格宾单元在运输时是被折叠并成捆束状态。为方便运输,加筋格宾单元捆束在工厂内即被压实并捆扎牢固。绞合钢丝另外成卷提供,加固钢环成箱包装。

2）组装

折叠的加筋格宾单元应从捆束中取出并放置于坚硬、平整的表面。加筋格宾单元应被展开至其预定形状。前面板、侧面板及背板应被垂直摆放。面板间应牢固绞合,具体方法是用面板边缘突出的加粗边端钢丝缠绕在交叉面板或背板的边端钢丝上。内隔板应垂直放置并采用同样方法绞合。隔板及背板的所有面板都应与前面板及侧面板充分绞合。

3）扣紧程序

每一次绞合的边缘最长不应超过 1m。较长的边缘应由数段钢丝绞合。绞边钢丝应固定于加粗边端钢丝上后并缠绕在自身上。同时每隔 150mm 分别单绞合及双绞合一次。在采用绞边钢丝进行绞合时,所有面板都应被尽力拉紧,同时绞边钢丝的末端应再次围绕自身缠绕。

4）基础处理

加筋格宾单元放置的基础必须保证平整并按照设计要求进行分级处理,同时表面规整,基础土质不能过于疏松,且按照设计要求必须清除表面植被。根据具体的设计要求,还应设计相应的反滤层或排水装置(土工布、排水等)。

5）加筋格宾单元安装、填充与填土压实

清基完成后,预先安装好的加筋格宾单元应放置在选定位置,相邻加筋格宾单元间应充分绞合以保证构成一个连续的整体结构。用于填充加筋格宾墙面的石头应坚硬,且在暴露与水中时不应发生改变或风化。石头尺寸应在 100～300mm 之间。

对于高度 1m 的加筋格宾单元,应每次填充厚 30cm 石头,每次填充的石头不应超过相邻加筋格宾单元已填充高度 30cm。

在填充墙面格宾时,应每隔三分之一高度(对于高 1m 的格宾)在前面板与后面板间加装绑缚钢丝,以增强牢固性。此外,应超填高出格宾表面 25～40mm,以利于石头的自然沉降。格宾上表面应保持平整,并尽力降低空隙率,同时应保证顶板能够与上一层格宾相连接。

结构填土分层填筑、分层压实,每层的松铺厚度以 30～40cm 为宜。压实机械距格宾面板不应小于 1.5m,距格宾面板 1.5m 范围内,应用人工摊铺、小型机械压实。

6）闭合

当石头被填充并基本平整且空隙率降到最低后,折叠加筋格宾盖板并将各面板拉近。在此过程中,应选用合适的闭合工具将盖板拉伸,并使加筋格宾各面板充分结合。

盖板边端钢丝应与侧面板边端钢丝绑扎在一起,且加筋格宾应与侧面板、后面板及隔板紧紧绞合。相邻加筋格宾盖板应同时绞合,且剩余的边端钢丝应折入已完成的加筋格宾内部。

本章参考文献

[1] 中华人民共和国水利部. GB 50290—2014 土工合成材料应用技术规范[S]. 北京:中国计划出版社,2015.

[2] 华北水利水电学院北京研究生部. SL/T 225—98 水利水电工程土工合成材料应用技术规范[S]. 北京:中国水利水电出版社,1998.

[3] 铁道第四勘察设计院. TB 10118—2006 铁路路基土工合成材料应用设计规范[S]. 北京:中国铁道出版社,2006.

[4] Victor Elias,P E. Barry R. Christopher,Ph D,et al. Mechanically stabilized earth walls and reinforced soil slopes design and construction guidelines[R]. Washington,D. C. : National Highway Institute Federal Highway Administration U. S. Department of Transportation,2001.

[5] Ryan R Berg,P. E. Barry R Christopher,Ph D,et al. Design of mechanically stabilized earth walls and reinforced soil slopes[R]. Washington,D. C. : National Highway Institute Federal Highway Administration U. S. Department of Transportation,2011.

[6] Nallonal Concrete Masonry Association. Design manual for segmental retaining wall[M]. 3rd Edition. 2009.

[7] BSI Standards Publication. Code of practice for strengthened/reinforced soils and other fills [S]. BS 8006 – 1:2010. 2010.

[8] 重庆交通科研设计院有限公司. JTG/T D32—2012 公路土工合成材料应用技术规范[S]. 北京:人民交通出版社,2012.

[9] 天津港湾工程研究所. JTJ 239—2005 水运工程土工合成材料应用技术规范[S]. 北京:人民交通出版社,2006.

[10] 李广信. 关于土工合成材料加筋设计的若干问题[J]. 岩土工程学报,2013,35(4):605-610.

[11] 包承纲. 土工合成材料应用原理与工程实践[M]. 北京:水利水电出版社,2008.

[12] 杨广庆. 土工格栅加筋土结构理论及工程应用[M]. 北京:科学出版社, 2010.

[13] 《土工合成材料工程应用手册》编写委员会. 土工合成材料工程应用手册[M]. 2 版. 北京:中国建筑工业出版社,2000.

[14] Tatsuoka F. ,Tateyama M. ,Uchimura T. ,et al. Geosynthetic-reinforced soil retaining walls as important permanent structures[J]. Geosynthetics International,1997,4(2):88-136.

[15] Palmeira E. M. ,Tatsuoka F. ,Bathurst R. J. ,et al. Advances in geosynthetics materials and

applications for soil reinforcement and environmental protection works[J]. Electronic Journal of Geotechnical Engineering,2008,12,1-38.

[16] Weilie Zou,Xiequn Wang,Ni Xie,et al. Numerical analysis of working properties and inquiry of design method on geosynthetic-reinforced soil retaining walls(GRS-RWs)with rigid facings[C]. International Symposium on Design and Practice of Geosynthetic-Reinforced Soil Structures,Bologna,Italy,14-16 Oct. ,2013,297-317.

[17] 王协群,邹维列,冷建军,等. 刚性墙面加筋土挡墙的工作性状分析与设计方法探讨[J]. 长江科学院院报,2014,31(3):40-47.

[18] AASHTO. Standard specifications for highway bridges[M]. 16th Ed. AASHTO,Washington, D. C. ,1999.

[19] AASHTO. LRFD bridge design specifications[M]. 4th Ed. AASHTO, Washington, D. C. ,2007.

[20] Bathurst R. J. ,Allen,T. M,et al. Reinforcement loads in geosynthetic walls and the case for a new working stress design method[J]. Geotextiles and Geomembranes, 2005, 23 (4): 287-322.

[21] Leshchinsky D. ,Zhu F,Meehan C. L. Required unfactored strength of geosynthetic in reinforced earth structures[J]. Journal of Geotechnical and Geoenvironmental Engineering, 2010,136(2):281-289.

[22] Han,J. ,Leshchinsky,D. General analytical framework for design of flexible reinforced earth structures[J]. Journal of Geotechnical and Geoenvironmental Engineering,2006,132(11): 1427-1435.

[23] 日本 RRR 工法协会. RRR-B 工法设计与施工规范[S]. 2013.

[24] 王钊. 国外土工合成材料应用研究[M]. 香港:现代知识出版社,2002.

第4章　加筋垫层路堤

编写人:徐　超　徐林荣　苏　谦　汪益敏
审阅人:包承纲(长江科学院)
　　　　李广信(清华大学)

4.1 概述

在松软土地基上修建堤坝(主要指铁路和公路填方路基),如果不采取任何工程措施,可能会面临地基变形(沉降)过大和整体稳定性不足这两方面的问题,特别是在软土地基上,地基变形(沉降)历时长且一般不均匀。为了满足软弱土地基上公路和铁路工程对沉降和稳定性的要求,需要针对性地采用地基加固和加筋垫层等技术措施。

与本指南前述的加筋土边坡和加筋土挡墙不同,加筋垫层路堤是指仅在填方路堤与地基之间设计加筋粗颗粒土垫层,即在路堤的粗颗粒土垫层中水平设置土工合成材料筋材,以达到调整地基上荷载分布、提高路堤自身稳定性和路堤与地基的整体稳定性的目的。因此,加筋垫层路堤不包括开挖后的换填加筋垫层,后者应属于加筋地基和浅层地基处理的技术范畴。

由于工程条件错综复杂,包括工程等级、荷载条件、场地与地基条件、工期与造价等,这些条件因项目不同而差异巨大,因此加筋垫层及其中的加筋材料所处的工况和所起的作用也不完全相同。根据上述工程条件,在工程实践中出现的加筋垫层路堤大致可归为两种类型:

(1)仅在垫层中设置加筋材料的加筋垫层路堤(类似于国外文献中的 Reinforced Embankment over Soft Soils),是指在松软土地基与填方路基之间采用加筋材料(土工格栅、土工织物、土工格室等)设置加筋垫层,以提高填方路基的临界填筑高度和整体稳定性,约束路堤和软基的侧向变形,减小地基的不均匀沉降。其断面形式如图 4-1 所示。其适用条件和设计方法在本章 4.3 节中论述。但仅设置加筋土垫层是有条件的,非万能的。它适用于具有一定抗剪强度的软土地基,通过设置加筋垫层,可使路基填筑的临界高度达到路基设计标高,并随着地基土固结和强度增长,路基的稳定性(安全系数)满足工程项目要求,地基沉降也能够满足路基工后沉降要求的场合。对于软基强度低,而路基填方高度大或者对工后沉降要求严的工程,应首先进行软土地基的加固设计,也包括采用合理的地基处理技术与加筋垫层的联合措施。

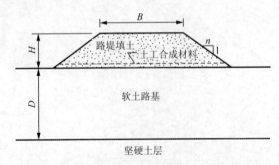

图 4-1 松软土地基上加筋垫层路堤的断面示意图

(2)与地基加固措施联合使用的加筋垫层路堤,是指当仅采用加筋垫层无法满足工程项目关于沉降和稳定性的要求时,考虑投资和工期,事先对松软土地基进行加固处理,然后再铺设加筋垫层的组合技术。如:预压法+加筋土垫层、复合地基+加筋土垫层等。

　　由于地基处理的方法很多,各种方法的加固机理不同,因此不能一概而论。仅就复合地基而言,竖向增强体(桩)种类多,从散体材料桩(碎石桩)到预制混凝土桩(方桩、管桩),各类竖向增强体的刚度差异巨大。因此,在与不同的地基处理技术联合使用时,加筋垫层的工作机理和设计方法存在很大差别,应区别对待。根据地基处理的技术原理和特点,宜把加筋垫层与地基处理的组合技术区分为如下几种情形:

　　①固结法、柔性桩复合地基等地基加固技术与加筋垫层联合使用。这里的"柔性桩"是指《建筑地基处理技术规范》(JGJ 79—2012)中的振冲法、石灰桩法、砂石桩法、柱锤冲扩法形成的竖向增强体,处理后的人工地基的工程性质按置换率将增强体(桩)和桩间土的工程性质进行复合而得,在工程设计(稳定性和沉降计算)时,其方法与天然地基、固结法处理后的地基并无区别。因此,在对松软土地基处理后,其加筋垫层的设计计算与天然地基上仅使用加筋垫层的情形类同,地基处理设计可按照《公路软土地基路堤设计与施工技术细则》(JTG/T D31—02—2013)或《铁路工程地基处理技术规程》(TB 10106—2010)的规定执行。

　　②刚性桩复合地基与加筋垫层联合使用。这里的"刚性桩"指预制桩、就地灌注素混凝土桩、套管灌注桩等。这种组合技术在我国《复合地基技术规范》(GB/T 50783—2012)中被命名为"桩网复合地基",在《铁路工程地基处理技术规程》(TB 10106—2010)中称为"钢筋混凝土桩网(桩筏)结构";在国际上,则称为桩承式加筋路堤(Geosynthetic-reinforced and Pile-supported Embankment,或 Basal Reinforced and Piled Embankment),强调桩对路堤的支撑作用。虽然从竖向增强体与桩间土共同作用承担上覆荷载(作用)的角度讲,刚性桩与桩间土构成了广义复合地基,但由于刚性桩与桩间软土的刚度差异巨大,在竖向荷载作用下变形(沉降)不协调,亦非传统意义上的"复合"地基。在满足特定条件的情况下,桩土差异沉降引起路堤填土的土拱效应,并与加筋垫层的张力膜效应一起,形成一系列荷载传递与重分配现象,使上部荷载向桩基集中,甚至完全由桩基承担。因此,本指南将这种由刚性桩、桩帽(梁)、土工合成材料加筋垫层构成的体系称为桩承式加筋路堤,如图4-2所示。在设计时,应根据工程条件特别是桩间土的工程性质,判断是否考虑桩间土的支撑作用。桩承式加筋路堤的适用范围、使用条件和设计计算方法在本章4.4节中论述。

　　③半刚性桩复合地基与加筋垫层联合使用。半刚性桩介于散体材料桩与混凝土桩之间,包括掺入胶结材料的深层搅拌桩、旋喷桩、石灰土桩,以及土工合成材料包裹的碎石桩等。其自身刚度和强度与桩间软土差异明显,但桩身强度和承载力不足以单独承担路堤荷载。对于这类由半刚性复合地基与加筋垫层组合的情形,应根据竖向增强体与桩间土的刚度差异进行判断,可参考德国标准 Recommendations for Resign and Analysis of Earth Structures Using Geosynthetic Reinforcements(EBGEO)—2010,按桩土反应模量比是否大于75进行定量判断:不大于75,按上述情形①的复合地基法地基处理设计;大于75,按上述情形②的桩承式加筋路堤进行设计。同时,应兼顾工程重要性等级、施工水平和工程经验,确保工程安全。

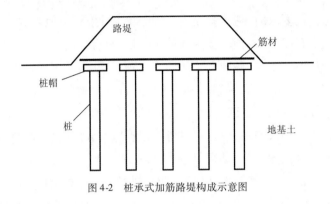

图 4-2　桩承式加筋路堤构成示意图

4.2　加筋垫层路堤设计的前提条件和资料基础

在进行加筋垫层路堤设计之前,应遵照《公路工程地质勘察规范》(JTG C20—2011)或《铁路工程地质勘察规范》(TB 10012—2007)进行详细的岩土工程勘察,收集与拟建工程相关的资料,明确工程要求,定义工程设计条件。

(1)荷载组合与设计工况

填方路基的几何尺寸,包括路堤高度、断面尺寸和路堤边坡坡率。

附加荷载情况:除了填方路基自重外,应根据工程应用领域定义交通荷载,地震偶然荷载应按照《公路工程抗震规范》(JTG B02—2013)或《铁路工程抗震设计规范》(GB 50111—2006)的规定执行。

根据工程应用领域,确定荷载组合和设计验算工况。在铁路工程和公路工程中,应分别验算施工期和运营期路基的安全性。施工期荷载应考虑路堤自重和施工设备等临时荷载;在运营期,荷载包括路堤自重、道面结构(铁路轨道)自重和交通荷载(列车荷载)。

(2)工程要求

在公路工程中,参照《公路路基设计规范》(JTG D30—2012)、《公路软土地基路堤设计与施工细则》(JTG/T D31—02—2013)以及目标工程对填方路基的要求,确定工程使用寿命、工后沉降和不均匀沉降控制值。关于各种破坏模式下的稳定性要求,可遵照表4-1的要求执行;变形控制可按照表4-2的要求执行。

加筋垫层路堤稳定安全系数取值　　　　　　　　　　　　　　　　表4-1

分 析 内 容	稳定安全系数 F_s
沿筋材顶面稳定性	1.20
深层滑动稳定性	1.25
侧向挤出稳定性	1.30
地基与路堤的整体稳定性	满足《公路软土地基路堤设计与施工细则》(JTG/T D31—02—2013)或《铁路工程地基处理技术规程》(TB 10106—2010)的要求

加筋垫层路堤容许工后沉降（mm） 表4-2

公 路 等 级	工 程 位 置		
	桥台与路基相邻处	箱涵通道处	一般路段
高速公路、一级公路	≤100	≤200	≤300
干线二级公路	≤200	≤300	≤500

在铁路工程中，除满足表4-1的要求外，路基稳定性应按照《铁路工程地基处理技术规程》（TB 10106—2010）的规定执行。工后总沉降及不均匀沉降应根据铁路等级、地基条件以及所处部位（段落），按照表4-3的要求执行。

铁路路基允许工后沉降（mm） 表4-3

铁路等级＼工程部位	路桥过渡段	涵洞、隧道	一般路段
高速铁路（无砟轨道）	≤5（差异沉降）	≤15	≤15
I级铁路	≤100	—	≤200
II级铁路	—	—	≤300

（3）地基条件与设计参数

通过详细岩土工程勘察，查明浅层地基的空间分布和构成情况（纵横向的工程地质剖面图）、地下水水位和各层地基土的岩土设计参数（γ、s_u、c_{cu}、φ_{cu}、c_v 等）。当浅层地基土在空间上分布不均匀，或者基岩埋藏较浅且基岩顶面横向倾斜时，应进行补充勘察，以查明地层分布情况。

（4）材料及其参数

加筋材料：筋材的物理力学性能参数、筋土相互作用参数和耐久性指标等，参见本指南第1章内容。必要时，应通过试验测定。

填料：路堤填筑材料的来源、种类、填土的物理力学特性（颗粒粒径分布、塑性指标、压实指标、重度及强度参数 γ_f、φ_f）。在进行初步设计时，一般填土的内摩擦角 φ_f 不宜超过30°；在进行正式设计时，应结合工程用填土的类型，填土的内摩擦角 φ_f' 应通过试验测定。

4.3 软弱土地基上的加筋垫层路堤

4.3.1 适用范围和使用条件

加筋垫层路堤可应用于公路和铁路工程中在软弱土地基上填筑路基，以增强路堤的稳定性，调整不均匀沉降。但也不限于铁路和公路工程，对于软弱土地基上的其他类型填方工程,亦可参照本指南采用加筋垫层技术。

软弱土地基上加筋垫层路堤适用于具有一定抗剪强度或采取地基处理(如排水固结)措施后达到一定的抗剪强度的软土地基,通过设置加筋垫层,使路基填筑的临界高度满足路基设计标高,工后沉降满足工程要求。

在进行加筋垫层路堤设计时,首先要判断所设计的路堤是否需要加筋,如验算表明在天然地基条件下,路堤填土高度可以达到设计高度,且工后沉降能够满足工程要求,则不需要进行地基加固或加筋处理;否则,验算单凭路堤基底加筋能否满足设计需要。如果进行充分加筋后的填土高仍小于设计路堤高度,则表明即使采取加筋垫层技术其破坏高度仍无法达到设计高度,还需要辅以其他工程措施,如采用轻质路堤或插设竖向排水体,以使软土地基强度在填筑过程中得到提高。当软弱土地基上路堤的设计高度介于天然地基时路堤的破坏高度与充分加筋后路堤的破坏高度之间时,正是加筋垫层路堤的使用条件。

在目前的工程实践中,设置加筋垫层的形式有:在碎石垫层中设置单层平面型加筋材料(土工格栅或土工织物)、按一定的层间距设置两层或多层平面型加筋材料、采用土工格室碎石垫层,如图4-3所示。

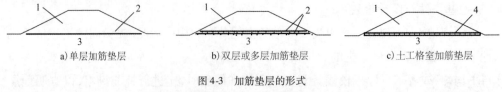

a) 单层加筋垫层   b) 双层或多层加筋垫层   c) 土工格室加筋垫层

图4-3 加筋垫层的形式

1-路堤;2-加筋材料;3-软弱土地基;4-土工格室

4.3.2 软弱土地基上加筋垫层路堤的失效模式

根据软弱土地基上加筋垫层路堤可能出现的各种极限平衡状态,其破坏模式主要包括破裂面穿过加筋垫层的深层滑动破坏、路堤沿加筋层的水平滑动破坏,如图4-4所示。在特定情况下,若软弱土地基下伏有工程性质比较好的岩土层,则介于填方路基与该岩土层之间的软土层可能会发生侧向挤出破坏[图4-4d)];而填方路堤堤身的滑塌破坏和路堤平面滑动破坏的模式与垫层加筋与否关系不大,按照常规设计验算即可。

对于软土地基上的加筋垫层路堤,除了可能的路堤与地基破坏外,地基在填方及附加荷载作用下发生固结变形而造成路基过大的沉降或不均匀沉降是另一类失效模式。如图4-5所示,由于筋材拉伸变形过大,无法起到限制路基侧向变形的作用,从而引起路基的不均匀沉降;或者即使筋材能够发挥限制侧向变形的作用,但地基总体沉降过大,超出了工程项目关于工后沉降的要求。

从以上分析可知:影响软弱土地基上加筋垫层路堤破坏模式的因素主要是筋材的抗拉强度和延伸率、加筋垫层的刚度和完整性、软土层的厚度及其工程性质等。筋材强度控制潜在滑动面发展的位置;软土层的厚度影响潜在滑动面的形态(深层圆弧滑动或是浅层平面滑移、挤出等);加筋垫层的强度和刚度及完整性影响分析模型的建立。所以,加筋垫层路堤稳定分析模型应该是多样的。

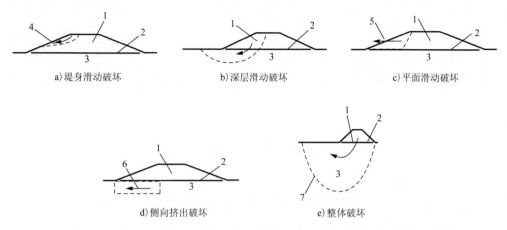

a)堤身滑动破坏　　　　　　b)深层滑动破坏　　　　　　c)平面滑动破坏

d)侧向挤出破坏　　　　　　　e)整体破坏

图 4-4　软弱土地基上加筋垫层路堤的破坏模式

1-路堤;2-加筋材料;3-软土地基;4-路堤填料内部滑动;5-填料水平滑移;6-地基侧向挤出;7-深部圆弧滑动

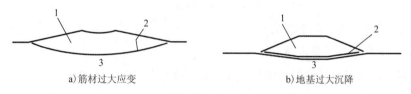

a)筋材过大应变　　　　　　　b)地基过大沉降

图 4-5　软弱土地基上加筋垫层路堤的变形失效模式

1-路堤;2-加筋材料;3-软土地基

注:如果软土地基上的加筋垫层路堤可能发生这两种失效模式,除提高加筋材料刚度外,应考虑事先对软土地基进行地基处理。

4.3.3　加筋垫层路堤应用的合理性分析

软土地基上土工合成材料加筋垫层路堤的设计应遵循一定的程序,主要设计步骤包括:

(1)设计前的准备工作和设计资料收集。

(2)判别采用加筋垫层的必要性和可行性。

(3)如果采用加筋垫层法能够满足工程要求,则选择筋材并进行初步布置。

(4)进行加筋垫层路堤设计验算。

(5)进行其他辅助设计。

在实际加筋垫层路堤的设计过程中,需要根据计算结果不断进行设计修改和调整。但在进入正式设计之前,如不能根据工程经验做出决定,应按照图 4-6 的设计流程,通过计算分析,判断采用加筋垫层的必要性和可行性。

尽管根据工程要求,填方路基需同时满足地基承载力、整体稳定性和工后沉降的要求,但在判断使用加筋垫层的合理性时,可仅考虑天然地基承载力能否满足在正常工期内路堤填筑的要求。

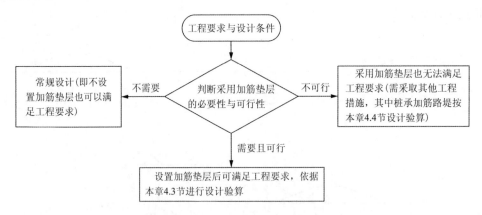

图4-6　软土地基上加筋垫层路堤设计流程图

(1)对于天然状态下的软土地基,在不采用任何工程措施的情况下,可按式(4-1)估算地基承载力。

$$q_u = 5.14 s_u \tag{4-1}$$

式中:q_u——天然地基的极限承载力;

　　　s_u——软土地基的不排水抗剪强度。

满足 $\gamma_f H < q_u$ 的最大路堤填筑高度,称为天然地基条件下未加筋的临界高度 H_c。当路堤设计高度 H_d 小于 H_c 时,则表明从地基承载力角度,可认为设置加筋垫层没有必要性。

软弱土地基的承载力,亦可采用查表法或其他建立在原位测试成果基础上的经验公式估算确定。

必要时,可通过整体稳定性分析,来判断采用加筋垫层的必要性。稳定性分析方法和稳定性要求可按照《公路软土地基路堤设计与施工技术细则》(JTG/T D31—02—2013)或《铁路工程地基处理技术规程》(TB 10106—2010)的相关规定执行。当填方路基的整体稳定性满足要求(不小于规定的安全系数)时,可认为不需要设置加筋垫层。

(2)当 $H_c < H_d$ 时,应分析通过充分的垫层加筋措施,在不对地基进行加固处理的情况下,估算路堤填筑的最大高度 H_u。

由于软土地基上的填方路基不存在刚性基础和基础埋深,而且填土荷载呈梯形分布,与房屋建筑作用在地基上的荷载不同,不应直接套用土力学中关于极限承载力的计算方法。这里建议采用 Rowe & Li(2002)和 Hinchbergera & Rowe(2003)提出的软土地基上加筋垫层路堤的地基承载力验算方法。

假定通过对垫层充分加筋,使之形成类似于刚性基础的加筋垫层复合体,如图4-7所示。假定软土地基的不排水剪切强度在一定范围内随深度线性增长,其增长率为 ρ_c(单位:kPa/m)。如果不考虑 c_u 随深度增长,在下述分析中取 $\rho_c = 0$。

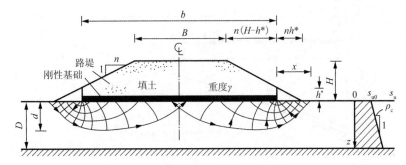

图 4-7　刚性基础下地基承载力的计算模式

按式(4-2)对地基土强度参数进行折减:

$$s_{u0}^* = RF \times s_{u0}$$
$$\rho_c^* = RF \times \rho_c \tag{4-2}$$

式中:s_{u0}、s_{u0}^*——地基土初始不排水抗剪强度和折减后的不排水抗剪强度(kPa);

$\qquad \rho_c^*$——折减后的地基土不排水抗剪强度沿深度增长率(kPa);

$\qquad RF$——作用于地基土强度参数的折减系数,对于未加筋路堤,相当于地基稳定性破坏计算中取安全系数为 $F_s = 1/RF$。

采用经式(4-2)修正后的强度参数,计算宽度为 b 的刚性基础(充分加筋条件下)的地基极限承载力,即

$$q_u = N_c s_{u0}^* + q_s \tag{4-3}$$

式中:q_s——基础宽度外(图 4-7 中 x 范围内)地基表面上的附加压力;

$\qquad N_c$——承载力系数,按图 4-8 取值;

$\qquad x$——刚性基础下地基破坏时基础外的侧向延伸距离,按式(4-4)估算取值:

$$x = \min(d, D) \tag{4-4}$$

$\qquad b$——等效基础宽度,按式(4-5)计算:

$$b = B + 2n(H - h^*) \tag{4-5}$$

式中,h^* 为假定刚性基础边沿处填土压力 $\gamma_f h^*$ 等于按塑性理论解得到的该处的压力 $(2+\pi)s_{u0}$ 对应的填土高度,可按式(4-6)求解:

$$h^* = \frac{(2+\pi)s_{u0}}{\gamma} \tag{4-6}$$

基础宽度外三角形范围内地基表面上的附加压力,按式(4-7)进行计算:

$$q_s = \frac{0.5\gamma nh^{*2}}{x}, \text{当 } x \geqslant nh^* \tag{4-7a}$$

$$q_s = \frac{0.5\gamma(2nh^* - x)}{n}, \text{当 } x < nh^* \tag{4-7b}$$

设计填土高度为 H_d 的路堤施加在宽度为 b 的基础范围地基上的平均压力,按式(4-8)计算:

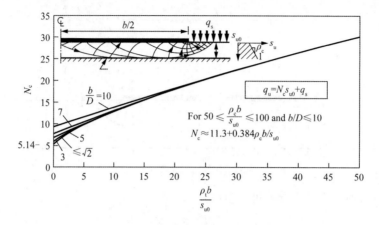

图 4-8 非均质土地基承载力系数

$$q_a = \frac{\gamma\{BH_d + n\,[\,H_d^2 - (\,h^*\,)\,]^2\}}{b} \qquad (4\text{-}8)$$

地基承载力安全系数为 $F_s = q_u/q_a$。满足 $q_u < F_s \cdot q_a$ 的最小填土高度,即为地基在不排水条件下加筋垫层路堤的极限填筑高度 H_u。

(3)当 H_u 仍然小于 H_d 时,则表明单独设置加筋垫层,地基承载力仍不能满足路堤填方高度的要求,即仅采用加筋垫层的可行性不足,还需要考虑采用包括桩承式加筋路堤、地基加固等其他工程措施。

4.3.4 加筋垫层路堤的设计验算

软弱土地基上加筋垫层路堤的设计内容包括确定工程条件和工程要求、稳定性评价、变形分析和其他辅助设计 4 个部分,具体设计步骤可遵循表4-4。第 4 部分的设计内容参见本章4.5 节和4.6 节。

软弱土地基上加筋垫层路堤的设计步骤　　　　　　　　　　　　　　　表 4-4

步　　骤	设计工作内容	
	明确工程要求和设计条件	
1	(1)	确定工程要求
	(2)	确定工程地质条件和设计参数
	稳定性设计评价	
	(1)	路堤稳定性验算
2	(2)	深层滑动稳定性验算
	(3)	沿加筋层水平滑移稳定性验算
	(4)	整体稳定性验算
	(5)	软基侧向挤出验算

续上表

步　骤	设计工作内容	
3	工后沉降评价	
4	其他设计内容	
	（1）	加筋材料的选择及垫层的细部设计
	（2）	路堤坡面防护设计
	（3）	施工技术要求与质量控制
	（4）	施工监测

1）明确工程项目的要求和设计条件

对于一项建设工程，无论是铁路工程，还是公路工程，抑或是其他填方堤坝，在正式设计之前，均需全面了解工程项目的要求，大致包括如下内容：

（1）工程项目的位置或途经的区域，工程建设可能造成的影响及国家或当地管理部门对环境保护的要求。

（2）工程项目的建设工期和进度要求。

（3）工程项目设计与施工应遵循的技术标准，以及相关标准对工程稳定性、变形控制、材料选择和工程防护等的要求。

在明确工程项目要求的情况下，针对具体工程建设项目，应收集具体的设计资料（参数），这些资料除了4.2节所要求的内容外，还应了解工程建设所涉及区域的地形、地貌及对施工的限制等，了解当地的工程建设经验和施工技术水平。根据已有资料和相关技术标准的要求，决定是否需要进行针对性的补充勘察。

2）稳定性评价

根据工程项目信息和设计资料，进行初步设计。初步确定如图4-1所示的软弱土地基上拟建路堤的几何尺寸、垫层厚度、加筋布设位置和层数，明确地层分布和软基厚度，确定设计参数等。初步设计时，通常在垫层中布置一层筋材。

（1）堤身稳定性验算

填方路基自身的局部稳定性问题与加筋垫层没有直接关系，可按常规土质边坡对待，采用圆弧滑动法中的简化Bishop法对堤身稳定性方法进行分析评价，可参考《公路路基设计规范》（JTG D30—2015）的有关规定。

（2）深层稳定性验算

在深层滑动破坏模式下，通常假定滑裂面为圆弧形，破坏面穿过路堤填土、加筋垫层和下部软弱土地基。因此，应考虑加筋垫层对深层滑动的抵抗作用，可采用圆弧滑动法中的简化Bishop法按式（4-9）～式（4-11）进行设计验算。计算简图如图4-9所示。计算时通过搜索滑弧圆心和半径，以求得安全系数的最小值和相应的潜在滑动面。亦可按照《公路软土地基路堤设计与施工技术细则》（JTG/T D31—02—2013），采用有效固结应力法、改进总强度法和简布普遍条分法分析深层滑动稳定性。分析中,均应合理选择地基土的强度参数,同时考虑加筋垫层的稳定作用。

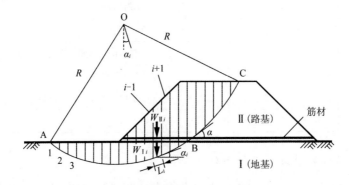

图 4-9　简化 Bishop 法计算简图

$$F_s = \dfrac{\dfrac{\sum\limits_{A}^{B}\left\{c_i'b_i + \left[\left(W_I + W_{II}\right)_i - u_i b_i\right]\tan\varphi_i'\right\}}{m_{I\alpha i}} + \dfrac{\sum\limits_{B}^{C}\left\{c_{qi}b_i + W_{IIi}\tan\varphi_{qi}\right\}}{m_{II\alpha i}}}{\sum\limits_{A}^{B}\left(W_I + W_{II}\right)_i\sin\alpha_i + \sum\limits_{B}^{C}W_{IIi}\sin\alpha_i - T_a\cos\alpha} \tag{4-9}$$

$$m_{I\alpha i} = \frac{\cos\alpha_i + \tan\varphi_i'\sin\alpha_i}{F_s} \tag{4-10}$$

$$m_{II\alpha i} = \frac{\cos\alpha_i + \tan\varphi_{qi}\sin\alpha_i}{F_s} \tag{4-11}$$

式中：　i——的分条编号;

W_{Ii}、W_{IIi}——当第 i 土条的滑裂面处于地基内(AB 弧)时,分别为滑裂面以上该土条中的地基自重及路堤自重(kN);

α——路堤底部滑裂面对筋材(水平面)的夹角(°);

α_i——第 i 土条底部滑裂面对水平面的夹角(°);

c_{qi}、φ_{qi}——当第 i 土条的滑裂面处于地基内(AB 弧)时,分别为该土条所在土层的快剪(直剪)黏聚力(kPa)及快剪内摩擦角(°);

c_i'、φ_i'——当第 i 土条的滑裂面处于路堤内(BC 弧)时,分别是该土条滑裂面所处路堤填土的有效黏聚力(kPa)及有效内摩擦角(°);

u_i——滑动面上的孔隙水压力(kPa);

b_i——第 i 土条的水平向宽度(m),$b_i = L_i\cos\alpha_i$;

R——圆弧滑裂面半径(m);

T_a——筋材所能提供的强度或单宽拉力(kN/m)。

在采用圆弧滑动法分析加筋垫层路堤稳定性时,核心问题是如何确定筋材能够提供的拉力,比较有争议的问题是筋材受力的方向。关于后者一般认为在稳定性分析时取筋材受力为筋材铺设的水平方向,但也有文献认为筋材受力应该为滑弧切线方向或介于二者之间(Berg 等,2009;国标 GB/T 50290—2014)。本指南建议采用水平方向,即筋材布置的初始方向,因为只有发生剪切位移时筋材的受力方向才会改变,而且按水平受力计算的结果偏于安全。关于加筋所提供的拉力,应取如下四个拉力的最小值(Rowe & Li,2002),即

$$T_a = \min(T_1, T_2, T_3, T_4) \tag{4-12}$$

式中:T_1——路堤填土和地基所提供的阻力;

　　T_2——筋材上下接触面的锚固力;

　　T_3——筋材的设计抗拉强度;

　　T_4——允许应变(比如5%)对应的筋材强度。

(3)路堤水平滑动稳定性验算

在水平土压力作用下,填方路堤两侧靠近邻空面的局部土体存在水平滑动的趋势,假定滑动面为筋土接触面,筋土之间的剪力发挥限制作用。路堤沿筋材顶面的抗滑稳定系数可按式(4-13)计算,计算简图如图4-10 所示。

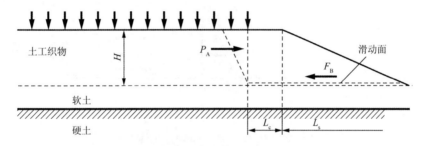

图 4-10　路堤沿筋材顶面水平滑动计算简图

$$F_s = \frac{F_B}{P_A} \tag{4-13}$$

$$F_B = \left(\frac{1}{2}L_s + L_c\right)\gamma_f H \tan\varphi_s \tag{4-14}$$

式中:F_B——路堤底部与筋材之间的抗滑力(kN),按单位长度计算;

　　P_A——填土的主动土压力(kN);

L_s、L_c——长度(m),如图4-10 所示;

　　γ_f——填土重度(kN/m³);

　　φ_s——路堤填土与筋材的摩擦角(°)。

当按式(4-13)算得的安全系数小于规定的安全系数(表4-1)时,表明加筋材料在路堤边坡处的锚固长度 L_s 不足,可采取筋材在坡角处反包的措施提高筋材的锚固力。由式(4-14)算得的抗滑力不应超过筋材的抗拉强度设计值与允许应变对应的筋材强度中的小者(kN/m)。

(4)路堤整体稳定性验算

这种破坏模式下,路堤(包括加筋垫层)可看作一个整体(刚体),可参照《公路软土地基

路堤设计与施工技术细则》（JTG/T D31—02—2013），采用圆弧滑动法中的改进总强度法验算路堤的整体稳定性，滑弧不穿过路堤。但路堤分期填筑时，应分析施工期不同工况下的整体稳定性，分析计算中应考虑施工机械荷载。

（5）地基挤出破坏分析

当软弱土层不厚，下伏土层工程性能较好时，产生圆弧滑动的可能性很小，路堤的侧向推力可能导致软弱土层发生侧向挤出破坏，如图 4-11 所示。针对软弱土层侧向挤出问题，可概化为如图 4-12 所示的计算简图，采用式（4-15）估算抗挤出的稳定系数。

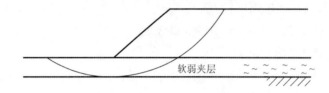

图 4-11　薄层软基侧向挤出示意图

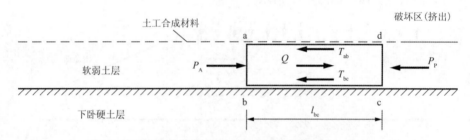

图 4-12　薄层软基侧向挤出模式的计算简图

$$F_s = \frac{P_p + T_{ad} + T_{bc}}{P_A + Q} \tag{4-15}$$

式中：P_A——ab 面上的主动土压力（kN/m）；

　　Q——作用于土体 abcd 上的地震水平力（kN/m），需要时考虑；

　　P_p——cd 面上的被动土压力（kN/m），计算时采用静止土压力代替；

　T_{ad}、T_{bc}——土块 abcd 上 ad、bc 面的抗滑力（kN/m），按下式计算：

$$T_{ad} = l_{bc}(\overline{c_{GS}} + \sigma_{v1} \tan \overline{\varphi_{GS}}) \tag{4-16}$$

$$T_{bc} = l_{bc}(\overline{c_q} + \sigma_{v2} \tan \overline{\varphi_q}) \tag{4-17}$$

式中：$\overline{c_{GS}}$、$\overline{\varphi_{GS}}$——分别为地基软弱土层与土工合成材料界面的黏聚力（kPa）和摩擦角（°）；

　　$\overline{c_q}$、$\overline{\varphi_q}$——分别为地基软弱土层的黏聚力（kPa）与内摩擦角（°），当 abcd 土体为多种土时取为加权平均值；

　　σ_{v1}、σ_{v2}——作用于土体 abcd 上 ad、bc 面的法向压力，按自重应力计算。

若在上述稳定性评价中，任何一项不满足表 4-1 所规定的稳定性要求时，则应调整设计，或采取针对性措施对地基进行加固处理后，再重新验算，直到完全满足 4.2 节的工程要求为止。

3）工后沉降评价

加筋垫层路堤的沉降分析方法与一般路堤的地基沉降相同,软基的主固结沉降量和固结度计算方法可参考《公路软土地基路堤设计与施工技术细则》(JTG/D D31—02—2013)或《铁路工程地基处理技术规程》(TB 10106—2010)的规定执行。加筋垫层路堤的工后沉降按下列步骤进行评价。

（1）无论是否设置加筋垫层,地基总沉降量 S 均可采用主固结沉降量 S_c 乘以沉降经验修正系数 m_s 的方法估算,即

$$S = m_s S_c \tag{4-18}$$

其中,经验修正系数根据荷载和地基条件,取 1.1 ~ 1.7。

（2）根据固结理论,任意时刻地基沉降量 S_t 可按下式估算：

$$S_t = [m_s - (1 - U_t)] \cdot S_c \tag{4-19}$$

式中：U_t —— t 时刻地基的平均固结度。采用天然地基时,可按太沙基一维固结理论计算。

（3）任意时刻的工后沉降量为：

$$S_r = S - S_t \tag{4-20}$$

若地基工后沉降量 S_r 满足表 4-2 和表 4-3 的要求,则表明无须地基处理,可以满足道路工后沉降要求;否则,从控制工后沉降的角度,仍需进行地基加固。

4.4　桩承式加筋（垫层）路堤

4.4.1　基本概念

如 4.3.3 节所述,即使采用加筋垫层仍无法达到路堤的设计高度时,以及采用加筋垫层后路堤的稳定性满足工程要求,而路基的工后沉降仍不能满足要求时,那么仅采用加筋垫层技术应判定为不可行,还应选择其他措施事先对软弱土地基进行加固处理。

若单独采用地基处理措施加固软弱土地基,即完全满足工程建设的要求,正如在公路工程和铁路工程中普遍采用的堆载预压法、复合地基法,应遵照《铁路工程地基处理技术规程》(TB 10106—2010)和《公路软土地基路堤设计与施工技术细则》(JTG/T D31—02—2013)的规定执行。

当采用加筋垫层与地基加固的联合处理技术,正如 4.1.1 节所述,这类技术可归纳为两种情形。本节重点论述桩承式加筋垫层路堤。

桩承式加筋路堤与软土地基上的加筋堤相比,增加了软土地基内的竖向增强体(桩),与传统的桩承路堤相比,在路堤底部垫层中增加了水平向增强体(加筋材料)。因此,它是将竖向增强体与水平向增强体联合使用、共同工作的复合土工体系。

在桩承式加筋路堤设计中,主要涉及路堤(填土)中的土拱效应和水平加筋体的张力膜效应(或加筋垫层作用)的分析和定量计算问题。由于土拱模型假设不同、土拱效应分析方法不同,使得国内外相关标准之间存在差异。在大多数情况下,无论采用 Terzaghi 土拱模型(Terzaghi,1943)、Hewlett 和 Randolph(1988)的土拱模型,还是采用 Marston 公式(BS8006,2010)考虑土拱效应,只要参数选择合理,设计计算结果不会有大的差异。但是有两方面的假定(处理)对设计结果会产生重要影响:一是关于成拱条件的假定(规定);二是是否考虑及如何考虑桩间土的支撑作用。

鉴于我国的桩承式加筋路堤和复合地基的工程实践,并考虑国际上桩承式加筋路堤的研究与应用现状,认为应根据竖向增强体刚度、端承情况和桩间土的工程特性等来判断是否考虑桩间土的支撑作用。一般地,当采用的竖向增强体为半刚性桩时,桩与桩间土的刚度虽有差别,但桩与桩间土变形仍基本协调,那么在这种工况下进行桩承式加筋路堤设计时,应考虑桩间土发挥的支撑作用;当竖向增强体为端承刚性桩,且桩间土的工程性能很差时,桩与桩间土的刚度差异明显,变形不协调,荷载向桩体转移;或者在土工结构的服役期内,桩间土由于地下水位变化、基坑开挖等原因而发生固结沉降,以及湿陷等可能出现网下空穴的现象时,在设计时不应考虑桩间土的支撑作用。

本指南基于现行各国标准和最新研究成果,主要依据德国岩土工程学会的标准 EBGEO(2010)关于土拱模型和土拱效应计算方法[被北欧加筋土指南(2004)和英国标准 BS8006(2010)引用],来论述如图 4-2 所示的桩承式加筋路堤的荷载传递与分配及设计计算方法。

4.4.2　适用范围和使用条件

1)适用范围

基于上文的讨论,认为不能将桩承式加筋路堤与"复合地基 + 加筋垫层"结构混为一谈。桩承式加筋路堤一般适用于软弱土地基上的以下填方工程(部位):

(1)高等级公路和铁路的桥头、通道等结构物与路堤连接的填方路基。其主要目的为减小差异沉降,协调变形。

(2)高等级公路填方路基的拓宽工程。通过采用刚性桩基对拓宽路基部分的沉降加以控制,减少新老路基间的差异沉降及对老路基的不利影响。

(3)高填方路基工程。提高地基的整体稳定性,控制总沉降、工后沉降和差异沉降。

(4)其他软土地基上需要控制变形和提高整体稳定性的填方工程。

2)使用条件

从上述适用范围可知,桩承式加筋路堤使用前提有两个,一个是软弱土地基条件,否则没有必要采用桩基;另一个是填方工程(路堤或堤坝)。除此之外,为了更好地发挥桩承式加筋路堤的技术优势和经济效益,一般情况下,还应符合如下使用情形:

(1)软土地基厚度一般大于 5m,且埋深较大不便于进行浅层处理。

（2）路堤填方高度一般应大于 3m，且满足路堤填筑高度大于相邻桩净间距的 1.5 倍。

（3）在 30m 深度范围内存在较好的桩端持力层。一般要求桩端下卧持力层的静力触探锥尖阻力不小于 1MPa（浙江省交通规划设计研究院，2009）。

（4）竖向增强体的反应模量与软土地基反应模量的比值应大于 75（EBGEO，2010），否则不宜按桩承式加筋路堤进行设计。

4.4.3　桩承式加筋路堤的工作原理与破坏模式

1）工作原理与荷载传递机理

对于桩承式加筋路堤而言，作用在地基上的荷载主要来自路堤自重和车辆交通荷载。由于对重复荷载及振动荷载下桩承式加筋路堤的工作特性的认识尚不充分，仍需做进一步的研究，交通荷载按等代静荷载看待。在上覆荷载作用下，桩和桩间土发生差异沉降，并引起填土内应力重分布及产生土拱效应，同时随着筋材的拉伸变形，产生张力膜效应。根据已有研究成果，打穿软土层的刚性桩桩承式加筋路堤荷载传递过程如图 4-13 所示。

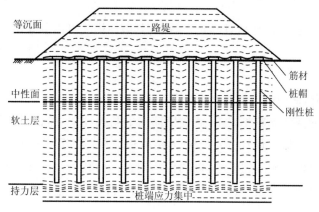

图 4-13　桩承式加筋路堤体系荷载传递及变形示意图

分层填筑的路堤荷载直接作用于加筋垫层，在起始均布荷载作用下，桩间土的沉降远大于桩的沉降。加筋材料发生挠曲，产生"张力膜效应"，将部分荷载转移到桩顶。同时，随着路堤填筑高度的增加，由于桩土之间的差异沉降，下部填土路堤也出现不均匀沉降，填土中出现"土拱效应"，新转移的填土荷载主要由桩体承担。路堤内的不均匀沉降随着填土内高度增加而变得不明显，最终消失，即在路堤中某一高度形成等沉面。在加筋垫层以下的桩土体系中，由于桩基支撑于良好持力层，向下刺入和压缩变形有限，在软土地基较浅部位存在桩与桩间土之间的相对位移，桩体承受负摩阻力，从而进一步增加桩体的承载作用。在软土地基中的某一深度，当桩与土不再发生相对位移，负摩阻力减小至零，这一位置称为中性面。中性面以下，桩将部分荷载传递给桩间土，桩承担的大部分荷载传至桩端，产生持力层中桩端的应力集中现象。桩基沉降量的大小则主要取决于桩端持力层的性质。

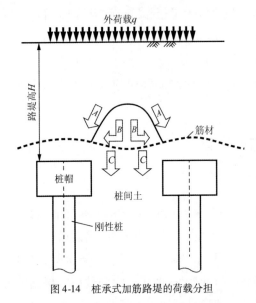

图 4-14　桩承式加筋路堤的荷载分担

基于对桩承加筋路堤填土中的土拱效应和水平加筋的张力膜效应的认识，以一个单元为例（图4-14），路堤填方荷载（包括附加荷载）的传递和分担可以表述为：当满足成拱条件后，大部分荷载（A）经土拱效应传递至桩上，剩余荷载（$B+C$）则由桩间的加筋垫层所承担。由于存在水平加筋层，由桩间垫层承担的荷载（$B+C$）的一部分荷载（B）经张力膜效应传递至桩上，剩下的荷载（C）则由桩间地基土承担。在特殊情形下，如地下水位下降引起桩间土固结，桩间土相对桩沉降过大、脱离加筋垫层而形成所谓"空穴"。这种情况下，桩间土不承担上部荷载，荷载（$B+C$）全部由张力膜效应传递给桩体。

2）桩承式加筋路堤的破坏模式

根据桩承式加筋路堤工作机理和技术特点，其破坏模式可以分为两类：结构破坏和功能失效。

（1）结构破坏

由于某种破坏机制引起的极限状态（破坏模式）如图4-15所示。其中，a）为桩基承载力达到极限状态：无论是桩身强度破坏，还是桩体向下刺入过大，都表明桩基的承载能力不能满足上部路堤（包括附加荷载）的需求；b）为路堤边坡局部达到极限状态，这与桩的布置范围有关；c）为荷载由桩顶滑落到桩间，桩间土承担过多荷载，这与桩间距大小及成拱条件有关；d）为路堤填土侧向滑动破坏；e）为桩承式加筋路堤的整体稳定性达到极限状态。

（2）功能失效

除了上述可能出现的结构破坏外，由于桩（净）间距偏大及（或）加筋材料抗拉模量偏小，或者在路堤荷载作用下桩体（如摩擦桩或柔性桩）沉降过大，会发生由于路堤变形或不均匀变形超过允许值而失去应有功能，如图4-16所示。

4.4.4　桩承式加筋路堤的构造要求与桩型选择

1）构造要求

对于桩承式加筋路堤，为了防止4.4.3节中某种破坏模式的出现，充分发挥其技术优势，在进行设计时应满足如下基本要求。

（1）在路堤横断面上，最外一排桩桩帽外边沿距路堤边坡坡脚的距离 L_p（图4-17）应满足式（4-21）的要求，以防止局部破坏的发生。

$$L_p \leqslant H(n - \tan\theta_p) \tag{4-21}$$

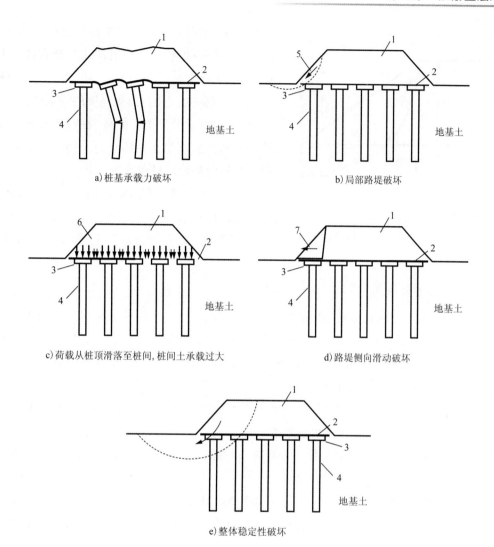

a) 桩基承载力破坏

b) 局部路堤破坏

c) 荷载从桩顶滑落至桩间,桩间土承载过大

d) 路堤侧向滑动破坏

e) 整体稳定性破坏

图 4-15 桩承式加筋路堤的结构破坏

1-路堤;2-筋材;3-桩帽;4-桩;5-局部路基失稳;6-荷载滑落;7-路堤侧向滑动

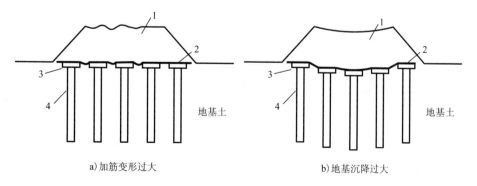

a) 加筋变形过大

b) 地基沉降过大

图 4-16 桩承式加筋路堤的功能失效

1-路堤;2-筋材;3-桩帽;4-桩

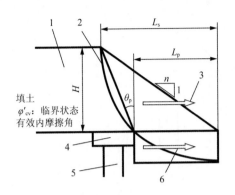

图 4-17 边沿桩的布置要求

1-填方路堤;2-潜在滑动面;3-侧向滑移;4-桩帽;
5-桩体;6-地基挤出体

式中,H 为路堤高度;n 为路堤边坡坡率;θ_p 为路肩与最外一排桩桩帽边沿连线与竖直线的夹角(图 4-17)。

(2)桩(净)间距与路堤高度的关系应满足 $s - a \leqslant H$(s、a 和 H 分别为桩间距、桩帽边长和路堤填筑高度),以防止如图 4-15c)所示的过大竖向荷载滑落到桩间加筋材料和桩间土上。

(3)路堤边坡不宜过陡,或者采取边坡加固措施,使其自身满足边坡局部稳定性和抗侧向滑动稳定性的要求,避免如图 4-15d)所示的极限状态发生。

2)常用桩型与选用

根据本指南对桩承式加筋路堤的定义,应首选刚性桩。常用的桩型包括预应力混凝土管桩、素混凝土预制方桩等。在保证施工质量前提下亦可以选择小直径钻孔灌注桩、圆形或异形沉管灌注桩、大直径现浇混凝土薄壁筒桩、载体桩、CFG 桩等。如果选择像碎石桩那样的柔性增强体,应按复合地基进行设计。

应根据路堤高度、桩端持力层条件、施工设备和当地施工经验、施工环境、制桩材料供应等条件,选择经济合理、质量可靠的桩型和成桩工艺。

桩的直径(或方桩边长)可根据工程要求、路堤高度(荷载)、地基条件,同时考虑经济因素、工程经验、成桩设备等因素综合确定。

桩长则取决于路堤高度和地基条件。对于路堤高度大、地基持力层较浅的情况,应优先选择端承桩;对于路堤高度不大或持力层深埋(软土层深厚)的情况,可选择悬浮(摩擦)桩,桩长按路堤高度和沉降控制的要求确定。

4.4.5 桩承式加筋路堤设计

可遵循表 4-5 的具体设计步骤进行桩承式加筋路堤设计工作。其中第 7 部分设计内容放在本章 4.5 和 4.6 节论述。

桩承式加筋路堤的设计步骤 表 4-5

步　骤		工　作　内　容
1		确定工程要求和设计条件
	(1)	确定工程要求,如路堤形状与尺寸、上覆荷载、稳定性及变形控制的要求等
	(2)	确定工程地质条件和设计参数,包括地形、地貌、水文地质条件,地层及岩土设计参数,场地条件及对施工的限制等
2		初步设计(桩布置形式与间距、桩帽尺寸、桩长、加筋位置与层数等)

续上表

步 骤	工 作 内 容	
3	稳定性评价	
	(1)	侧向滑动稳定性验算
	(2)	整体稳定性验算
4	加筋材料受力计算	
	(1)	竖向荷载分布
	(2)	确定筋材受力
5	桩基承载力验算	
	(1)	单桩承载力验算
	(2)	群桩承载力验算
6	路基沉降验算	
	(1)	总沉降
	(2)	工后沉降
7	其他设计内容	
	(1)	加筋材料选择
	(2)	加筋垫层的细部设计
	(3)	施工技术要求与质量控制
	(4)	施工监测

1)确定工程要求和设计条件

在进行桩承式加筋路堤正式设计之前,与其他岩土工程设计类似,应调查收集建设项目沿线的地形、地貌、工程地质条件、气象资料和岩土工程勘察报告;收集填方路基的设计资料(断面形式、高度、可能的使用部位等)和对工后沉降、建设工期和投资的要求;调查、了解当地软土地基上路基建设(包括地基处理、土工合成材料应用等)工程经验和技术水平。

在收集资料基础上,定义相关设计条件和确定工程要求。

(1)填方路基的几何尺寸,包括路堤高度、断面尺寸和允许的边坡坡率。

(2)荷载条件,除了填方路基自身荷载外,需要定义交通荷载,一般不考虑地震荷载。

(3)工程要求,依据《公路路基设计规范》(JTG D30—2015)和《铁路路基设计规范》(TB 10001—2005),以及目标工程对填方路基的要求,确定工程使用寿命、工后沉降和不均匀沉降控制值。关于各种破坏模式下的稳定性要求,可参照表4-1的要求。

(4)地基条件与设计参数,包括浅层地基的空间分布和构成情况(纵、横向的工程地质剖面图)、地下水水位和各层地基土的岩土设计参数(γ、c、φ、c_v)。

(5)填土来源、种类及其参数(γ_f、φ_f):在进行初步设计时,一般填土的内摩擦角 φ_f 不应超过30°;在进行正式设计时,应结合工程用的填土类型,填土的内摩擦角 φ_f 应通过试验测定。

2）初步设计

桩承式加筋路堤在国内外比较广泛地应用已有 20 余年历史,已取得了一些工程经验。在进行设计验算之前,应结合目标工程条件,根据已有工程经验,进行初步设计。

（1）桩型选择。可根据当地工程经验和材料供应情况,选择合适桩型,宜首先选择刚性桩。

（2）桩的布置形式。在复合地基中,竖向增强体常采用梅花形(等边三角形)布置,但在桩承式加筋路堤中,正方形布置则比较常用。因此,初步设计中宜选择正方形布置形式。

（3）桩间距。可根据工程经验和目标工程的路堤填筑高度等确定,在初步设计时,可取桩径的 6~8 倍为宜。

（4）桩长。采用桩承路堤的主要目的是控制路基沉降(包括总沉降和工后沉降),因此,桩长应根据软土层厚度和空间分布(持力层埋深)以及路堤高度决定。当软土层埋深和厚度不大时,初步设计时桩应打穿软土层,进入持力层一定深度。

（5）桩帽形状和尺寸。除桩梁结构外,桩帽形状一般为方形。桩帽边长 a 应与桩间距 s 相协调,且最好能满足全拱条件 $s-a \leqslant 0.7H$（H 为路基填筑高度）;当路堤高度有限,建议按 $s-a \leqslant H$ 确定桩间距和桩帽尺寸。

（6）加筋层数和布设位置。桩承式加筋路堤的水平加筋层最多不应超过 3 层,但在工程实践中,采用一层或两层较常见。因此,初步设计时可按一层考虑。

3）稳定性评价

这里的稳定性验算主要针对图 4-15 所示的 a)、d)和 e)三种破坏模式。因为填方路堤自身的局部稳定问题与地基和加筋垫层没有关系,按常规边坡稳定性方法进行验算;如果最外一排桩的布置满足式(4-21)的构造要求,可不进行此项验算。填方路基沿加筋垫层顶面侧向滑动也应通过构造设计来预防,如放缓边坡或筋材反包设置等,其验算方法与 4.3 节中加筋垫层路堤抗水平滑移方法相同。

桩承式加筋路堤的整体稳定性可采用圆弧滑动面法验算,其中水平加筋的贡献,可取筋材设计抗拉强度、允许应变对应强度和锚固强度三者的最小者;而关于桩体对整体稳定性的贡献,可适当考虑。如果不考虑桩体的贡献,结果会比较保守。已有多种考虑的方法可参考。如英国规范 BS8006(2010)对于桩体的贡献有不同的规定,只考虑滑动面以下桩的竖向承载力作为阻抗力作用在滑动面上,而不是考虑其桩体截面抗剪强度;《浙江省公路软土地基路堤设计要点》,桩体的抗剪强度可取 28d 无侧向抗压强度的 1/2;郑刚等(2010)提出的考虑桩体弯曲破坏的等效抗剪强度计算方法,即对由抗弯强度控制其抗滑贡献的桩,考虑桩体首先发生弯曲而不是剪切破坏的可能性,将其发挥抗弯强度提供的抗滑贡献等效为桩与滑动面相交的桩身截面上由等效抗剪强度提供的抗滑贡献,由此确定相应的等效抗剪强度,以桩体等效抗剪强度与滑动面上土体抗剪强度计算复合抗剪强度,采用二维极限平衡法来进行复合地基整体稳定性验算,桩弯曲破坏复合地基整体稳定计算模式如图 4-18 所示。

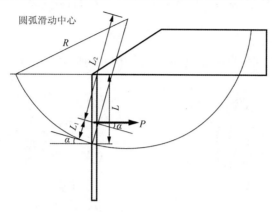

图 4-18　考虑桩弯曲破坏的整体稳定分析模式

4)荷载分担与筋材受力计算

水平加筋材料的受力计算是桩承式加筋路堤设计的核心问题,它不仅涉及筋材的张力膜效应,而且与路堤填土的土拱效应、荷载分担及是否考虑桩间土的支撑作用有关,可按如下步骤进行设计验算。

(1)桩顶平面竖向荷载分布

根据 Zeaske and Kempfert(2002)提出的多拱模型,通过求解三维土单元径向力平衡偏微分方程,获得桩顶和桩间土上的竖向应力。桩顶平面上作用的应力 σ_{zo} 可表述为:

$$\sigma_{zo} = \lambda_1^{\chi}\left(\gamma + \frac{q_c}{H}\right)\left\{H(\lambda_1 + h_g^2\lambda_2)^{-\chi} + h_g\left[\left(\lambda_1 + \frac{h_g^2\lambda_2}{4}\right)^{-\chi} - (\lambda_1 + h_g^2\lambda_2)^{-\chi}\right]\right\} \quad (4-22)$$

其中:

$$\chi = \frac{d(K_p - 1)}{\lambda_2 s}; K_p = \tan^2\left(45° + \frac{\varphi'}{2}\right)$$

$$\lambda_1 = \frac{1}{8}(s - d)^2; \lambda_2 = \frac{s^2 + 2ds - d^2}{2s^2}$$

式中:q_c——路堤顶面附加荷载,包括可变荷载换算的等代荷载(kPa);

H——路堤高度(m);

d——圆形桩帽直径(m);当桩帽方形时,取 $d = d_{Ers} = \sqrt{4 \cdot A_S/\pi}$,$A_S$ 为桩帽面积(m²),如图 4-19 所示;

φ'——路堤填土的内摩擦角(°);

γ——路堤填土的重度(kN/m³);

h_g——拱高(m),当 $H \geqslant s/2$ 时,$h_g = s/2$(其中 s 的定义如图 4-19 所示);否则,$h_g = H$;

s——桩的最大中心间距,当正三角形布桩时,$s = S_a$;当正方形布桩时,$s = \sqrt{2}S_a$,S_a 为桩的中心间距(m)。

则桩帽上的等效平均应力 σ_{zs}(kPa)可按下式计算:

$$\sigma_{zs} = \left[(\gamma H + q_c) - \sigma_{zo} \right] \cdot \frac{A_E}{A_S} + \sigma_{zo} \qquad (4\text{-}23)$$

式中:A_S——桩帽面积(m^2);

$\quad A_E$——单桩处理范围的影响面积(m^2),如图4-19所示。

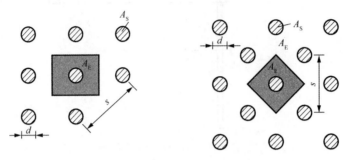

图4-19　桩布置形式及相关参数的定义

桩帽上部荷载 Q_u 可以通过下式计算:

$$Q_u = A_S \cdot \sigma_{zs} = A_S \cdot \left[(\gamma H + q_c - \sigma_{zo}) \cdot \frac{A_E}{A_S} + \sigma_{zo} \right] \qquad (4\text{-}24)$$

式中:Q_u——桩帽上部承担的荷载(kN)。

在不考虑加筋作用时,桩体荷载分担比 η 可按下式计算:

$$\eta = \frac{\sigma_{zs} \cdot A_S}{(\gamma H + q_c) \cdot A_E} \qquad (4\text{-}25)$$

(2)筋体抗拉强度验算

一般认为,桩承式加筋路堤中水平加筋体的拉力 T 由两部分组成:支承部分竖向路堤荷载($B+C$)而引起的拉力 T_{rp}(kN/m)和抵抗路堤侧向位移而引起的拉力 T_{ds}(kN/m),即 $T = T_{rp} + T_{ds}$。因此,认为筋材在垂直、平行路堤轴向方向上的受力不同,沿路堤轴线方向,筋材主要承担 T_{rp},由于水平滑动引起的拉力 T_{ds} 很小或等于零;而垂直路堤轴线的筋材沿垂直路基轴向的受力则不均匀,在路堤断面中部,筋材仅承担 T_{rp},而在路堤断面两侧易于发生路堤填土侧向滑动的部位,部分规范规定筋材受力为 T_{rp} 与 T_{ds} 的合力。

关于加筋体受力的另一个思路是将由于填土侧滑作用在筋材上的拉力 T_{ds} 看作是张力膜效应引起的筋材受力 T_{rp} 在路堤两侧的锚固力。筋材实际受力应取二者中的大值,即 $T = \max(T_{rp}, T_{ds})$。

①求解由竖向路堤荷载而引起的拉力 T_{rp}。

将经土拱转移后剩余的荷载($B+C$)作为外力作用在筋材上,根据张力膜效应的三维计算模式,在水平面内考虑正交的两个方向,将荷载分为 F_x 和 F_y 两部分,F_x 和 F_y 可按式(4-26)计算,图4-20给出了 F_x 和 F_y 作用面积 A_{Lx} 和 A_{Ly} 的划分。当按正方形布桩时,则 $A_{Lx} = A_{Ly}$,$F_x = F_y$。

$$F_x = A_{Lx}\sigma_{zo}, \quad A_{Lx} = \frac{1}{2}(s_x s_y) - \frac{d^2}{2}\arctan\left(\frac{s_y}{s_x}\right) \cdot \frac{\pi}{180} \qquad (4\text{-}26a)$$

$$F_y = A_{Ly}\sigma_{zo}, A_{Ly} = \frac{1}{2}(s_x s_y) - \frac{d^2}{2}\arctan\left(\frac{s_x}{s_y}\right) \cdot \frac{\pi}{180} \tag{4-26b}$$

式中：A_{Lx}、A_{Ly}——承担 x 方向及 y 方向桩间土荷载的筋材面积（m^2）；

s_x、s_y——x 方向及 y 方向桩的中心间距（m）。

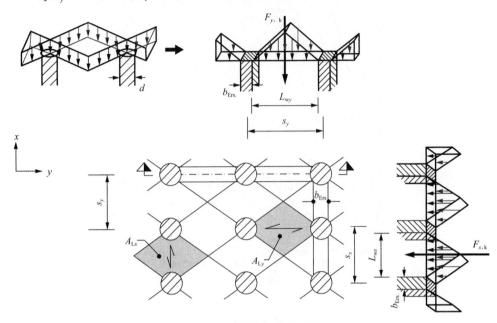

图 4-20　平面承载机制简化图

根据筋材竖向受力平衡，由图 4-21 获得筋材的平均应变 ε，则竖向路堤荷载而引起的拉力 T_{rp} 可按下式计算：

$$T_{rp} = \varepsilon J \tag{4-27}$$

式中：ε——筋材的平均应变，根据图 4-21 求解；

J——筋材轴向抗拉模量（kN/m），应根据筋材的应力 – 应变等时曲线选取。

图 4-21 中各符号含义如下：

F——筋材承担的荷载（kN/m），可分为 F_x 和 F_y，按式（4-26）计算；

$b_{Ers.}$——等效桩帽宽度（m），$b_{Ers.} = \frac{\sqrt{\pi}}{2}d$；

J——筋材轴向抗拉模量（kN/m），筋材所受荷载与时间有关；

L_w——加筋条带长度（m），分为 $L_{w,x}$ 和 $L_{w,y}$，按式（4-28）计算：

$$L_{w,x} = s_x - b_{Ers.} \tag{4-28a}$$

$$L_{w,y} = s_y - b_{Ers.} \tag{4-28b}$$

f——筋材的挠度（下垂量）（m）；

k_s——桩间地基土刚度或反应模量（kN/m^3）。对于均一土层，可按下式计算：

$$k_s = \frac{E_s}{t_w} \tag{4-29}$$

式中：E_s——桩间地基土的压缩模量（kPa）；

　　　t_w——均一桩间地基土层的厚度（m）。

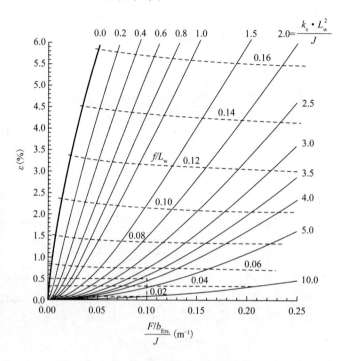

图 4-21　筋材平均应变求解图

若桩间土存在多层，则桩间地基土的刚度可近似采用按各层土厚度的加权平均值估算，按下式计算（图 4-22）：

$$k_s = \frac{\prod\limits_{n=1}^{i} E_{s,n}}{\sum\limits_{n=1}^{i} t_{w,n} \cdot \prod\limits_{m=1}^{i} E_{s,m}}, m \neq n \qquad (4\text{-}30)$$

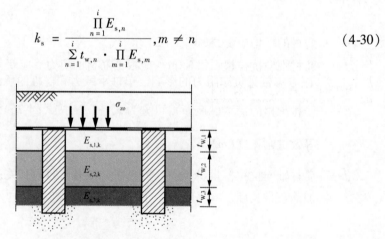

图 4-22　多层桩间土刚度计算示意图

在下列情况下，不应考虑桩间土的支撑作用，在图 4-21 中，应按桩间土的压缩模量 $k_s = 0$ 确定筋材应变。

a. 桩间土为欠固结土或桩体深度范围内存在欠固结土层。

b. 在运营期间,由于地下水位的季节性变化可能出现桩间土与加筋垫层脱离的情形。

c. 在运营期间,由于附近开挖、降低地下水位等作业,可能出现桩间土与加筋垫层脱离的情形。

d. 桩间土性能较差(如淤泥质土等),在荷载作用下会发生固结变形和模量变化,其支撑作用难以量化。

②求解由抵抗路堤边坡向外推力而引起的拉力 T_{ds}。

填土路堤与填方边坡类似,边沿的土体在水平土压力作用下具有向临空面滑动的趋势,由此引起的推力作用在垫层内的加筋层上,使筋材承受张拉力。当软弱土层直接与加筋层接触,该张力的最大值可按主动土压力估算。即

$$T_{ds} = 0.5K_a(\gamma H + 2q_c)H \tag{4-31}$$

式中:K_a——填土的主动土压力系数。

为了保证桩承式加筋路堤的整体性,防止筋材被拉断,由上述确定的筋材受力 T 应满足下式的要求:

$$T \leqslant \frac{T_s}{RF} \tag{4-32}$$

式中:T——水平加筋体的拉力(kN/m),$T = T_{rp} + T_{ds}$;

　　　T_s——土工合成材料设计抗拉强度(kN/m),根据筋材的平均应变 ε 选取;

　　　RF——考虑实际施工损伤、材料耐久性等情况的折减系数,可取 2.0~3.0,或参照本指南第2章的相关指标取值。

4.4.6　桩基承载力验算

桩基的单桩承载力可采用单桩静载荷试验确定,或采用经验法根据土性参数估算。在验算单桩承载力时,对于采用刚性桩,特别是采用端承刚性桩的桩承式加筋路堤,鉴于软土地基的特点,应考虑桩身负摩阻力的影响。单桩承载力和群桩的承载力应根据《建筑桩基技术规范》(JGJ 94—2008)计算确定。

4.4.7　沉降分析验算

(1)桩承式加筋路堤的沉降计算

桩承式加筋路堤的沉降主要由桩顶沉降控制,桩顶总沉降 s 由桩身压缩量 s_1、桩端平面以下沉降量 s_2 和桩端刺入量 Δs 三部分组成。即

$$s = s_1 + \psi_1 s_2 + \Delta s \tag{4-33}$$

式中:ψ_1——沉降计算经验系数,无当地经验时,可取 1.0。

桩承式加筋路堤的沉降也可按下式计算:

$$s = \psi_2(s_1 + s_2) \tag{4-34}$$

式中:ψ_2——考虑桩端刺入变形的沉降计算经验系数,可根据选用的桩型和持力层条件取 1.1~1.4。

①桩身压缩量 s_1 按下式计算:

$$s_1 = \sum_{i=1}^{n} \frac{Q_{pi}}{A_p E_p} \Delta h_i \qquad (4\text{-}35)$$

式中:Q_{pi}——第 i 段的桩身轴力;

　n——桩身分段总数;

A_p、E_p——桩身截面积和压缩模量;

Δh_i——桩身第 i 分段的高度。

当采用刚性桩时,因其桩身模量较高,桩身压缩量一般较小,通常为5~15mm。

②桩端平面以下的沉降 s_2 采用分层总和法按下式计算:

$$s_2 = \sum_{i=1}^{m} \frac{\sigma_{z,i} \Delta z_i}{E_{s,i}} \qquad (4\text{-}36)$$

式中:Δz_i——桩端平面以下第 i 土层的厚度(m);

$E_{s,i}$——桩端平面以下第 i 土层在自重应力至自重应力加附加应力作用段的压缩模量 (MPa);

$\sigma_{z,i}$——桩端平面以下第 i 土层的竖向附加应力,按下式计算。

$$\sigma_{z,i} = \sigma_{pz,i} + \sigma_{sz,i} \qquad (4\text{-}37)$$

$$\sigma_{pz,i} = \sum_{j=1}^{m} \frac{Q_u}{l_j^2} [\alpha_j I_{p,ij} + (1 - \alpha_j) I_{s,ij}] \qquad (4\text{-}38)$$

$$\sigma_{sz,i} = \sum_{i=1}^{n} \alpha_i (1 - \eta)(\gamma H + q_c) \qquad (4\text{-}39)$$

式中:$\sigma_{pz,i}$——桩端平面以下地基中由基桩引起的附加应力,依据《建筑桩基技术规范》(JGJ 94—2008),按考虑桩径影响的明德林解计算确定。将沉降计算点水平影响范围内各基桩对应力计算点产生的附加应力叠加,按式(4-38)计算;

　l_j——第 j 桩桩长(m);

　α_j——第 j 桩总桩端阻力与桩顶荷载之比;

$I_{p,ij}$、$I_{s,ij}$——分别为第 j 桩的桩端阻力和桩侧阻力对计算轴线第 i 计算土层厚度处的应力影响系数;

$\sigma_{sz,i}$——桩帽间土体的平均压力在桩端平面以下引起的附加应力,按布辛奈斯克解计算;

　α_i——计算轴线第 i 计算土层厚度处的附加应力系数。

③地基沉降计算深度 Z_n 可按应力比法确定,即 Z_n 处总的附加应力与土的自重应力 σ_c 应符合下式要求:

$$\sigma_{pz,i} + \sigma_{sz,i} \leqslant 0.15 \sigma_c \qquad (4\text{-}40)$$

（2）桩承式加筋路堤的工后沉降主要由桩端平面以下地基土层的固结沉降组成，即 $s_c = \psi_1 s_2$。其中，ψ_1 为沉降计算经验修正系数，s_2 为桩端平面以下的地基固结沉降量。

经过上述设计验算，各项计算结果均应满足 4.2 节的工程设计要求。如果某项或若干项不能满足工程要求，则应根据验算结果调整初步设计方案，调整和优化设计参数，然后重新进行各项设计验算，直至各项工程要求均满足为止。

4.5 其他设计内容

对于软弱土地基上的加筋垫层路堤（包括桩承式加筋路堤），除了 4.3 节和 4.4 节论述的稳定性和变形满足工程要求外，还应进行垫层的设计、路基坡面防护设计，根据具体工程条件提出施工工艺和监测方面的要求。对于桩承式加筋路堤，还需要进行桩基设计。

4.5.1 加筋垫层设计

1）加筋垫层的细部构造

（1）软弱土地基上的加筋垫层

软土地基上加筋路堤的垫层厚度一般不小于 500mm，设置一层加筋材料时，应将筋材置于垫层中部，沿路堤全断面铺设；当路堤边坡下筋材的锚固长度 L_s（图 4-10）不能满足抗滑要求时，应在两侧设置锚固措施，如图 4-23 所示。

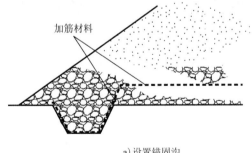
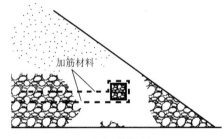

a) 设置锚固沟　　　　　　　　　　　　b) 采取筋材反包

图 4-23　垫层中加筋材料锚固措施示意图

当地基土力学性能很差时，可考虑增加垫层厚度，宜采用多层加筋垫层，以提高加筋垫层的整体性。根据筋土相互作用的特性及规律，当在垫层中设置两层或多层加筋材料时，层间距一般不应小于 30cm，而且加筋材料与下部地基土及上部填土之间均应设置不小于 20cm 碎石垫层材料，如图 4-24 所示。

图 4-24　垫层中多层加筋材料设置示意图

（2）桩承式加筋垫层

一般情况下，垫层中铺设 1～2 层加筋材料。当筋材受力较小，垫层厚度不超过 500mm 时，可采用一层加筋，筋材布设在桩帽顶平面；当筋材受力较大，采用一层加筋材料很难满足抗拉强度要求时，可增加垫层厚度，选择铺设两层甚至多层筋材，相邻筋材的层间距可取 15～30cm。

当加筋垫层的厚度大于 500mm 时，其厚度 t 可按下式估算。

$$t = (0.2 \sim 0.25) S_a \tag{4-41}$$

式中：S_a——相邻桩的中心间距（m）。

当采用两层或多层筋材时，各层应采用相同的筋材（强度和抗拉模量相等），筋材的设计抗拉强度宜不小于计算得到的加筋受力的 $\dfrac{2}{3}$，即 $T_D \geq \dfrac{2}{3}T$。

由于在桩承式加筋路堤中，加筋垫层中筋材的张力膜效应更加突出，应采用如图 4-23 或图 4-24 所示的结构措施，提高筋材在路堤两侧的锚固力。

2）加筋垫层材料

关于在土工合成材料加筋土结构中使用的加筋材料的种类、基本物理力学抗老化性质参数及测试方法、各项折减系数的取值等，见本指南第 2 章的相关规定。

（1）加筋材料

用于软土地基上加筋垫层中的加筋材料可选择双向或单向土工格栅和有纺土工织物。加筋材料主要承受张拉作用，而且随着软土地基固结进程，这种张拉作用将逐步减弱。因此，应根据路基设计高度 H 与极限高度 H_u 之间的差值来选择加筋材料。当二者差距大时，则应选择抗拉强度高的材料；在承受设计抗拉强度对应的张拉应力时，加筋材料的延伸率不应超过 5%。

对可供选择的垫层加筋材料，其设计抗拉强度应取下列三者之中的最大值：

① 保证不发生深层滑动破坏，确定的筋材提供的抗拉力。

② 限制路堤侧向滑动，确定的筋材承受的抗拉力。

③ 筋材允许应变对应的筋材受力。

在进行工程设计时，可根据具体的地基条件，参照图 4-25 确定加筋材料的允许应变（图中，ρ_c 为软土地基不排水抗剪强度随深度的增长率）。

实践证明，在软土地基上加筋路堤中设置土工格室垫层，可提高地基承载力，对路基变形发挥很好的限制作用，但其受力工作机理与平面土工加筋材料存在明显的差异，应结合工程试验段展开进一步的研究，提出合理的设计理论和设计方法。

用于桩承式加筋路堤的水平加筋材料，应该选择抗拉强度高、延伸率小、耐久性好、抗老化和抗腐蚀的土工合成材料，目前常用的加筋材料包括高强土工格栅、有纺或特制土工织物。一般情况下，加筋材料在工作荷载下的延伸率不大于 5%（若加筋材料的极限延伸率小于 5%，以极限延伸率计），对应的抗拉强度应大于 80kN/m，抗拉模量应大于 1000kN/m。

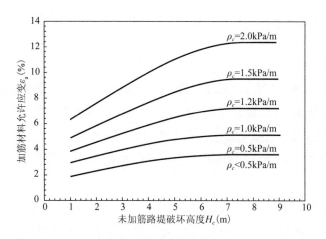

图 4-25　与地基条件相协调的加筋材料允许应变(Rowe & Li,2002)

（2）垫层填料

粗颗粒土垫层具有均化应力和排水的功能,对于加筋垫层,从筋土相互作用方面考虑,垫层填料应采用级配良好的硬质砂砾、碎石,含泥量应不大于 5%。在这方面,桩承式加筋路堤与一般的软弱土地基上加筋垫层路堤没有区别,均应遵照《公路路基设计规范》(JTG D30—2015)和《铁路路基设计规范》(TB 10001—2005)的相关规定。

4.5.2　路堤坡面防护设计

公路和铁路路基边坡的坡面防护技术方案不会因为采用加筋垫层而改变,因此,关于坡面防护的结构形式、所用材料等,可遵照现行《公路路基设计规范》(JTG D30—2015)或《铁路路基设计规范》(TB 10001—2005)的有关规定。从美观和生态防护的角度出发,宜采取植物防护为主、工程防护为辅的防护措施对加筋垫层路堤坡面进行防护。宜尽可能发挥土工合成材料适应性好的优势,按表 4-6 选择坡面防护形式。

路堤坡面防护形式　　　　　　　　　　　　表 4-6

坡　　率	防 护 形 式			
	土工合成材料不反包		土工合成材料反包	
	植被防护	工程防护	植被防护	工程防护
大于或等于 1:1	—	—	喷护有机材绿化	石笼
小于 1:1	直接喷播绿化、喷护有机材绿化	石笼、石块、预制混凝土空心块	直接喷播绿化、喷护有机材绿化	不推荐

4.5.3　桩基设计

在进行桩承式加筋路堤设计中,桩基设计是一项重要内容。但是,桩的主要功能同样是承受竖向荷载,设计计算及技术要求应按照《建筑桩基技术规范》(JGJ 94—2008)的有关规定执行。

(1)桩的平面布置

桩的平面布置一般应为正方形,亦可采用长方形或正三角形布置。桩的平面布置中心距,一般可取 4~8 倍桩径,路堤高时取低值,并应满足路堤沉降、群桩承载力和整体稳定性要求。桩在路堤下的布置范围应满足 4.4.4 节中的构造要求。

桩(帽)顶应在同一标高,以满足平面内的对称要求。

(2)桩长

在桩承式加筋路堤中,桩一般应穿透软土层。但对于深厚软土层(如大于 30m),亦可采用悬浮桩。当桩未穿透软土层时,桩端应达到天然地基条件下深层滑动最危险滑动面以下 3m 的深度,如果桩端下部存在软弱下卧层,应验算单桩承载力是否满足要求。

在验算桩基承载力时,应考虑桩侧负摩阻力,单桩极限承载力不应小于分担荷载的 1.6 倍。在选择桩长时,同样适用。

桩长的具体取值应满足路堤沉降及稳定性要求。对于需要控制沉降和协调不均匀沉降的路段,宜根据沉降计算结果合理确定桩长。

(3)过渡段的处理

控制和调节公路、铁路工程中结构物与连接路堤差异沉降是桩承式加筋路堤的主要应用场合。路基与桥头等结构物衔接部位宜采用变桩长的方法逐步过渡处理。通过在衔接部位设置不同桩长的路堤桩,形成沉降渐变段,避免发生较大的沉降差异。

(4)桩帽

桩承式加筋路堤中,常采用桩帽来减小相邻桩之间的净间距。根据布桩形式,桩帽一般采用正方形或长方形,多为方形。

初拟桩帽边长 a(方形)时,桩帽的平面尺寸可按下列公式估算:

$$a = (0.4 \sim 0.5)s \tag{4-42}$$

式中:s——桩的中心间距(m)。

桩帽边长的具体取值应根据工程条件、荷载大小等因素进一步调整。

为增强桩体与桩帽之间的整体性,桩帽宜现场浇筑,材料宜采用 C30 混凝土,根据验算结果考虑是否配筋。

桩帽的厚度与桩帽的悬臂长度、上部荷载大小及其材料有关,常用的钢筋混凝土桩帽的厚度 t_p 一般取 0.5~0.6 倍的桩帽悬臂边长(宽度)。

桩帽的平面尺寸和厚度初步确定后,应根据混凝土设计规范对其进行强度验算及配筋设计。桩帽与桩连接部位的最大弯矩值 M_{max} 可按下式计算:

$$M_{max} = \frac{1}{8}\xi\sigma_{zs}a(a-d)^2 \tag{4-43}$$

式中:ξ——修正系数,可取 2.7~3.8,当桩帽尺寸较大时取低值,当桩帽尺寸较小时取高值;

$\quad\quad$ d——桩径(m)。

4.6　施工技术要求与监测

4.6.1　施工与质量控制

1)施工技术要求

(1)施工前准备工作

①清除地表障碍物和尖锐物,包括树干、树根、块石及其他凸起物。

②基面整平,可以先铺一层厚约 15cm 的垫层,以供铺放第一层加筋材。

(2)筋材铺设

①筋材铺放时,要求将其强度大的方向垂直于路堤轴线,卷材垂直于堤轴方向展开,筋材不允许有褶皱,要尽量以人工拉紧。

②铺土前,检查筋材有无破损,如破洞、撕裂等,如发现有,应更换。

③借压重或插钉使筋材定于地面,不得因填土而移动。

④应选用较大幅宽的加筋材料,沿垂直路堤轴线方向不宜设置搭接。对于软弱土地基上加筋垫层路堤,在沿轴线方向可采用搭接连接,搭接长度不小于 5cm;在垂直轴线方向不可采用搭接,确需连接时,对于土工格栅,应采用连接棒机械等强度连接;对于土工织物,应采用缝合方法等强度连接。对于桩承式加筋路堤,在垂直轴线方向不应设置连接;在沿路堤轴线方向两幅拼接时,接头位置应布置在桩帽上,搭接长度不得小于 300mm,接头强度不应小于原材料强度。

⑤铺设好的筋材,应尽快填筑填料,避免长时间的暴露,一般情况筋材应在 48h 内进行填土覆盖。

(3)填土与碾压

采用与地基土相适应的机械压实,接地压力不允许过大;用后倾卸式卡车沿加筋材料边缘卸土,形成交通通道,以便是筋材被拉紧,卸土要卸在已铺好的土面上,不要直接卸在筋材上。卸土高度不得大于 1m,以防造成局部承载力不足;卸载后立即散铺,避免局部下陷;用轻型推土机或前端装载机散土;在第一层填土上,一切车辆、施工机械只允许沿轴线方向行驶,不允许在填土上回行,施工车辆和机械的重量均应限制,使其形成的车辙不得大于 7~8cm。整个施工流程如图 4-26 所示。

(4)桩承式加筋路堤的桩基施工要求

①大面积施工前,应先进行成桩工艺性试验,各典型路段不得少于 3 根,预制打入桩 7d

后、现场浇筑桩28d后,采用静载荷试验确定的单桩承载力极限值。

②施工场地清理整平后,先铺设一层厚度为桩帽高度的垫层材料,再进行桩的打设;桩帽浇筑前先挖除相应面积的垫层,再进行桩帽的浇筑;第一层水平加筋铺设在桩帽顶部。

③桩的打设次序:横向以路基中心线向两侧的方向推进;纵向以结构物部位向路堤的方向推进。

④打设时,应注意持力层顶面高度的变化以及施工场地填土厚度的影响,及时调整桩长,以确保承载力设计值。

⑤准确定位后应采取可靠的施工工艺,确保桩体质量。防止因振动、挤土等作用导致桩体倾斜、折断、桩体上浮、向外位移和地面隆起等。

⑥桩帽宜现浇,预制时,应采取对中措施。桩帽之间应采用砂土、碎石等回填。

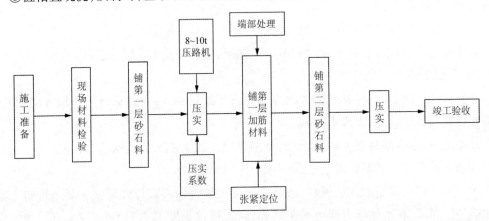

图4-26 加筋垫层施工工艺流程图

2)施工质量控制

监理单位或有资质的受托第三方应在加筋材料铺设前对加筋材料进行抽检,对符合设计要求和相关标准的加筋材料进行验收。用于加筋垫层的土工合成材料均应具有出厂合格证明,详细注明原材料、批次、生产商抽检结果,以及标称2%和5%抗拉强度、极限抗拉强度及对应的延伸率。

施工现场应建立加筋材料临时性的储存设施,避免加筋材料在现场风吹日晒。

垫层和路堤填筑的质量控制(压实度等)要求应满足《公路路基设计规范》(JTG D30—2015)或《铁路路基设计规范》(TB 10001—2005)的相关规定。

桩承式加筋路堤中桩的施工质量检验项目见表4-7。

施工质量检验项目 表4-7

项次	检查项目	规定值或允许偏差值	检查方法及频率
1	桩距(mm)	±50	抽查桩数5%
2	桩帽尺寸	不小于设计值	钢尺量测抽查,成桩数5%

项次	检 查 项 目	规定值或允许偏差值	检查方法及频率
3	单桩28d承载力	不小于设计值	静载荷试验,成桩数0.2%,且不少于3根
4	桩身完整性	无明显缺陷	低应变测试抽查,成桩数5%

4.6.2　施工监测

根据工程的重要性和技术发展要求,进行加筋垫层路堤的施工监测,监测内容一般包括地基沉降观测和填方路基的侧向位移、隆起监测;必要时,应进行软土地基深层位移监测、孔隙水压力监测和加筋材料的应变监测。相关监测技术及要求应参考本指南第6章加筋结构的现场监测技术。针对加筋垫层路堤,提出如下要求:

(1)根据地形、地基和路堤的具体情况,在典型断面进行施工监测。地基沉降监测点在每个断面不应少于两个;路基侧向变形和地基深层位移监测点应设置在可能发生最危险变形的一侧;孔隙水压力监测点可根据软土地基厚度布置在不同深度处;加筋材料应变监测点可在所选择断面的半幅内按一定间距布置,每个断面的应变监测点不应少于4个。

(2)孔隙水压力计和筋材应变计应事先标定。孔压计在埋设前应事先饱和处理,并在饱和状态下埋入监测位置。

(3)在填方施工期的监测频率为1次/1~2d;填筑完成后监测频率可根据监测值的变化规律逐步降低。若路堤采用分级加载(填筑),在两级荷载休止期内,监测频率可采用2次/周。

(4)监测终止条件采用总沉降量(固结度)与监测值(主要以地基沉降)变化率双指标控制。已完成的沉降量不应小于计算总沉降量的85%或超孔压消散85%以上,地基沉降速率小于10mm/周。

4.7　设计案例

4.7.1　案例简介

案例选取某公路工程的桥头段,为控制填方路基与桥台的差异变形,选择采用桩承式加筋路堤方案。该处路基的填方高度为6.00m,路基设计宽度为32.00m,路堤坡度为1:1.5,路面超载按20kPa。路堤填土采用碎石混合土。地基土共有六层,各层地基土的参数见表4-8。

各土层的相关参数　　　　　　　　　　表 4-8

土　　层	层厚 （m）	重度 γ （kN/m³）	黏聚力 c （kPa）	内摩擦角 φ （°）	承载力容许值 f_{a0} （kPa）	摩阻力标准值 q_{ik} （kPa）	压缩模量 E_s （MPa）
路堤填土	9	19	0	35	—	—	—
粉质黏土①	2	19.65	37.85	22	150	40	5.95
有机质黏土②	1.3	16.75	20.1	5.6	40	10	2.6
粉质黏土③	5.2	19.20	27.79	14.1	120	40	3.43
有机质黏土④	2.5	19.00	32.81	7.7	40	10	2.74
粉质黏土⑤	0.4	19.9	43.7	17.45	180	50	5.7
粉砂质泥岩⑥	—	19.60	43.65	11.75	250	90	6.35

4.7.2　初步设计

桩承式加筋路堤的桩型选用钢筋混凝土桩，桩径 0.5m，桩长 12m，穿透软土层进入泥岩 0.6m；采用正方形布桩，桩间距为 1.6m，采用正方形桩帽，桩帽边长为 0.8m，厚度为 0.2m，混凝土强度等级为 C30，采用 $\phi12$ 双向配筋；路堤底层设置砂砾垫层，垫层厚为 0.6m，在垫层中设置两层土工格栅，层间距为 15cm。路堤断面示意如图 4-27 所示。

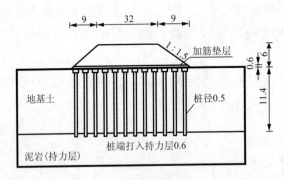

图 4-27　路堤断面示意图（尺寸单位：m）

4.7.3　设计验算

1）稳定性分析

对于填方路堤自身的局部稳定问题，由于 $L_p = H(n - \tan\theta_p) = 0.6$，即最外一排桩的布置满足式（4-21），所以可不进行此项验算。

对于路堤的整体稳定，根据 4.4.5 节的叙述，采用二维极限平衡法来进行复合地基整体稳定性验算，采用 RESSA3.0 软件对路堤稳定性进行验算，得到图 4-28。

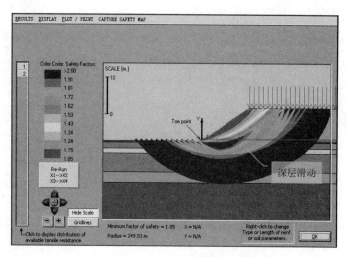

图 4-28　Ressa 计算的深层滑动系数

由上图所示的计算结果可知,深层滑动最小安全系数大于 1.62,满足要求。

2)筋材受力计算

(1)求解由竖向路堤荷载而引起的拉力 T_{rp}

经计算,该断面 $\sigma_{z0} = 20.92\mathrm{kPa}$。

本断面 $A_{Lx} = A_{Ly} = 1.27\mathrm{m}^2$,则 $F_x = F_y = 26.57\mathrm{kN}$。

该断面取 $k_s = 350\ \mathrm{kN/m^3}$,$J = 1000\mathrm{kN/m}$,查图表得 $\varepsilon_{max} = 2.8\%$,则 $T_{rp} = 28\mathrm{kN/m}$。

(2)求解由抵抗路堤边坡向外推力而引起的拉力 T_{ds}

$T_{ds} = 108.93\mathrm{kN/m}$。

若取 $T = \max(T_{rp}, T_{ds})$,则有 $T = 108.93\mathrm{kN/m}$。取筋材抗拉断的安全系数 RF 为 2.0,则筋材的设计抗拉强度为 217.86kN/m。由于采用两层格栅,设有 $T_1 + \dfrac{2}{3}T_2 \geqslant T_s$($T_1$、$T_2$ 为两层格栅的拉伸强度,且有 $T_1 = T_2$),经计算,需要拉伸强度不弱于 131kN/m 的两层土工格栅。

若取 $T = T_{rp} + T_{ds}$,则有 $T = 136.93\mathrm{kN/m}$。取 RF 为 2.0,则筋材的设计抗拉强度为 273.86kN/m。由于采用两层格栅,设有 $T_1 + \dfrac{2}{3}T_2 \geqslant T_s$($T_1$、$T_2$ 为两层格栅的拉伸强度,且有 $T_1 = T_2$),经计算,需要拉伸强度不弱于 165kN/m 的两层土工格栅。

(3)桩基承载力验算

根据《建筑桩基技术规范》(JGJ 94—2008),经计算,本断面单桩竖向极限承载力 $Q_{uk} = 661.31\mathrm{kN}$(取泥岩 $q_{pk} = 600\mathrm{kPa}$)。

单桩竖向抗压承载力特征值按下式估算:

$$R_a = \frac{Q_{uk}}{K} \tag{4-44}$$

取安全系数 $K = 1.3$,则 $R_a = 508.70\mathrm{kN}$。

单桩竖向抗压承载力特征值验算：

$p_k = \gamma H + q = 134\text{kPa}; A = S^2 = 2.56\text{m}^2$。

则 $R_a = 508.7\text{kN} > A \times p_k = 343.04\text{kN}$，满足要求。

本章参考文献

[1] 中华人民共和国住房与城乡建设部. GB/T 50783—2012 复合地基技术规范[S]. 北京: 中国计划出版社, 2012.

[2] Terzaghi K. Theoretical soil mechanics[M]. New York: J. Wiley and Sons, Inc., 1943: 66-76.

[3] Hewlett, W. J. and Randolph, M. A. Analysis of piled embankments[J]. Ground Engineering, 1988, April: 12-18.

[4] British Standard Institute(BSI). British standard 8006: strengthened/ reinforced soils and other fills[S]. London: British Standard Institute, 2010.

[5] The German Geotechnical Society(DGGT). Recommendations for design and analysis of earth structures using geosynthetic reinforcements(EBGEO)[S]. The German Geotechnical Society (DGGT), 2010.

[6] Nordic Geosynthetic Group. Nordic guidelines for reinforced soils and fills[S]. Stockholm: Nordic Geotechnical Society, 2004.

[7] 浙江省交通规划设计研究院. 浙江省公路软土地基路堤设计要点[M]. 北京: 人民交通出版社, 2009.

[8] 中华人民共和国交通运输部. JTG D30—2015 公路路基设计规范[S]. 北京: 人民交通出版社, 2015.

[9] 中华人民共和国交通运输部. JTG C20—2011 公路工程地质勘察规范[S]. 北京: 人民交通出版社, 2011.

[10] 郑刚, 刘力, 韩杰. 刚性桩加固软弱地基上路堤稳定性问题(Ⅱ)——群桩条件下的分析[J]. 岩土工程学报, 2010, 32(12): 1811-1820.

[11] Zaeske D, Kempfert H G. Berechnung und wirkungsweise von unbewehr-ten und bewehrten mineralischen Tragschichten auf punkt-und linienf rmigen Trag-gliedern. Bauingenieur Band 77, Februar 2002.

[12] 中华人民共和国建设部. JGJ 94—2008 建筑桩基技术规范[S]. 北京: 中国建筑工业出版社, 2008.

[13] 中华人民共和国铁道部. TB 10001—2005 铁路路基设计规范[S]. 北京: 中国铁道出版社, 2005.

［14］中华人民共和国铁道部. TB 10012—2007　铁路工程地质勘察规范［S］. 北京:中国铁道出版社,2007.

［15］中华人民共和国铁道部. TB 10106—2010　铁路工程地基处理技术规程［S］. 北京:中国铁道出版社,2010.

［16］中华人民共和国交通运输部. JTG/T D31—02—2013　公路软土地基路堤设计与施工技术细则［S］. 北京:人民交通出版社,2013.

［17］中华人民共和国住房和城乡建设部. GB/T 50290—2014　土工合成材料应用技术规范［S］. 北京:中国计划出版社,2014.

［18］中华人民共和国铁道部. TB 10118—2006　铁路路基土工合成材料应用设计规范［S］. 北京:中国铁道出版社,2006.

［19］中华人民共和国交通运输部. JTG/T D32—2012　公路土工合成材料应用技术规范［S］. 北京:人民交通出版社,2012.

［20］Rowe R. K. and A. L. Li. 2002. Geosynthetic-reinforced embankment over soft foundations. ISBN 90 5809 5231.

［21］Hinchbergera S. D. , R. K. Rowe. 2003. Geosynthetic reinforced embankments on soft clay Foundations:predicting reinforcement strains at failure. Geotextiles and Geomembranes,21 (3):151-175.

［22］Ryan R. Berg, Barry R. Christopher and Naresh C. Samtani. 2009. Design of mechanically stabilized earth walls and reinforced soil slopes. FHWA-NHI-10-024.

第5章 加筋土结构工作
性能现场监测

编写人:杨广庆　周诗广　吴连海　戴征杰
审阅人:白建颖(上海勘测设计研究院有限公司)

5.1　概述

　　土工合成材料加筋土结构以其良好的工程特性广泛应用于各行业领域,工程应用越来越多,并由此带来了良好的社会经济效益和环保效益。虽然按照目前的规范能够设计出安全、经济的加筋土结构,但由于加筋土结构作用机理复杂,现行的设计理论以及计算方法落后于工程实践,大量的现场监测表明,目前采用的设计计算方法偏于保守,需要更多的工作性能数据来改进设计和施工方法。因此,为了进一步研究其工作性能,完善设计理论,进行加筋土结构的工作性能现场监测是非常必要的。本章主要以加筋土挡墙为例,介绍其工作性能的现场监测内容以及现场监测方案的设计。

　　加筋土挡墙工作性能现场监测的目标是获取挡墙施工期及竣工后尽可能长时间的工作性能数据,主要监测内容包括施工期和服役期的应力与变形监测。在测试元件的选择与布设时,宜选用精度高,可靠性好,能进行数据远程自动识别、自动监测、自动存储和自动传输的智能型传感器。

5.2　加筋土挡墙现场监测的内容

　　加筋土挡墙工作性能现场监测一般应包括以下内容:

　　(1)加筋土挡墙基底垂直应力监测,分析施工期及服役期墙体基底垂直应力沿筋长方向的分布及演化规律。

　　(2)加筋土挡墙墙体应力监测,分析施工期及服役期墙体不同高度处垂直应力沿筋长方向的分布及演化规律,分析墙体内距离墙面不同位置处侧向土压力(侧向土压力系数)沿墙高的分布及演化规律。

　　(3)加筋土挡墙墙面背部侧向土压力监测,分析施工期及服役期墙面背部侧向土压力沿墙高的分布及演化规律。

　　(4)土工合成材料筋材变形监测,分析施工期及服役期不同高度处拉筋拉力沿筋长的分布及演化规律,进一步分析挡墙的潜在破裂面位置。

　　(5)加筋土挡墙墙面水平位移监测,分析施工期及服役期墙面水平位移沿墙高的分布及演化规律。

　　(6)加筋土挡墙竖向沉降监测,分析施工期及服役期地基土分层沉降和挡墙基底竖向沉降的变化以及服役期墙顶竖向沉降的变化,计算墙体填土的压密沉降。

5.3　加筋土挡墙现场监测传感器的类型与埋设技术

加筋土挡墙工作性能现场监测所用传感器应根据需测试的参数、传感器的可靠性和简便性,以及传感器与已有读数装置(如果有)的相容性来选择。下面简要论述一般用于加筋土挡墙工作性能现场监测的各种类型传感器。

5.3.1　压力监测

压力监测一般采用土压力盒。土压力盒按埋设方法分为埋入式和边界式两种,按结构原理分为振弦式和电阻应变式。埋入式土压力盒是埋入土体用于测量土中的应力大小与分布。边界式土压力盒安装在墙面板等刚性结构物表面,受压面面向土体,测量接触压力。振弦式土压力盒只能用于静态土压力测试,电阻应变式土压力盒既能测试静态土压力又能测试动态土压力。

1)埋入式土压力盒埋设

根据设计的土压力盒布点位置,在压实密实的填土表面,人工开挖深为 $10 \sim 20$cm、$\phi 300$ 的坑,用以埋设土压力盒。安装时,将土压力盒受力膜(承压膜)面朝上,土压力盒底部填入厚约 5cm 中细砂压实垫平,用水平尺控制将土压力盒安装水平。安装好土压力盒后,在其周围覆盖 10cm 厚的中细砂,压实。安装示意图如图 5-1 所示。

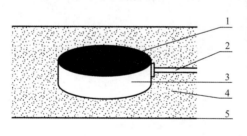

图 5-1　埋入式土压力盒安装示意图

1-承压膜;2-导线;3-压力盒;4-中细砂;5-压实土

若同一断面埋设多个土压力盒,可连续开挖深约 20cm、宽约 30cm 的沟槽后,按照设计方案埋设土压力盒(图 5-1)。同断面土压力盒安装完成后,土压力盒导线应套上 PVC 管进行保护,并集中从墙面一侧引出至观测箱内。当土压力盒上部填土层较薄时,土压力盒附近 1m 范围内填土应用人工推平及小型机具碾压,不得用大型机械推土碾压,以防土压力盒及导线因施工因素而破坏。

2)边界式土压力盒埋设

边界式土压力盒埋设时,其受压面宜与面板齐平,不要凸出与凹进。当面板预制过程中没有预留凹槽时,也可将土压力盒紧贴墙面板埋设。

5.3.2 加筋材料变形监测

1)监测传感器

土工合成材料加筋材料变形监测一般采用粘贴应变片或安装柔性位移计等方法。

使用应变片需要注意:一是粘贴应变片的胶体材料能确保应变片与母体连接的耐久性;二是应变片材料的刚度应小于土工合成材料本身的刚度;三是对于土工格栅这种网状的加筋材料,在纵肋粘贴应变片的位置要合理。

柔性位移计(图5-2)是一种埋入式电感调频位移传感器,由位移计、锚固卡、柔性测杆及测杆的柔性保护套等部件组成。其原理是将柔性位移计的两端锚固卡固定在相邻的横肋上,当土工格栅发生变形后,根据碳棒在线圈中的位置变化通过电感式位移计进行反映。

图5-2 柔性位移计及数据接收仪

2)柔性位移计安装

当土工格栅下层填土碾压完成后,将土工格栅按照设计长度铺设在填筑碾压完成的平面上,在其上安装柔性位移计(图5-3)。

图5-3 柔性位移计安装与保护

应使用配套的安装夹具、螺杆将柔性位移计牢固地固定在土工格栅横肋处,土工格栅相邻横肋置于柔性位移计安装座与夹片之间。

先用十字螺丝刀拧松安装座紧固螺杆,取下夹片,用电钻在待安装柔性位移计的土工格栅横肋上打好安装孔(安装孔应在单幅格栅的中间位置),将紧固螺杆穿过安装孔并安装夹片后,通过旋转螺母将安装座牢固地固定好,再将另一端安装座固定好后,并用细砂将柔性位移计底部垫平、密实。在其周围覆盖20cm的细砂或中砂压实。

待该断面柔性位移计安装完成后,其测试导线套上PVC管进行保护,并集中从观测箱一侧引出挡墙至观测箱内。将提前准备好的尼龙绳穿过PVC管,把PVC管布置在柔性位移计一侧。根据柔性位移计的安装位置,用裁纸刀在PVC管相应位置上开好引线孔。将柔性位移计导线线头绑扎在尼龙绳上,拉动绳索,将导线经引线孔拉入管内,直至导线线头拉出管口。整理好管口外导线。

当柔性位移计上部填土层较薄时,柔性位移计附近1m范围内填料应用人工推平及小型机具碾压,不得用大型机械推土碾压,以防土压力盒及导线因施工因素而破坏。

5.3.3　加筋土挡墙地表沉降监测

传统的地表沉降观测方法是使用水准测量或三角高程测量得出目标点的绝对标高,通过两次测得的标高相减得到目标点的沉降值,一般使用的测量元件包括观测桩、沉降板和沉降杯等。电测方法有振弦式传感器(单点沉降计)、分层沉降仪(磁环沉降仪)和测斜仪(横剖仪)等。

1)沉降板

沉降板由钢底板、金属测杆及保护套管组成。施工时,将沉降板放置在需要测量的标高位置,挡墙施工时需要人工不断引接测杆和保护管。现场通过精密水准仪人工测量杆顶标高变化即可推算出测点沉降。该方法成本低、布置方法简单,但其对周围施工影响较大,受大型施工机械撞击易发生无法修复的损坏,也会影响沉降板埋设位置附近的施工质量,同时也会影响土工格栅的铺设。对应用于交通领域(公路、铁路、机场等)的加筋土挡墙沉降观测来说,沉降板方法只能在施工期间进行观测,一旦公路路面、铁路轨道或机场道面开始施工便无法再接长测杆,服役期也无法持续观测其数值。

2)沉降杯

沉降杯又称水杯式沉降仪,由沉降水杯、管路系统、测量系统三部分组成,是利用液体在连通管两端口保持同一水平面的原理制成的。在测量室内读出测量管内液面高度,与用水准测量方法测出的测量尺基准标高相加可得到测量室内液面的标高,由连通器原理便可知另一端口(测点)的液面标高,前后两次测量得到标高之差,即为被测点的沉降量。该法构造简单,造价低廉,但是对水管埋设要求比较高,如果埋设不平顺,容易形成气泡阻塞水管。

沉降水杯构造如图5-4所示,其管路系统包括进水管、出水管和排气管。排气管、出水管和进水管采用外径12mm、壁厚1mm的整根管尼龙管,中间不设接头,以保证系统的可靠性,管路外必须使用保护管保护。保护管采用高强度ABS或PVC管,每个测点使用单独的一条保护管,两根保护管之间采用紧密结合的伸缩管连接。

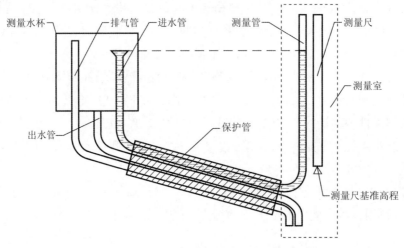

图5-4 沉降水杯示意图

测量系统包括观测室、测量管支座以及测量管等。观测室包含用于保护内部元件的观测室壁及底部用于水准测量的观测墩,观测墩按照水准测量水准基点规格制作;测量管采用有机玻璃管,长为1m,量程为1m,读数精度为1mm;测量管支座用于支撑测量管并和底部观测墩连接。

当地面以上填土达到一定高度后,向下开挖宽度不大于30cm的条形沟槽,把沉降杯与管线紧密连接后放入沟槽中的PVC管中,管线在沟槽PVC管中应大致摆放成"S"形,以防止地基沉降时将管线拉断。填土时,应先覆盖一层砂土或细土,压实后再填土,最后将沟槽压实。施工期及服役期可定期通过测量系统观测沉降杯位置的地基沉降。

3)单点沉降计

单点沉降计是一种埋入式电感调频位移计,是应用电磁感应原理,利用电感调频位移计的活动导磁体在其磁通感应线圈内的相对位移,改变线圈的电感量,再通过电感调频电路将线圈电感量的变化变换成频率信号输出,由读数仪接收测读位移值。单点沉降计是以持力层作为不动点,将锚头锚固在持力层上,通过加长测杆连接精密磁通调频智能位移传感器,将沉降盘安装在挡墙基底并与位移传感器的另一端连接,即可精密测量在挡墙荷载作用下基底的沉降变形。

单点沉降计主要由沉降盘、智能磁通调频位移计、导磁体(塞杆)、蛇纹管、测杆、测杆直螺纹接头、锚头、测试导线等组成,如图5-5所示。单点沉降计上接沉降板,下接测杆并套金属软管、锚头,加长杆上连传感器锚头,下连底层锚头。底层锚头必须锚固到基岩(相对不动点),导线从侧面引出。当测点下沉时,沉降板随测点一起下沉,使传感器与测杆之间发生相对滑移,输出信号,获取位移读数。

4)水平测斜仪

水平测斜仪由剖面沉降管、测斜探头、电缆和读数仪组成,如图5-6所示。剖面沉降管中有一组相互垂直的十字形导槽,可供测斜探头放入;测斜探头中的主要元件是伺服加速度传感器。测量前,将测斜管埋入需要进行沉降观测的断面,将测斜探头放入后,由于地基沉降,探头处于倾斜方向,通过重力加速度在敏感水平轴上的投影,可精确测量探头的倾角,再根据探头长度得到探头两端的标高差,从而得到探头两端对应的沉降差,如此累积便可以计算出挡墙横断面中任一点处的沉降值。水平测斜仪的优点:精度高、操作方便,可以测量整个断面的沉降曲线。

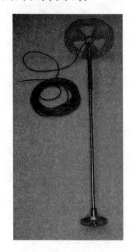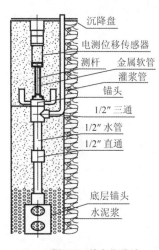

沉降盘

电测位移传感器

测杆　金属软管

灌浆管

锚头

1/2″ 三通

1/2″ 水管

1/2″ 直通

底层锚头

水泥浆

法兰盘

位移计

测杆

图 5-5　单点位移计

图 5-6　水平测斜仪

　　一般双侧加筋土挡墙剖面沉降管贯穿整个挡墙断面,在挡墙两侧各设置一个观测室,每次测量时从挡墙某一侧的管口以某一方向放入测头进行测量,每 0.5m 读 1 次数至测完挡墙整个断面为止,得到一组数据。然后从挡墙的另一侧以同一方向放入测头进行测量,同样每 0.5m 读 1 次数测完挡墙整个断面,得到第二组对应的数据。这两组数据中在对应位置的读数之差除以 2,即为消除系统偏差后的位移量,两次读数之和得到该测头的系统偏差,理论上应为一个固定值。

　　如果加筋土挡墙处于半填半挖地段或单侧挡墙,无法布置贯穿整个地基的剖面沉降管,可以布置 U 形剖面沉降管,U 形剖面沉降管结构图如图 5-7 所示。

　　基底 U 形剖面沉降管在地基加固及垫层施工完毕并填土至一定高度碾压密实后,开槽埋设 U 形管,在 U 形管两端分别密封连接回线钢管和内壁均布有四条轴向凹槽的测管,并在回线钢管、U 形管和测管内穿设通长的测绳;回线管和测管平行设置,且两者轴线与线路延伸方向垂直;测管在埋设时,其中两条相对的凹槽呈上下设置,另外两条呈左右设置。其上夯填中粗砂至与碾压面平齐。

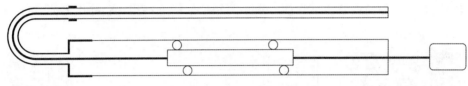

图 5-7　U 形剖面管结构示意图

U 形剖面沉降管测量时无法和全断面剖面管一样从两侧分别测量然后求差,这就需要一种新的测量方法和数据处理方法。

图 5-8 为剖面管测斜探头示意图,测量时从测量室中测管头以 1 号滑轮向上放入测管,每 0.5m 读 1 次数至剖面沉降管底,得到第一组数据,暂标记为 A_1;然后将测头取出,将测头竖向旋转 180°再次放入测管中(2 号滑轮向上放入测管),同样每 0.5m 读 1 次数至剖面沉降管底,得到第二组数据,暂标记为 B_1,完成一次测量。按照观测方案中要求的频率,下一次测量得到数据标记为 A_2 和 B_2。

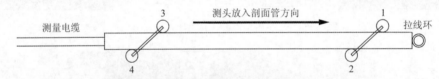

图 5-8　剖面管测斜探头示意图

与全路基断面埋设剖面管所得的两组数据不同,每次测量的两组数据(A_n 和 B_n)相减除以 2 并不能得到剖面管的真实位移量,但两次测量得到数据(A_1、B_1 以及 A_2、B_2)相减后求平均值,可以反映两次测量之间剖面沉降管的实际沉降量,表达式为:

$$两次测量期间路基沉降量 = \frac{[(A_2 - A_1) + (B_2 - B_1)]}{2}$$

5)分层沉降仪

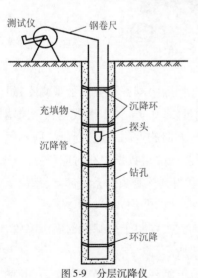

图 5-9　分层沉降仪

分层沉降仪(又称磁环沉降仪,如图 5-9 所示)是根据电磁感应原理设计的,将磁感应沉降环预先通过钻孔方式埋入地下待测的各点位,当传感器通过磁感应环时,产生电磁感应信号送至地面仪表显示,同时发出警报。读取孔口标记点上对应钢尺的刻度数值,即为沉降环的深度。每次测量值与前次测值相减即为该测点的沉降量。使用时,可根据现场实际条件选择孔口或孔底作为基准点,孔口基准点需要每次测量时测得孔口标高,孔底基准点则需要将沉降导管打入地下稳定点。

电磁式分层沉降仪由两大部分组成:测量系统和跟踪系数。测量系统包括沉降仪、钢卷尺(内置电缆)、探头和三脚架。跟踪系统包括沉降管和沉降环。

5.3.4　水平位移监测

1)墙面观测标

挡墙施工期间,沿墙高在墙面板上安装墙面观测标(图 5-10)。可以测量施工期墙面的水平位移,服役期也可定期观测。

图 5-10　墙面观测标

2)垂直测斜仪

垂直测斜仪是测量测斜管轴线与铅垂线之间的夹角变化,以计算墙体在不同标高的水平位移的仪器。测量前,先在墙后土体中埋设一竖直的、带有互成 90°角的四个导槽的管子(铝合金或 PVC 塑料管)。管子在土体中受力后发生变形,这时将测斜仪探头放入测斜管导槽内,每间隔一定距离(通常为 0.5m)测量变形后管子的轴与垂直线间的夹角 θ_i,计算不同标高处的水平位移增量。测得各分段位移后,可以测斜管底部或顶部为基准开始累加,求得任一标高处的实际位移值。垂直测斜仪的安装与测试如图 5-11 所示。

图 5-11　垂直测斜仪的安装与测试

5.4 加筋土挡墙现场监测方案设计

5.4.1 设计思路

(1)确定监测方案的目的。

(2)明确工程条件。

(3)选择需监测内容的技术参数。

(4)预测测量参数变化的大小。

(5)根据可靠性和简化的原则选择测试传感器。

(6)确定埋设传感器的位置。

(7)分析并记录可能影响测量数据的因素。

(8)设计监测方案。

5.4.2 压力监测传感器布设

1)监测目的

测试加筋土挡墙结构内部土压力大小及分布规律,内容包括:加筋土挡墙墙面板背部侧向土压力、加筋土挡墙基底垂直土压力及加筋土挡墙墙体内不同高度处垂直土压力或水平土压力等。

2)精度要求

压力监测传感器(土压力盒)精度不宜大于5‰FS(满量程)。

3)布设原则

(1)加筋土挡墙墙面板背部侧向土压力盒沿墙高近似呈等间距布置,为避免测试元件损坏而影响分析结果,数量不少于5个。

(2)加筋土挡墙基底垂直土压力和加筋土挡墙墙体内不同高度处土压力盒每层数量不少于5个。

4)测试频率与周期

挡墙填筑施工期间,一般每填筑1~2层测试1次,各种原因暂时停工期间,一般3~5d测试1次。有条件时在挡墙填筑完成后,可继续进行测试。竣工后的前三个月,测试频率为1次/半月;三个月以后,测试频率为1次/月;半年后,测试频率为1次/2月。当采用远程无线监测时,可根据工程的重要性及测试目的,选择合适的测试频率。

5.4.3　竖向沉降监测传感器布设

1）监测目的

测试加筋土挡墙墙顶及地基沉降量,内容包括:加筋土挡墙墙顶沉降、加筋土挡墙地基沉降及地基分层沉降等。

2）精度要求

(1)竖向沉降测量按国家二等水准测量规定执行。

(2)沉降板、沉降杯测试精度不宜大于 1mm。

(3)单点沉降计测试精度不宜大于 0.1mm。

(4)水平测斜仪测试精度不宜大于 8mm/30m。

(5)分层沉降仪测试精度不宜大于 1mm。

3）布设原则

地基竖向沉降视工程情况可以采用沉降板、沉降杯、单点位移计或剖面管结合水平测斜仪进行施工期和服役期的沉降观测。

墙顶沉降可以在墙顶帽石上设置观测标或在墙顶设置观测桩;也可在墙体竣工后在墙顶钻孔,埋设分层沉降仪,观测墙顶及以下不同位置的沉降量。

4）测试频率与周期

挡墙竖向沉降测试频率与周期可参考压力测试相关要求。

5.4.4　筋材变形监测传感器布设

1）监测目的

通过监测墙高不同位置加筋材料沿长度方向的变形,分析拉筋变形(拉力)沿筋长的分布,根据不同高度层位最大拉筋拉力确定加筋土挡墙潜在的破裂面位置,继而进一步分析结构的作用机理。

2）精度要求

柔性位移计测试精度不宜大于 0.01mm。

3）布设原则

每层拉筋材料布设的柔性位移计等测试传感器数量不少于 5 个。

4）测试频率与周期

可参考压力测试相关要求。

5.4.5 水平位移监测传感器布设

1）监测目的

监测加筋土挡墙在施工期和服役期的墙面水平位移。

2）精度要求

（1）观测标测试精度不宜大于 1mm。

（2）垂直测斜仪测试精度不宜大于 0.01°。

3）布设原则

施工期墙面水平位移监测可以沿墙高不同位置埋设观测标进行观测，服役期也可以利用该点进行定期观测；或竣工后，在墙面板后 1~1.5m 范围内钻孔，埋设测斜管，配合垂直测斜仪进行水平位移观测。

4）测试频率与周期

可参考压力测试相关要求。

5.4.6 孔隙水压力监测元件布设

当加筋土挡墙填料为黏性土时，为了分析结构孔隙水压力大小及消散情况，可在墙体不同高度处埋设孔隙水压力计进行观测。孔隙水压力计精度不宜大于 5‰FS。

5.4.7 远程实时监测系统

加筋土挡墙工作性能远程实时监测系统主要由监测现场站、移动通信网络、监测中心站三部分组成。现场站主要由现场信号传感模块、采集模块、远程数据传输模块、小型气象站、供电模块、仪器保护箱等组成，负责自动采集监测断面的数据，并自动将采集的数据传输给监测中心站。监测中心站主要由服务器、无线信号接收仪、若干客户查询计算机和打印机组成，负责对现场采集的数据进行汇总、存储、分析，并对现场的采集方式进行控制。现场站和监测中心站之间通过移动通信 GSM 网络的 GPRS 方式进行数据的发送和传输。图 5-12 为加筋土挡墙远程实时监测系统的监测现场站照片。

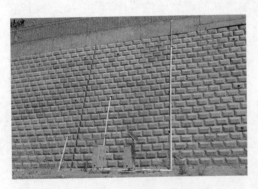

图 5-12　加筋土挡墙远程实时监测系统的监测现场站

5.5　加筋土结构现场监测案例——以河北省保沧高速公路加筋土挡墙为例

1)工程概况

河北省保(定)沧(州)高速公路模块式土工格栅加筋石灰土挡墙位于 K14 + 530.57 ~ K15 + 629.25。该段落穿越路南侧村庄,线路北侧为河道,为了减少征地拆迁同时又不压缩河道的断面,设置了土工格栅加筋石灰土挡墙,挡墙墙高 1.95 ~ 6.0m,挡墙墙面如图 5-13 所示。

挡墙基底换填 50cm 砂砾垫层,垫层中间加铺一层 EG3030 聚丙烯双向拉伸土工格栅。墙面板模块尺寸 0.5m × 0.2m × 0.2m(长 × 宽 × 高),为 C25 混凝土预制块,模块预埋高密度聚乙烯(HDPE)单向土工格栅 6cm,外留一完整肋条,预埋土工格栅与加长土工格栅采用连接棒连接。墙高下部 3.2m 范围内土工格栅竖向间距为 0.4m,3.2m 以上土工格栅竖向间距为 0.6m。在路面和基层之间铺设两层土工格栅。由基础至墙顶在墙背设置 25cm 厚砂砾反滤层。

图 5-13　加筋土挡墙现场照片

为了增加填料的板体性,降低填料对墙面板的侧向土压力,在砂砾反滤层外加筋范围内填筑 6% 石灰土。

2)监测方案

试验断面选择在 K15 + 350 位置,墙高为 6.0m,拉筋采用等长布置,长度为 5.0m。底部 4 层拉筋采用 B 型格栅,其余采用 A 型格栅。模块式土工格栅加筋石灰土挡墙试验方案如图 5-14 所示。试验测试工作从施工之初开始,施工过程每铺设一层土工格栅,读取柔性传感器和土压力盒数据一次。竣工后继续进行监测直至竣工后 1a 时间。

3)测试结果分析

(1)加筋土挡墙基底垂直应力特征

试验断面加筋土挡墙基底垂直应力在施工期间实测数值,随填土高度的分布曲线及开工后不同时间基底竖向压力分布曲线如图 5-15、图 5-16 所示。

试验结果表明:

①在施工初期,基底垂直应力沿土工格栅拉筋长度方向基本呈矩形分布。随着填土高度的增加,基底垂直应力沿土工格栅拉筋长度方向逐渐呈梯形分布,最大值发生在靠近墙面板背部,向拉筋末端方向逐渐减少。基于筋-土的应力转移原理,加筋土体的自重和墙后土

体侧向土压力会转变为拉筋拉力。地基的不均匀沉降和侧向土压力产生的倾覆力矩成为地基垂直应力呈非均匀性分布的主要因素,因此,在靠近墙面处将出现较大的竖向应力,而在土工格栅拉筋末端竖向应力最小。

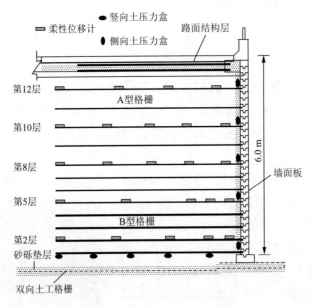

图 5-14　测试断面传感器布置图

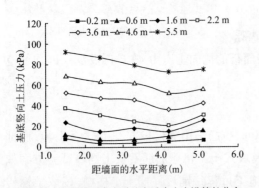

图 5-15　不同填土高度时基底垂直应力沿筋长分布

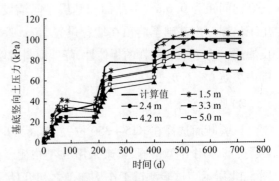

图 5-16　距墙面不同位置处基底垂直应力随时间的变化

②结合图 5-16 可以看出,挡墙基底垂直应力随填土高度的增加而增大,应力增长速率基本相同。施工初期实测基底垂直应力基本上与理论值 $\sigma_v = \gamma h$ 相接近。墙高大于 2.0m 以及竣工后测得的基底垂直应力基本上小于理论计算值。一方面基于柔性的土工格栅埋置于土中后产生的"薄膜"或"网兜"效应,在土工格栅中形成托举力,改善了竖向压力分布,减少了由于土体自重作用在基底上的垂直应力,同时,垂直应力计算理论是基于半无限体地基上,并不完全适用于具有一定宽度的可以产生纵向变形的路堤。

③竣工后,随着时间的延续,基底垂直应力基本呈下降的趋势。可能是由于在加筋土挡墙的自重荷载作用下使得地基发生下沉,导致土压力盒下部土体产生应力松弛,减少了作用

在基底上的垂直应力。

（2）墙背侧向土压力特征

图5-17、图5-18为施工期间埋设于模块面板背面土压力盒测得的侧向土压力大小随填土高度的变化曲线以及竣工后侧向土压力沿墙高的分布曲线。

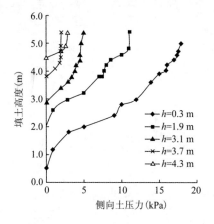

图5-17　距墙底不同位置墙背侧向土压力随填土高度的变化

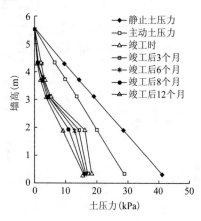

图5-18　墙背侧向土压力沿墙高分布

①施工期间不同层位处的墙面板侧向土压力随填土高度的增加而增大,土压力增长速率随填土高度增加而逐渐减小。这主要是由于随着填土高度的增加墙面逐渐发生水平变形,从而导致侧向土压力减少。

②实测侧向土压力较小,均小于按照经典理论计算的主动土压力和静止土压力。这说明由于土工格栅拉筋与石灰土的摩擦加筋作用以及土工格栅对石灰土的嵌固作用,使得加筋石灰土挡墙具有良好的整体稳定性,墙面板实际受力很小。另外,基于石灰土具有较高的强度和较好的整体稳定性,减小了填料对加筋土墙面板的侧向土压力。同时,土压力偏小也有其工程上的原因:由于土工格栅拉筋嵌固在面板中,地基的沉降使拉筋无法保持平直状态,拉筋不能有效约束墙面板位移,再加上墙面板附近填土压实困难,可能会导致墙面板后的土压力偏小;土工格栅为平面状拉筋材料,具有较好的整体性,施工中必须使拉筋处于张拉状态,并使其固定在下层填土中。如果土工格栅张拉不到位,可能会使墙面板存在一定的侧向位移余地,导致面板后侧向土压力偏小;距墙面板0.5～1.0m范围内采用人工夯实,施工过程中难以保证达到设计要求的密实度,造成面板后实测土压力偏小。

③侧向土压力沿墙高呈非线性形式分布。随着填土高度的增加,侧向土压力基本呈增大趋势。竣工后,实测侧向土压力大小随时间延续基本呈减小的趋势。说明竣工后,基于墙面的水平变形逐渐增大、墙面附近地基竖向应力降低,而使得侧向土压力逐渐减小。这与墙面板基础基底压力特征规律基本一致。

（3）土工格栅拉筋变形特征

图5-19为不同上覆填土高度、不同测试层位土工格栅拉筋变形沿筋长的分布规律以及竣工后其大小随时间的变化曲线。

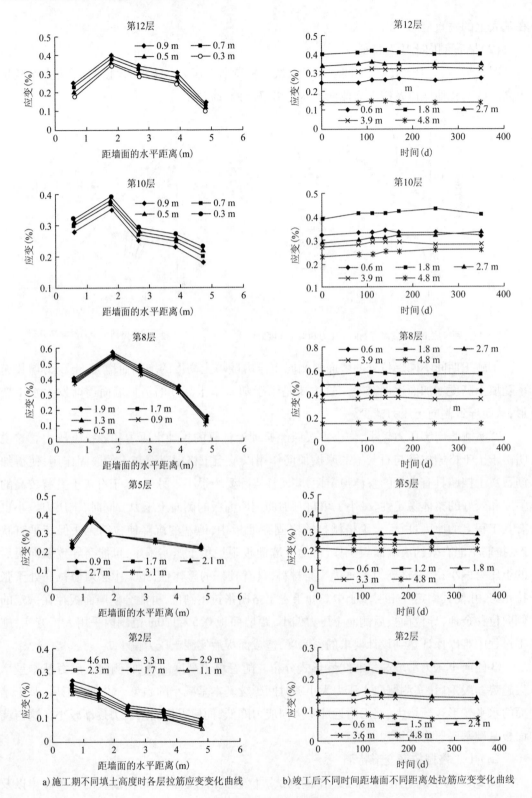

a) 施工期不同填土高度时各层拉筋应变变化曲线　　b) 竣工后不同时间距墙面不同距离处拉筋应变变化曲线

图 5-19　拉筋材料应变实测曲线

从图 5-19 中可以看出：

①在挡土墙施工过程中，各层拉筋应变随上覆填土厚度的增加而增大，增加速率逐渐减小。填土厚度变化时，每层拉筋应变沿筋长方向的分布规律大致保持不变，但不同层位处拉筋拉力沿筋长的分布规律有所不同。

②各层拉筋的实测应变都小于 0.6%。根据土工格栅的拉伸试验曲线，实测的土工格栅所受荷载只相当于其极限抗拉强度的 12.5% 左右。因此，土工格栅的实际受力均远小于设计数值，同时，在这个低数值拉力下发生的拉筋蠕变变形很小。该结论从工程竣工后每层拉筋应变随时间的变化曲线也可得到证实。

③从测试断面拉筋应变的分布规律可以看出，拉筋应变沿筋长呈单峰值分布。

④竣工后，各层位拉筋变形随着时间的延续数值变化不大。可见，土工格栅拉筋的应变主要在施工期间完成，工后应变很小。同时，说明了该挡土墙具有较好的整体稳定性。

（4）结论

根据施工期及竣工后对土工格栅加筋石灰土挡墙的现场试验，获取了大量的观测数据，经过数据分析初步掌握了该结构的工作特性，得出如下几点结论：

①施工初期，基底竖向土压力沿土工格栅拉筋长度方向基本呈矩形分布。随着填土高度的增加，逐渐呈梯形分布，最大值发生在靠近墙面板背部，向拉筋末端方向逐渐减少。实测基底竖向土压力小于理论计算值。竣工后，基底竖向土压力基本呈下降的趋势。

②施工期间墙面板侧向土压力随填土高度的增加而增大，增长速率逐渐减小。实测土压力均小于主动土压力和静止土压力。竣工后，实测侧向土压力大小随时间延续基本呈减小的趋势。

③施工期各层拉筋应变随上覆填土厚度的增加而增大，增加速率逐渐减小。拉筋实测应变均小于 0.6%，且沿筋长呈单峰值分布。竣工后，拉筋变形随着时间的延续数值基本呈常数。

本章参考文献

[1] 江苏宁沪高速公路股份有限公司,河海大学.交通土建软土地基工程手册［S］.北京:人民交通出版社,2001.

[2] 杨广庆.土工格栅加筋土结构理论及工程应用［M］.北京:科学出版社,2010.

[3] 杨广庆,杜学玲,周乔勇,等.土工格栅加筋石灰土挡墙工程特性试验研究［J］.岩土工程学报,2010,32(2):1904-1909.

附录1 数值计算在加筋土结构设计中的应用

编写人:苏　谦　刘华北　介玉新
审阅人:李广信(清华大学)

附 1.1　加筋土结构数值计算概述

随着计算机技术的突飞猛进,数值计算方法得到了飞速发展。由于影响加筋土结构性状的因素很多,解析方法很难求解,因此数值计算方法成为解决这一问题的重要途径。数值计算方法,尤其是有限单元法,可以同时模拟受荷加筋土结构的应力与变形,能在计算中考虑土体的非匀质和非线性特性以及土体随时间、荷载的变化,反映从施工期到运行期土体性状的变化。数值计算已经成为复杂加筋土结构设计的重要手段。

数值计算方法主要有有限单元法(Finite Element Method,简写为 FEM)、有限差分法(Finite Difference Method,简写为 FDM)、无网格法(Meshless Method)。此外,还有边界元法(Boundary Element Method,简写为 BEM)。早期的数值模拟采用的计算软件多为研究者自己编制的或对一些通用有限元软件进行的二次开发,从而满足研究所需。随着计算机技术的发展以及多种岩土工程领域专业有限元分析软件的开发与应用,近年来越来越多的研究更倾向于使用岩土专业数值软件。目前,各类研究咨询机构相继开发了各种分析软件,如PLAXIS、FLAC/FLAC3D、ABAQUS、MIDAS/GTS、GEO-SLOPE、ANSYS、ADINA 等。

1)有限单元法(FEM)

在工程技术领域中,当结构的几何形状不规则、几何非线性或材料非线性时,求得解析解是不可能的,用有限单元法却能够解决许多复杂的工程问题。有限元法的基本思想是将连续的求解区域离散为一组有限个、按一定方式相互连接在一起的单元的组合体。利用在每一个单元内假设的近似函数来分片表示全求解域上待求的未知场函数,这一近似函数常由未知场函数或其导数在单元的各个节点的数值及其插值函数来表达,这样就将一个连续的无限自由度问题离散为一个有限自由度问题。各节点上的数值求出后,可以通过插值函数来计算单元内场函数的近似值,从而得到整个求解域上的近似解。采用有限单元法时,将所考虑的区域分割成有限个小区域,称为有限单元。这些单元仅在有限个节点上相连接,根据变分原理把微分方程转换成变分方程。有限元法不但满足力的平衡条件,而且考虑材料的应力应变关系和土体与筋材以及面板与土体的相互作用关系,从而获得较满意的结果,并达到足够的精度。

2)有限差分法(FDM)

有限差分法是将求解域划分为差分网格,用有限个网格节点代替连续的求解域。有限差分法以 Taylor 级数展开等方法,把控制方程中的导数用网格节点上函数值的差商来代替,进而进行离散求解,从而建立以网格节点上的值为未知数的代数方程组。有限差分法数学概念直观,表达简单,是发展较早且比较成熟的数值方法。在对加筋土结构的数值模拟上,一种基于拉格朗日差分的显式有限差分程序 FLAC 得到了较为广泛的应用。采用有限差分法时,将所考虑的区域离散成网格,用差分近似微分,用差分方程代替微分方程。通过数学上的近似,把求解微分方程的问题变换成求解关于节点未知量的代数方程的问题。

　　加筋土数值计算对所选用的软件有较强的依赖性,适合于进行加筋土结构数值分析的软件一般基于有限单元法或有限差分法。所选用的软件应能够进行非线性分析,拥有能够合理地模拟填土及地基土非线性行为的本构模型,而且拥有能够模拟筋材的杆单元、连接单元或膜单元以及合理地考虑筋材与土体相互作用的模块。有些商业软件未拥有适合模拟填土及地基土的非线性本构模型,应用其进行加筋土结构分析时需谨慎。

附 1.2　数值计算在加筋土结构设计中的应用

附 1.2.1　数值计算应用在加筋土结构设计中的必要性

　　目前,在加筋土结构设计中,大多以极限平衡法、极限分析法、滑移线场法等方法来分析其稳定性。这些建立在极限平衡理论基础上的各种稳定性分析方法,没有考虑土体内部的应力应变关系以及土体与筋材的接触关系,无法分析加筋土结构破坏的发生和发展过程,且没有考虑土体、筋材与其他结构的共同作用及其变形协调。在加筋土结构稳定性分析时,通常需要假定滑裂面的形状,并且只能求得极限平衡时的隔离体受力等而得不到位移。而有限元等数值计算方法能够分析加筋土结构的应力应变,这是最基本、最有用的设计资料,这也为数值计算方法在加筋土结构设计过程中的应用奠定了基础。

　　1)数值计算可以为加筋土的受力和变形分析提供依据

　　采用有限元等数值计算方法可以计算出每层筋材的受力和应变分布,揭示加筋土结构物的受力和变形规律,使人们对加筋土结构物的认识更加深入。

　　对物理规律的认识一般有三个来源:现场工程实践和观测,模型试验和数值模拟。工程实践能够得到第一手资料,但受制于现场条件,很难控制关键要素,重复性差,对个人来说,则需要长期的工程经验积累;模型试验可以在受控条件下重复进行,但由于费用和时间限制,也不能大量重复;数值计算模拟则不受场地、材料等物质条件限制,能够以极低的成本进行大量模拟分析。

　　2)数值计算可以为工程设计和监测点布置提供服务

　　有限元计算结果能够为工程设计和监测点的布置服务。比如,有限元的计算结果能够作为工程设计定性判断的依据。如果高填方或加筋土结构物涉及渗流,基于有限元的渗流分析还可以给出浸润线和水头分布,为排水设计和极限平衡法稳定性分析提供帮助。有限元计算结果可以用于指导监测点的布置,比如,孔压计应当布置在可能发生较大孔压的位置,沉降或测斜仪也应布置在可能发生较大竖向或水平位移的位置。对于简单问题可以根据经验布置,对于复杂问题在计算结果指导下进行布置显然会合理得多。

3)数值计算可以为施工质量和工程安全提供判断

数值计算结合施工监测结果,能够用于施工质量和工程安全的判断。比如,对高加筋土边坡来说,施工过程本身在填土荷载下就会发生很大的变形。如果事先通过数值计算预估变形的可能范围,在施工过程中即使监测到了较大的变形,只要变形在预估的正常范围之内,也是可以接受的。否则,则要警惕是否可能发生失稳破坏或存在施工质量问题。根据已有观测结果,有限元法也可以预测后续的受力和变形情况。

4)数值计算可以为工后修补和参数复核提供参考

工程完工后,采用有限元法进行事后补充分析,总结规律,复核相关参数,也能够总结经验,提升技术水平。

附1.2.2　加筋土结构的有限元数值计算思路

有限元数值计算方法在岩土工程中应用广泛,而加筋土与一般土工结构物不同的只是筋材与土存在很多接触的问题。因此,对接触面的处理可能上升为主要矛盾。按接触面处理方法的不同,加筋土结构的有限元计算方法主要有分离式方法和复合式方法。其中复合式方法因为比较复杂,应用极少,大多只是方法提出者自己使用。

(1)分离式方法。将筋材和土体分开考虑并分别划分单元,用界面单元将筋材单元和土体单元联系起来,称之为分离式分析方法。该方法在计算时至少需要填土、筋材、界面三种本构模型。分离式方法可以模拟出筋土之间的相互作用机理,且计算要较其他数值方法简单易懂,故国内外很多研究人员都采用这种方法进行有限元计算。

(2)复合式方法。将筋材和附近的土体作为一种复合材料,即采用复合土体单元 + 土体单元计算,称之为复合式分析方法。理论上这种方法能够简化分析过程,但是,如何较为准确地确定复合材料的物理力学参数、本构关系和屈服准则是一个关键点和难点。此外,由于加筋土体的各向异性,并且是非匀质材料,这会使得计算存在明显的尺寸效应。在有限元数值模拟时,其刚度矩阵计算方程求解也会比较困难。

(3)等效附加应力法。等效附加应力法由介玉新、李广信等提出,其基本思路是把加筋土中筋的作用等效成附加应力沿筋长方向加在土骨架上,取加筋土中的土体进行计算。具体地讲,就是在有限元计算中只出现土单元,筋的作用仅当成外力(等效附加应力)加在土单元上,模拟筋材本身的单元并不出现。

(4)等效弹簧法。吕文良等人指出:等效弹簧法基本思路是土体采用 Mohr-Coulomb 模型模拟,筋材和面板分别采用理想弹塑性弹簧模拟,即在加筋和面板处土体单元节点上施加水平弹簧来限制土体的变形。采用此法,可直接应用素土本构关系模型计算复合加筋体的受力和变形特征,大大简化了加筋土挡墙的分析和计算。

附 1.2.3　加筋土结构有限元数值计算模型

1）复合式分析方法的本构模型

当采用复合式分析方法时,主要是通过室内试验,确定加筋土结构的应力-应变关系,提出一种复合体材料的弹塑性本构模型。此外,周世良等基于自洽理论和应变相容观点,建立饱和多孔介质筋土复合材料力学模型。

2）分离式以及其他形式分析方法的本构模型

（1）加筋土体

关于土体的应力-应变本构关系,有些学者根据理论研究和试验结果提出了各种各样的本构关系。但没有一种本构关系可以适用于所有土类,因为土体的力学性质十分复杂,并且其性质随荷载条件的变化而变化。因此,对某一种土来说,只能根据该土的性质及测试方法,找出大致适合其特性的本构关系。

土体变形具有黏弹塑性,用弹塑性模型模拟较好。然而,弹塑性模型参数测定困难,使用起来复杂,难以推广,实际工程数值计算中很少采用。非线性弹性模型虽然忽略了应力路径等因素的影响,但仍能够较好地模拟土体发生屈服后的非线性变形情况。

在岩土有限元分析中使用较多的有 Duncan-Chang 双曲线模型、Mohr-Coulomb 模型、Drucker-Prager 模型和修正的剑桥模型。其中,Duncan-Chang 模型为非线性弹性模型,其余三种为弹塑性模型。

①非线性弹性模型。

土体属于黏弹塑性混合体,其应力-应变关系是非线性的,因此用弹塑性模型模拟比较合理。但是在实际问题中由于模型参数较难测定,使用复杂,因而采用非线性弹性模型来代替弹塑性模型进行数值模拟。此模型忽略了应力路径等因素的影响,能模拟土体发生屈服以后的非线性变形情况,与线弹性模型相比,其不同之处在于土的弹性模量和泊松比都随应力而变化。非线性弹性模型主要是 Duncan-Chang 模型,其中又包括 E-ν 模型、E-B 模型和一系列改进的 Duncan-Chang 模型等。

②弹塑性模型。

弹塑性模型是目前应用最为广泛的一类模型,该模型建立在现代塑性理论基础上。其中,以 Mohr-Coulomb 模型为代表。但是 Mohr-Coulomb 模型屈服面具有棱角奇异性特征,在数值模拟应用中相对困难。而 Drucker-Prager（D-P）模型则能克服 Mohr-Coulomb 模型的缺点,而且如果选择材料常数正确就能和 Mohr-Coulomb 模型相匹配,在土力学中也得到了广泛应用。

填土及地基土采用平面应变或三维实体单元模拟。一般而言,采用线性单元或非线性单元皆能得到比较合理的结果,但线性单元的尺寸需较小以满足精度要求。为了比较准确得到加筋土结构的变形及筋材的内力,需要合理模拟填土及地基土的非线性。特别是对于较高的加筋土结构,填土的压硬性效应明显,边坡中不同部位填土的围压差别很大,而且不同部位填土的应变也有比较大的差别,这些差别导致边坡中不同部位填土的模量差别也比较大。因此,填土宜用 Duncan-Chang 等非线性模型或能模拟土材料压硬性的弹塑性模型进行模拟,其模量及强度参数宜通过三轴压缩试验获得。邓肯等(1980)总结了一些填料的试验结果,给出了不同类型填料的非线性弹性参数,可在三轴压缩试验结果的情况下根据填料的类型选用。但是,填土的强度需通过直剪试验确定,所选用的模型还需能够比较合理地描述填土的体积变形,非线性弹性模型需能够考虑泊松比或体积模量随应力状态的变化,弹塑性模型需选用合理的剪胀参数。

当面对地基土体本构模型选择时,如果地基中不含饱和软土层,可采用 Mohr-Coulomb 模型或 Duncan-Chang 模型进行模拟。如用 Mohr-Coulomb 模型,需根据加筋土结构对地基荷载的大小,合理选用地基土的压缩模量,以模拟地基在上部荷载作用下的压缩。地基荷载越大,相应的压缩模量越大,而地质勘探报告中的压缩模量不一定与现场的受力相符。若地基土含饱和软土层,可能需要根据实际情况,选用能够进行固结耦合分析的有限元软件进行分析,软土层可能需要用修正剑桥模型等进行模拟,才能比较准确地预测加筋土结构及地基在施工过程中及完工之后的变形及应力。

(2)筋材

土工织物或土工格栅筋材可用杆单元(平面应变问题)或膜单元(三维问题)进行模拟,其关键的问题是选取合理的筋材刚度。一般而言,加筋土结构的工作状态取决于其工后变形及内力,相应的筋材刚度应该取材料的长期刚度。由于大多数土工合成材料有较大的蠕变性,其长期刚度与根据规范确定的单轴拉伸刚度往往有较大的差别;此外,土工合成材料也是非线性材料,在不同应变水平下,其蠕变不同,相应的长期刚度与单轴拉伸刚度的比值也不同。根据国外的一些研究成果,高密度聚乙烯(HDPE)的长期刚度可能为短期刚度的30%~50%,应变水平越大,长期刚度越小。聚丙烯(PP)的长期刚度比值与高密度聚乙烯类似,而聚酯(PET)的长期刚度约为单轴拉伸刚度的80%,但需注意其在酸碱环境中的耐久性。另外一个需要注意的问题是无纺土工织物的刚度,其在填土中的刚度远大于在空气中的拉伸刚度,需通过模拟不同压力下的拉拔试验标定其短期刚度,然后对其短期刚度做一定的折减确定其长期刚度。

此外,筋材的模拟由于所使用分析软件的不同而存在一些差异。一些通用的有限元模拟软件(如 ANSYS、ABAQUS 等)没有专门与土工合成材料对应的单元,通常采用一维弹性线单元,或二维弹性面单元。其材料力学参数通常需要通过试验来确定。随着岩土有限元软件的发展,如 FLAC、MIDAS/GTS、PLAXIS 等均已内置了相对应的单元(如土工格栅单元)。

(3)面板

由于面板多为石块或混凝土块,其变形刚度与土体相差较大,不易发生塑性变形,故通常将面板考虑为各向同性弹性模型。

（4）筋土接触模型、面板与土接触模型

正常工作状态下,筋土之间出现大滑移的可能性不大。因此,对于土工格栅加筋土边坡,考虑其较大的孔眼尺寸,筋土之间可不单独设置接触面单元,而假定筋土之间连接良好,筋土之间的一些相对变形由相邻土单元的剪切变形描述。对于土工织物,其与填土接触面之间的强度往往与填土剪切强度差别较大,这时可以采用无厚度接触面单元(如 Goodman 单元)或薄层接触面单元模拟它们之间的相互作用。接触面的强度参数可通过拉拔试验或直剪试验结果进行确定。

通过调研发现,筋土接触可以分为两大类,第一类即采用设置接触单元来模拟筋土的接触关系;第二类即不设置接触单元或者设置弹簧来模拟筋土接触关系。

对于第一类情况,大量研究多采用 Goodman 接触单元或者其简化形式——两节点接触单元。而采用 PLAXIS 以及 FLAC 等岩土专业有限元分析软件来进行数值模拟时,可以直接使用软件自带的接触界面单元来定义筋土接触模型。

对于第二类情况,由于没有设置接触单元,一部分研究认为可以考虑筋土界面应变协调,通过自动耦合接触结点自由度来模拟筋土接触关系。吕文良等认为可以通过设置水平弹簧来简化筋土作用,以利于计算。

3）分离式分析方法本构模型参数

（1）加筋土体

①Mohr-Coulomb 模型。

对于加筋土体而言,使用最为频繁的属 Mohr-Coulomb 模型。Mohr-Coulomb 模型是一个有固定屈服表面的本构模型。

Mohr-Coulomb 屈服条件是将 Coulomb 摩擦定律延伸到一般应力状态。事实上,这个条件确保材料单元内任何平面服从库仑摩擦规律。

Mohr-Coulomb 屈服准则表达式为:

$$\tau_f = c + \sigma_n \tan\varphi \qquad (\text{附}1\text{-}1)$$

或以主应力表示的屈服条件为:

$$\sigma_1 - \sigma_3 = (\sigma_1 + \sigma_3)\sin\varphi + 2c\cos\varphi \qquad (\text{附}1\text{-}2)$$

用应力不变量可表示为:

$$f(I_1, J_2, \theta) = \frac{1}{3}I_1\sin\varphi + \sqrt{J_2}(\cos\theta_\sigma + \frac{1}{\sqrt{3}}\cos\theta_\sigma\sin\varphi) - c\cos\varphi = 0 \qquad (\text{附}1\text{-}3)$$

式中, $-\pi/6 \leqslant \theta_\sigma \leqslant \pi/6$。

屈服函数中出现的两个塑性模型参数是内摩擦角 φ 和黏聚力 c。在主应力空间中显示为一个以空间对角线(静水压力线)为对称轴的六角锥面,六个锥角三三相等。在变平面或 π 平面上的屈服曲线是六个锥角三三相等的六边形(附图 1-1)。

利用相关联的流动法则描述塑性势函数 g,即直接将库仑屈服函数作为势函数会导致剪胀过大的问题。所以采用了一个比摩擦角小的角度,即剪胀角 ψ,使得计算所得的剪胀不至于太大。故 Mohr-Coulomb 准则塑性势函数为:

$$g = \frac{1}{2}(\sigma_1 - \sigma_3) - \frac{1}{2}(\sigma_1 + \sigma_3)\sin\psi - 2c\cos\psi \qquad (\text{附}1\text{-}4)$$

因此,当使用 Mohr-Coulomb 模型时,需要知晓土体的摩擦角 φ、黏聚力 c 和剪胀角 ψ 这三个剪切强度参数。当无具体强度参数时,摩擦角 φ 和黏聚力 c 可以采用经验推荐值。土体为软土时,剪胀角 ψ 可以取为 0。

②Drucker-Prager 模型。

Mohr-Coulomb 模型的屈服面具有棱角,这会导致求导计算时出现奇异。而 Drucker-Prager 模型(D-P 模型)能克服 Mohr-Coulomb 模型的缺点,并且选择适当的材料常数就可以与 Mohr-Coulomb 模型相匹配。Drucker-Prager 模型屈服准则是 Drucker-Prager 对三向应力状态的 Mohr-Coulomb 准则函数进行改进,使得其屈服面在有效主应力空间中成为一个圆锥形屈服面,如附图 1-2 所示。在 p-q 平面上屈服面退化为一直线,称为屈服轨迹或者破坏线。

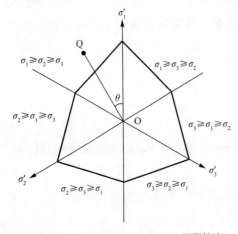

附图 1-1 π平面上的 Mohr-Coulomb 屈服轨迹

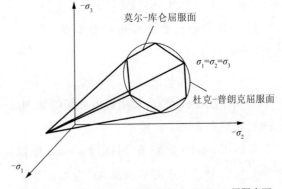

附图 1-2 Drucker-Prager 屈服面和 Mohr-Coulomb 屈服表面

Drucker-Prager 准则表达式如下:

$$F = \alpha I_1 + \sqrt{J_2} - k = 0 \qquad (\text{附}1\text{-}5)$$

式中:$\alpha = \dfrac{\sin\varphi}{\sqrt{3}(3 + \sin^2\varphi)^{\frac{1}{2}}}, k = \dfrac{\sqrt{3}c\cos\varphi}{(3 + \sin^2\varphi)^{\frac{1}{2}}}$;

$I_1 = \sigma_1 + \sigma_2 + \sigma_3, J_2 = \dfrac{1}{6}\left[(\sigma_1 - \sigma_2)^2 + (\sigma_2 - \sigma_3)^2 + (\sigma_3 - \sigma_1)^2\right]$;

其中,φ 是内摩擦角,c 是黏聚力。

③Duncan-Chang 模型。

Duncan-Chang 本构模型是一种双曲线非线性弹性模型,其中 E-ν 模型主要基于常规三轴排水试验条件下土的应力-应变曲线的非线性特征。模型建立的思路是参照线弹性模型中模量 E、泊松比 ν 的定义,应用增量法概念逼近非线性应力-应变曲线,对应的模型参数用

切线变形模量 E_t 和切线泊松比 ν_t。其两个主要方程如下：

切线变形模量

$$E_t = KP_a\left(\frac{\sigma_3}{P_a}\right)^n \left[1 - \frac{R_f(\sigma_1 - \sigma_3)(1 - \sin\varphi)}{2c\cos\varphi + 2\sigma_3\sin\varphi}\right]^2 \quad (\text{附}\,1\text{-}6)$$

切线泊松比

$$\nu_t = \frac{G - F\lg(\sigma_3/P_a)}{\left\{1 - \dfrac{D(\sigma_1 - \sigma_3)}{KP_a\left(\dfrac{\sigma_3}{P_a}\right)^n\left[1 - \dfrac{R_f(\sigma_1 - \sigma_3)(1 - \sin\varphi)}{2c\cos\varphi + 2\sigma_3\sin\varphi}\right]}\right\}^2} \quad (\text{附}\,1\text{-}7)$$

采用 Duncan-Chang 模型时，P_a 为大气压，需要确定 8 个参数，分别是：黏聚力 c、内摩擦角 φ、参数 K、n，破坏比 R_f 以及与泊松比计算有关的三个材料参数 G、F、D。

卸载-再加载模量：

$$E_{ur} = K_{ur}P_a\left(\frac{\sigma_3}{P_a}\right)^{n'} \quad (\text{附}\,1\text{-}8)$$

其中，K_{ur} 和 n' 分别为材料参数。一般认为 n' 与式（附 1-6）中的 n 相等。

试验表明，侧向应变 ε_t 与轴向应变 ε_a 之间的关系用双曲线描述误差较大，计算的非线性泊松比 ν_t 一般偏大，从而使实际工程计算的侧向变形量偏大。Duncan 等人后来提出用切线体积模量 B_t 代替，即所谓的 E-B 模型。

切线体积模量为：

$$B_t = K_b\left(\frac{\sigma_3}{P_a}\right)^m \quad (\text{附}\,1\text{-}9)$$

其中，K_b 和 m 是材料常数，分别为 $\lg(B/P_a)$ 与 $\lg(\sigma_3/P_a)$ 直线关系的截距和斜率。关于 E-ν 模型和 E-B 模型哪个更适用，存在不同意见。在我国土石坝数值计算中，人们认为 E-ν 模型计算结果相对更好一些。

（2）筋材

加筋材料，以土工格栅为例，其只能受拉，不能受压，且抗弯刚度很小。通常可以将土工格栅的本构关系取为线弹性。土工格栅单元是一种柔性的弹性单元，只有法向刚度，没有弯曲刚度，只能受拉而不能受压。它只有一种材料特性即轴向弹性刚度 EA，定义为单位宽度上的力与轴向应变的比值，轴向刚度由筋材的拉伸试验确定。轴向刚度表达式为：

$$EA = \frac{PL}{\Delta L} \quad (\text{附}\,1\text{-}10)$$

式中：EA——轴向刚度；

$\quad P$——荷载；

$\quad L$——样品的长度；

$\quad \Delta L$——荷载下的伸长量。

（3）界面单元

目前,岩土专业有限元分析软件引入了界面单元的概念,界面由界面单元组成。附图 1-3 显示了 PLAXIS 中界面单元与土单元的连接,应用 15 节点的土单元,对应的界面单元是 5 对节点。而 6 节点的土单元对应的界面单元是 3 对节点。

在附图 1-3 中,显示界面单元有有限厚度,但在有限元公式中,每对节点的坐标是相同的,这就意味着单元是零厚度单元。每一界面赋予它一个"虚厚度",用来虚拟定义界面的材料属性。虚拟厚度越厚,将产生越大的弹性变形。一般地,界面单元被设想产生较小的弹性变形,因此,虚拟厚度应该小一些。计算中,虚厚度等于虚厚度系数乘以平均单元尺寸。平均单元尺寸由产生网格时的粗糙程度决定。默认的虚厚度系数为 0.1。

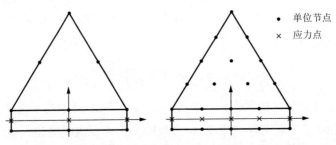

附图 1-3　界面单元节点和应力点的分布及它们与土单元的连接

界面单元的本构关系采用弹塑性模型描述界面的性质,来模拟土与土工织物的相互作用。Mohr-Coulomb 准则可以用来区别界面单元的弹性力学性能和塑性力学性能,当界面处于弹性状态时,它的位移很小,而当界面单元进入塑性状态时,会出现不受限制的滑动。

当界面单元为弹性时,剪应力 τ 应满足:

$$|\tau| < \sigma_n \tan\varphi_i + c_i \qquad\qquad (\text{附 } 1\text{-}11)$$

式中:σ_n——作用在界面单元上的正应力;

　　φ_i——界面单元摩擦角;

　　c_i——界面单元的黏聚力。

当界面单元为塑性时,剪应力 τ 为:

$$|\tau| = \sigma_n \tan\varphi_i + c_i \qquad\qquad (\text{附 } 1\text{-}12)$$

在 PLAXIS 中,筋土界面的粗糙程度是通过选择合适的值作为强度折减系数,亦即摩擦系数比 R_{inter} 来模拟的。其定义为土结构界面强度与相应土体剪切强度的比值。

$$\left.\begin{aligned}\tan\varphi_i &= R_{inter}\tan\varphi \\ c_i &= R_{inter}c \\ G_i &= R_{inter}^2 G\end{aligned}\right\} \qquad (\text{附 } 1\text{-}13)$$

式中:R_{inter}——摩擦系数比;

　　G_i——界面单元的剪切模量;

　　G——与筋材接触的土体的剪切模量;

φ——与筋材接触的土体的内摩擦角；

c——与筋材接触的土体的黏聚力。

附 1.2.4　加筋土结构数值计算模型参数取值

针对以上各材料本构模型的参数,可结合现场实际地勘资料对其进行确定,亦可根据室内试验确定各参数取值。通常在无详细资料时,各参数可根据经验取值。

1) 线弹性模型

线弹性模型需要两个计算参数:变形模量 E_0 和泊松比 ν。将计算采用的土的模量称为变形模量,而不是弹性模量,是因为该模量对应的变形中包含了弹性和塑性变形,而不仅仅是弹性变形。所以将其称为变形模量更合适,而不是弹性模量。

关于土的泊松比,在利用平板载荷试验计算变形模量时,通常采用的泊松比取值为:碎石土为 0.27,砂土为 0.30,粉土为 0.35,粉质黏土为 0.38,黏土为 0.42。这些数值可以作为线弹性模型计算时泊松比的参考取值,其他建议的泊松比的取值见附表 1-1 和附表 1-2。

土的静止土压力系数 K_0 与泊松比 ν 的参考值(1)　　附表 1-1

土的种类	液限 w_L	塑性指数 I_p	K_0	ν
饱和的松砂	—	—	0.46	0.32
密砂	—	—	0.36	0.26
干的松砂($e=0.8$)	—	—	0.64	0.39
密砂($e=0.6$)	—	—	0.49	0.33
压实黏性土	—	≈ 10	0.42	0.30
	—	≈ 30	0.66	0.40
原状淤泥质黏土	≈ 70	≈ 45	0.57	0.36
原状海相黏土	≈ 40	≈ 15	0.48	0.32
原状高岭土	≈ 60	≈ 23	$0.64 \sim 0.70$	$0.39 \sim 0.41$

土的静止土压力系数 K_0 与泊松比 ν 的参考值(2)　　附表 1-2

土的种类和状态		K_0	ν
碎石土		$0.18 \sim 0.33$	$0.15 \sim 0.25$
砂土		$0.33 \sim 0.43$	$0.25 \sim 0.30$
粉土		0.43	0.30
粉质黏土	坚硬状态	0.33	0.25
	可塑状态	0.43	0.30
	软塑和(或)流动状态	0.53	0.35
黏土	坚硬状态	0.33	0.25
	可塑状态	0.53	0.35
	软塑或流动状态	0.72	0.40

对于弹性材料,泊松比不能大于0.5。在有限元计算中,为了避免$\nu = 0.5$时发生体积自锁现象,一般建议泊松比不超过0.49,这是泊松比的上限。

对于泊松比也有下限的要求。如果泊松比太小,会得出侧限条件下土体也会破坏的错误结论。为了不致在侧限情况下土单元被压坏,可以推导出:

$$\nu > \frac{1 - \sin\varphi}{2} \qquad\qquad (附1-14)$$

其中,φ为土的内摩擦角。如果$\varphi = 30°$,显然应当有$\nu > 0.25$;如果$\varphi = 40°$,则$\nu > 0.18$。

在 Duncan 等人的有限元程序 FEDAM84 中,对泊松比有进一步的要求,即:

$$\nu \geqslant \frac{1 - \sin\varphi}{2 - \sin\varphi} \qquad\qquad (附1-15)$$

式(附1-15)显然比式(附1-14)更严格,如果$\varphi = 30°$,则有$\nu \geqslant 0.33$;$\varphi = 40°$,则$\nu \geqslant 0.26$。

对于无黏性土或正常固结黏性土,有经验关系:

$$K_0 = 1 - \sin\varphi \qquad\qquad (附1-16)$$

其中,K_0为静止土压力系数。于是可知:

$$\frac{1 - \sin\varphi}{2 - \sin\varphi} = \frac{K_0}{1 + K_0} \qquad\qquad (附1-17)$$

由式(附1-17)可知,式(附1-15)实际上是要求泊松比至少能够与侧限情况下静止土压力系数的经验计算公式相匹配,即默认K_0的下限为$(1 - \sin\varphi)$。式(附1-15)比式(附1-14)更合理一些。关于泊松比的限制条件对于后面的 Duncan-Chang 双曲线模型也是适用的。

关于变形模量E_0,在土力学经典教材中,都会介绍其与压缩模量(也称侧限变形模量)E_s的关系:

$$E_0 = \beta E_s \qquad\qquad (附1-18)$$

$$\beta = \frac{1 - 2\nu^2}{1 - \nu} \qquad\qquad (附1-19)$$

显然$\beta < 1$,即$E_0 < E_s$。

通过室内侧限压缩试验可以得到土的压缩模量E_s,进而可以根据合适的泊松比换算出土的变形模量E_0。

但是室内压缩试验得到的压缩模量E_s通常比实际的要小。其原因除了试样扰动、应力释放等因素外,更关键的可能在于小应变(应变小于0.01%)问题。小应变问题最早发现于20世纪70年代,2000年前后在我国引起重视。对小应变下土的力学行为的认识,有助于解释室内压缩试验得到的土的模量参数与现场反算相比总是偏小,以及大面积荷载下沉降影响深度只是有限深度等现象。

Clayton 和 Heymann(2000)研究了黏土的刚度折减规律,得到$E_{0.01}/E_{0.001} = 0.80 \sim 0.95$、$E_{0.1}/E_{0.001} = 0.35 \sim 0.55$、$E_1/E_{0.001} = 0.11 \sim 0.21$。其中,$E_{0.001}$、$E_{0.01}$、$E_{0.1}$、$E_1$分别为应变0.001%、0.01%、0.1%、1%时的变形模量。可以看出,土的模量会随应变的增加而迅速降

低。通常室内试验的应变大于 1%,这就是室内试验得到的土的变形模量总是比实际要小的原因所在。也就是说,虽然确实存在土样扰动、应力释放、试验误差等原因,但这些原因不足于导致太大的差别。根本原因应当在于小应变与常规应变状态下两者模量的巨大差别上。实际工程中土体的变形分布极不均匀,对应的变形模量是不同应变下模量的综合结果。因此,现场载荷试验和根据实际工程的反演得到的模量更符合实际。这也是人们常常采用载荷试验以及根据标准贯入试验等原位测试来确定变形模量的原因。

变形模量可以通过现场平板载荷试验获得,由此得到的变形模量更符合现场条件。相对于室内试验得到的压缩模量 $(E_s)_{test}$,往往会存在 $E_0 > (E_s)_{test}$ 的情况,附表 1-3、附表 1-4 是一些经验关系。

变形模量 E_0 与压缩模量 $(E_s)_{test}$ 间的经验关系(1)　　　　附表 1-3

土 的 种 类	$\xi = E_0/(E_s)_{test}$	土 的 种 类	$\xi = E_0/(E_s)_{test}$
高压缩性土	1~2	黄土	2~5
低压缩性土	≤10		

变形模量 E_0 与压缩模量 $(E_s)_{test}$ 间的经验关系(2)　　　　附表 1-4

土 的 种 类		$\xi = E_0/(E_s)_{test}$	
		一般变化范围	平均值
老黏性土		1.45~2.80	2.11
一般黏性土	$I_p > 10$	0.60~2.80	1.35
	$I_p < 10$	0.54~2.68	0.98
新近沉积黏性土		0.35~1.94	0.93
淤泥及淤泥质土		1.05~2.97	1.90
红黏土		1.04~4.87	2.36

从附表 1-3 和附表 1-4 可以看出,多数情况下 $\xi > 1$,即 $E_0 > (E_s)_{test}$,但它并不与式(附 1-18)和式(附 1-19)相悖,只是表明现场载荷试验所得结果与室内压缩试验结果之间的差别而已。该表实际上也给出了室内压缩试验结果的修正方法,即可以根据压缩试验得到的 $(E_s)_{test}$ 乘以表中的系数 ξ,利用式(附 1-18)和式(附 1-19),选择合适的泊松比,理论上就可以得到与现场载荷试验相匹配的压缩模量 $(E_s)_{test}$。

利用标准贯入试验等原位测试成果,也可以按经验关系确定变形模量,如湖北省水利水电勘测设计院针对湖北黏性土和粉土得到的经验关系为:

$$E_0 = 1.0658N + 7.4306 \qquad\qquad (附 1-20)$$

其中,N 为标准贯入试验的击数,E_0 单位为 MPa。

广东省关于花岗岩残积土的经验关系为:

$$E_0 = 2.2N(4 < N < 30) \qquad\qquad (附 1-21)$$

《工程地质手册》(第 4 版)给出的针对花岗岩和泥质软岩的残积土、全风化和强风化岩的变形模量 E_0 与标准贯入试验击数的关系为:

$$E_0 = \alpha N \qquad (附1\text{-}22)$$

经验系数 α 的取值见附表 1-5。

经验系数 α 的取值 附表 1-5

经验值	花岗岩		泥质软岩	
	N	α	N	α
残积土	$10 < N \leqslant 30$	2.3	$10 < N \leqslant 25$	2.0
全风化岩	$30 < N \leqslant 50$	2.5	$25 < N \leqslant 40$	2.3
强风化岩	$50 < N \leqslant 70$	3.0	$40 < N \leqslant 60$	2.5

文献[14]建立的武汉地区第四纪冲积和冲积—洪积成因的一般黏性土层的变形模量 E_0 与静力触探比贯入阻力 p_s 的关系为：

$$E_0 = 6.37 p_s + 0.088 \qquad (附1\text{-}23)$$

以及

$$E_0 = 1.288 (E_s)_{test} + 1.156 \qquad (附1\text{-}24)$$

E_0、E_s 和 p_s 的单位为 MPa，适用条件为 p_s 在 $1.0 \sim 3.5$ MPa 之间（注：原文中单位为 kg/cm^2，这里对公式进行了单位的转换）。

铁道部第一设计院提出的用比贯入阻力确定粉细砂变形模量公式：

$$E_0 = 3.5 p_s^{0.6836} \qquad (附1\text{-}25)$$

文献[16]基于在塔克拉玛干沙漠，采用面积 $2500cm^2$ 圆形压板的平板载荷试验，总结沙漠砂变形模量与 N 的关系：

$$E_0 = 1.9668 N + 5.3768 \qquad (附1\text{-}26)$$

规范、手册和文献中还有很多类似的关系式或表格可以借鉴，包括用轻型和重型动力触探确定土的变形模量等。这种经验关系带有很多的地域特点，并受土性及状态的影响。比如式（附1-20）对沿海的淤泥显然不合适。文献[17]对福建花岗岩残积砾（砂）质黏性土（部分辉绿岩岩脉残积黏性土）8 个平板载荷试验总结的 E_0 与 N 的关系为：

$$E_0 = 1.187 N - 1.92 \qquad (附1\text{-}27)$$

这与式（附1-21）和式（附1-22）也有很大差别。另外，一些文献资料中的公式是间接引用，且在符号上可能存在打印错误，所以在应用中要认真分析，不可盲目照搬。

此外，附表 1-6 是文献[18]给出的一些条件较好的大坝覆盖层的承载力和变形模量情况。国外的文献中也有很多确定变形模量的方法，如文献[19]，该文献中也给出了变形模量的可能取值，见附表 1-7。

河床趾板建在覆盖层上的高面板坝工程信息 附表 1-6

工程名称	坝高（m）	覆盖层深（m）	持力层	干密度（g/cm³）	承载力（MPa）	变形模量（MPa）
那兰	109.0	24.3	卵砾石夹中细砂	2.19	$0.50 \sim 0.60$	$33 \sim 45$
察汗乌苏	110.0	46.7	含漂砂卵砾石	2.14	$0.50 \sim 0.60$	$45 \sim 55$

续上表

工程名称	坝高（m）	覆盖层深（m）	持力层	干密度（g/cm³）	承载力（MPa）	变形模量（MPa）
九甸峡	136.5	40	冲积砂砾卵石	1.95~2.12	0.50~0.60	40~60
苗家坝	110.0	48	块碎石砂卵砾石层	2.15~2.20	0.55~0.60	60~65
斜卡	108.2	100	含漂卵砾石层	2.10~2.20	0.50~0.60	45~50
多诺	108.5	30	含漂碎砾石土层	2.17	0.50~0.55	50~60
金川	112.0	65	含漂砂卵砾石层	2.24	0.55~0.60	40~45

变形模量的取值　　　　　　　　　　　　　附表 1-7

土的种类与状态		变形模量 E_0（MPa）
黏土	很软的	2~15
	软的	5~25
	中等坚硬的	15~50
	坚硬的	50~100
	砂质的	25~250
冰碛土	松散的	10~150
	密实的	150~720
	很密实的	500~1440
黄土	—	15~60
砂土	粉质的	5~20
	松散的	10~25
	密实的	50~81
砂砾石	松散的	50~150
	密实的	100~200
页岩	—	150~5000
淤泥	—	2~20

注：1. 现场值的大小取决于土体的应力历史、含水率、密度和沉积年代等；

　　2. 原文用 E_s 但其实指的是变形模量，所以这里用符号 E_0。

需要说明的是，上述经验关系主要针对的是天然地基土的情况。对于填土可以参考采用。也有一些关于回填土的资料，比如，对大面积黄土质填土，山西煤矿设计院发现静力触探测得的贯入阻力 $p_s > 3$MPa 时填土的湿陷性较小，E_0 与 p_s 的关系为：

$$E_0 = 2.05p_s + 13.5 \qquad\qquad （附1-28）$$

上式适用于 $p_s \leq 6$MPa 的情况。

此外，土的模量还会随应力而变化，在设计计算中要选择与应力匹配的模量。

随着互联网的普及，文献获取变得比较容易了。在工程设计计算时，除了参考规范、手册和专著外，最好查阅所涉及地区的土性和模量等相关期刊论文的文献资料，作为计算分析的参考。

2）Duncan-Chang 双曲线模型

Duncan-Chang 模型需要的参数较多，一般需要通过常规三轴试验来求取这些参数。附表 1-8 给出了文献中关于 Duncan-Chang 模型参数的范围，以便参考。

Duncan-Chang 双曲线模型参数

附表 1-8

Duncan-Chang 双曲线模型参数

文献来源		K	n	R_f	K_{ur}	G	F	D	K_b	m
殷宗泽		50~2500	0~1.0	0.5~0.95	1.2K~3.0K	0.2~0.6	0.01~0.2	1~20.0	0.3K~3.0K	0~1.0
朱百里,沈珠江	软黏土	50~200	0.5~0.8	0.7~0.9	3.0K	—	—	—	20~100	0.4~0.7
	硬黏土	200~500	0.3~0.6	0.7~0.9		—	—	—	100~500	0.2~0.5
	砂	300~1000	0.3~0.6	0.6~0.85	1.5K~2.0K	—	—	—	50~1000	0~0.5
	砂卵石	500~2000	0.4~0.7	0.65~0.85		—	—	—	100~2000	0~0.5
	石料	300~1000	0.1~0.5	0.6~1.0		—	—	—	50~1000	-0.2~0.4
Duncan et al	级配良好砾石	210~950	0.28~0.57	0.51~0.71		—	—	—	52~470	0.18~0.57
	级配不良砾石	410~2500	0.21~0.5	0.61~0.78		—	—	—	125~1400	0~0.46
	黏质砂砾	97	0.7	0.86		—	—	—	45	0
	级配良好砂	330~1600	0.08~0.5	0.51~0.76		—	—	—	100~600	0~0.46
	级配不良砂	190~3200	0.08~0.79	0.57~0.97	1.2K~3.0K	—	—	—	95~2250	0~0.65
	粉砂	100~800	0.2~1.07	0.62~0.75		—	—	—	470~640	0
	粉砂与黏质砂	160~700	0.37~0.81	0.63~0.8		—	—	—	65~280	0.19~0.81
	低塑性粉土	200~530	0.35~1.07	0.57~0.82		—	—	—	200~520	0~0.89
	低塑性黏土	130~690	-0.05~0.62	0.61~0.82		—	—	—	45~360	0~0.59

除了软黏土外,对于不做碾压、松铺的土,其 K 值也能达到50。大坝建设的堆石料,通常情况下 K 值也很少超过1500。一般工民建中的土料往往就地取材,且压实标准也低于堆石坝,其 K 值不大可能超过1000。工民建中填土的 K 值通常在 $100 \sim 1000$ 之间。

3)其他

通常在无详细勘察资料及试验测试数据的情况下,常见工程土类物理力学参数可采用附表1-9中的推荐值进行初步估算。

常见工程土类物理力学指标取值范围   附表1-9

土的分类		液限 w_L (%)	塑限 w_P (%)	塑性指数 I_P (%)	重度 γ (kN/m³)	含水率 w (%)	正常固结状态压缩模量 $E_S = \nu_e \cdot \sigma_{at}\left(\dfrac{\sigma}{\sigma_{at}}\right)^{\omega_e}$		抗剪强度指标 φ' (°)	抗剪强度指标 c' (kPa)	渗透系数 k (m/s)
							ν_e	ω_e			
均质砾石		—	—	—	16.0	4	400	0.6	34	—	2×10^{-1}
					19.0	1	900	0.4	42	—	1×10^{-2}
砂砾石		—	—	—	21.0	6	400	0.7	35	—	1×10^{-2}
					23.0	3	1100	0.5	45	—	1×10^{-6}
弱-中等粉、黏质砂砾石		20	16	4	21.0	9	400	0.7	35	7	1×10^{-5}
		45	25	25	24.0	3	1200	0.5	43	0	1×10^{-8}
中等-强粉、黏质砂砾混合土		20	16	4	20.0	13	150	0.9	28	15	1×10^{-7}
		50	25	30	22.5	6	400	0.7	35	5	1×10^{-11}
匀质砂	细砂	—	—	—	16.0	22	150	0.75	32	—	1×10^{-4}
					19.0	8	300	0.60	40	—	2×10^{-5}
	粗砂	—	—	—	16.0	16	250	0.70	34	—	1×10^{-3}
					19.0	6	700	0.55	42	—	5×10^{-4}
级配良好砂		—	—	—	18.0	12	200	0.70	33	—	5×10^{-4}
					21.0	5	600	0.55	41	—	2×10^{-5}
弱-中等粉、黏质砂土		20	16	4	19.0	15	150	0.80	32	7	2×10^{-5}
		45	25	25	22.5	4	500	0.65	40	0	5×10^{-7}
中等-强粉、黏质砂土		20	16	4	18.0	20	50	0.90	25	25	2×10^{-5}
		50	30	30	21.5	8	250	0.75	32	7	1×10^{-9}
低塑性粉土		25	21	4	17.5	28	40	0.80	28	10	1×10^{-5}
		35	28	11	21.0	15	110	0.60	35	5	1×10^{-7}
中-高塑性粉土		35	22	7	17.0	35	30	0.90	25	20	2×10^{-6}
		60	25	25	20.0	20	70	0.70	33	7	1×10^{-9}
低塑性黏土		25	15	7	19.0	28	20	1.00	24	35	1×10^{-7}
		35	22	16	22.0	14	50	0.90	32	10	2×10^{-9}
中塑性黏土		40	18	16	18.0	38	10	1.00	20	45	5×10^{-8}
		50	25	28	21.0	18	30	0.95	28	15	1×10^{-10}

土的分类	液限 w_L (%)	塑限 w_P (%)	塑性指数 I_P (%)	重度 γ (kN/m³)	含水率 w (%)	正常固结状态压缩模量 $E_S = \nu_e \cdot \sigma_{at}\left(\dfrac{\sigma}{\sigma_{at}}\right)^{\omega_e}$		抗剪强度指标 φ' (°)	c' (kPa)	渗透系数 k (m/s)
						ν_e	ω_e			
高塑性黏土	60 85	20 35	33 55	16.5 20.0	55 20	6 20	1.00 1.00	12 20	60 20	1×10^{-9} 1×10^{-12}
有机质粉、黏土	45 70	30 45	10 30	15.5 18.5	60 26	5 20	1.00 0.90	18 26	35 10	1×10^{-9} 2×10^{-11}
泥炭土	— 	—	—	10.4 12.5	800 80	3 8	1.00 1.00	24 30	15 5	1×10^{-5} 1×10^{-8}
腐殖土	—	100 250	30 80	50 170	2.5 6.0	—	4 10	—	18 26	1×10^{-7} 1×10^{-9}

附 1.2.5 数值计算在加筋土结构设计中需要注意的问题[1]

1）数值计算的缺点

有限元数值计算常常受人诟病,至今不能写进规范,其自身有很明显的缺点:

(1)计算结果可能因人而异,并不唯一。方法应用正确与否与计算者本人关系过于紧密,对个人素质要求过高。

(2)所涉及的计算模型和计算参数比较复杂。这种复杂性也来源于土材料本身的复杂性。土材料除了存在非线性之外,天然地基土又存在小应变等问题。对加筋土结构物来说,还存在筋材与土的接触面如何合理模拟的问题。

(3)计算方法本身有一定局限性。比如,目前强度折减法是基于有限元计算安全系数的主要手段。但强度折减法计算得到的安全系数可能不唯一,计算结果依赖于破坏判据的选择。常用的判据是塑性区贯通,或计算不收敛,或某一参照点的应变或位移发生突变且无限发展。一般来说,塑性区贯通只是土体破坏的必要条件,而不是充分条件。也就是说,塑性区贯通并不意味着边坡破坏。这种提法有点违背人们的直觉;以计算不收敛作为判据,又使得安全系数计算严重依赖于计算软件的编写水平、误差控制条件等;以应变或位移突变为控制条件,对"突变"的度量则难以量化。强度折减法还存在其他一些缺陷。这些缺点使得其主要用来补充校核极限平衡法的计算结果,很难独立确定安全系数。

(4)在没有前期观测资料校正的情况下,很难保证有限元计算结果的准确性。总之,应该正视有限元的缺点,设法扬长避短,更好地用有限元为工程建设服务。

2）加筋土结构数值计算应注意的问题

(1)针对特定问题,采用有限手段,实现有限目标。理论上有限元法能够解决我们所有的数值模拟问题,但不做任何概化,把所有因素、所有细节都考虑进去,不但增加计算负担,而且往往也达不到期望的目标。针对问题的要点,要有所取舍,化繁为简,舍弃不必要的细节,尽量简化问题的几何形状、材料参数以及边界条件。比如,如果能够用二维进行模拟,就尽量不采用三维计算;如果形状影响不大,就把桩尽量简化为矩形截面;地层分层较多,就把材料性质相近的相邻地层进行合并。

(2)根据具体问题和计算目标选择合适的本构模型。计算模型不是越复杂越好,也不是越简单越好,而是越合适越好。比如,对于一般的工民建问题,荷载变化不大,选择合适的变形模量和泊松比,用线弹性模型即可。如果荷载变化幅度很大,也需要考虑模量随应力的变化关系。但对基坑工程,线弹性模型就不够用了,需要采用弹塑性模型或非线性弹性模型(如 Duncan-Chang 模型)等。另外,模型要与参数相匹配。初步计算完成后,最好再进一步改变参数进行反复计算,看看数值计算结果对参数的敏感性。这样能够清楚需要对参数的精度把握的程度。

(3)模型试验和监测信息的反馈。根据已有实测结果修正参数和计算结果,能够大大提高预测的精度。

(4)正确的判断和解读。由于有限元比较复杂,与个人处理手段关系紧密,所以计算者的判断和分析是非常重要的。

(5)积累参数和经验。需要有限元应用者和相关行业积累不同地区和不同土层的参数经验。这些经验和参数的大致取值能够保证计算预测在合理的范围内。工程经验是重要的,但工程经验大多是定性的,而且需要很多的经历和时间来形成模糊的判断。有限元法结合经验参数就可能把这种工程经验予以量化。

附 1.2.6 基于数值分析方法的工作状态设计

对于重要的高加筋土结构,基于数值分析方法的工作状态设计一般需与极限平衡或强度折减法一起进行,以满足规范对结构安全的要求。可以采用以下两种不同步骤分析:第一种,首先进行极限平衡理论分析设计,确定筋材的布置,然后以该筋材布置为基础,进行结构长期变形及筋材内力的数值分析校核;第二种,首先进行工作荷载作用下加筋土结构的数值分析,确定满足变形和筋材内力要求的筋材布置后,以该布置为基础进行安全系数校核。

第一种设计步骤如下:

(1)根据极限平衡理论分析方法确定筋材的布置,包括长期强度、筋材间距以及筋材长度等。

(2)根据第一步得到的筋材长期强度选定加筋材料,确定材料参数。

(3)建立加筋土结构的数值模型,模拟加筋土结构的填筑过程。

(4)在加筋土边坡上施加正常工作设计荷载。

(5)考察加筋土结构在正常工作设计荷载作用下的变形增量(工后沉降)。

（6）考察加筋土结构在施工期及正常荷载作用下的各向变形。

（7）考察加筋土结构的筋材内力。

（8）加筋土结构的工后变形需满足设计要求，筋材内力与筋材长期强度相比，需具有一定的安全储备（目前规范对该安全储备没有明确规定，参照极限状态分析，安全系数可取1.3左右）。

（9）若变形量或筋材内力不满足要求，可增加筋材强度或减小加筋层间距，重新建模计算。

第二种设计步骤如下：

（1）根据经验或参照类似工程初步假定加筋土结构的筋材布置、长期强度及刚度。

（2）建立加筋土结构的数值模型，模拟加筋土结构的填筑过程。

（3）在加筋土结构上施加正常工作设计荷载。

（4）考察加筋土结构在正常工作设计荷载作用下的变形增量（工后形变量）。

（5）考察加筋土结构在施工期及正常荷载作用下的各向变形。

（6）考察加筋土结构的筋材内力。

（7）若变形量或筋材内力不满足要求，可增加筋材强度或减小加筋层间距，重新建模计算。

（8）重复第（7）步，一直到结构的变形及筋材的内力满足规范要求为止。

（9）采用极限平衡法或强度折减法校核第（8）步确定的筋材布置，看是否满足规范规定的稳定性要求及安全系数要求。

附1.3 加筋土结构数值计算算例分析

本算例采用岩土二维有限元分析程序 PLAXIS 进行数值模拟。

附1.3.1 加筋土挡墙算例分析

1）模型工况

该有限元分析模型为一单线铁路路堤式加筋土挡墙，挡墙形式如附图1-4所示。挡墙墙高为7.5m，墙顶路堤填土厚度为2m，路堤边坡坡度为1∶1.5。挡墙修建于弱风化基岩上部，基岩厚度为10m，挡墙前部基岩长为20m，模型总长45m。挡墙采用碎石土填筑，挡墙筋材采用 TGDG144 型土工格栅，层间距为0.5m，格栅长度为12m。该分析模型中不包含轨道结构，根据《高速铁路设计规范》（TB 10621—2014），路基设计时，可将轨道及列车荷载等效为均布荷载作用于路基面，轨道结构采用有砟轨道结构形式，单股轨道结构在路基面上分布宽度为3.4m，距路肩2m。模型右侧为一平整场区，为了减小模型边界对分析的影响，取左侧路肩以右 22m 作为模型边界。

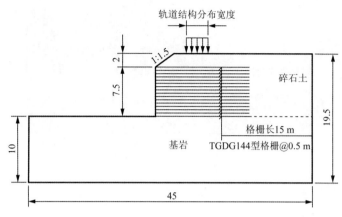

附图 1-4　加筋土挡墙数值计算模型工况简图（尺寸单位：m）

2）参数及边界条件

填土和基岩采用 Mohr-Coulomb 模型，其取值见附表 1-10。筋材采用线弹性的土工格栅单元，同时引入界面单元模拟土工格栅和土的相互作用。土工格栅的轴向刚度为单位宽度轴向力与轴向应变的比值，TGDG144 土工格栅轴向刚度为 2070kN/m。土工格栅与填土的界面折减系数取为 0.67，与基岩界面折减系数为 0.7。路基面荷载为 54.1kN/m^2，其分布宽度为 3.4m，左侧距路肩 2m。

模型材料参数表　　　　　　　　　　　　　附表 1-10

材料名称	天然重度 （kN/m^3）	饱和重度 （kN/m^3）	变形模量 （MPa）	泊　松　比	黏聚力 （kPa）	内摩擦角 （°）
填土	19.5	21	50	0.3	5	35
基岩	20	23	1000	0.2	500	32
TGDG144	轴向刚度 EA（kN/m）	2070		界面系数	0.67/0.7	
面板	轴向刚度 EA（kN/m）	6.0×106		抗弯刚度 EI（kN·m^2/m）	20（拼装式） 20000（整体浇筑式）	

在模型的底部采用的是固定边界条件，设置水平和垂直位移约束。在模型的左侧和右侧设置水平位移约束，坡面以及坡顶采取的是自由边界条件。所有边界均为透水边界，不考虑地下水位作用。

3）有限元计算模型

加筋土挡墙数值计算模型如附图 1-5 所示。

由于本例需要分析面板对加筋土挡墙侧向变形的影响进行分析，故分别计算拼装式面板和整体浇筑式面板两种工况。同时考虑施工对计算结果的影响，采用分部施工（分层填筑）模式计算，每层填土厚度为 0.5m。

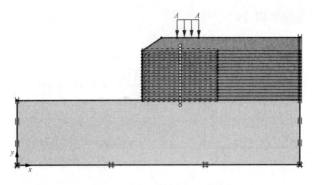

附图 1-5　加筋土挡墙数值计算模型

4）数值计算结果分析

（1）变形分析

挡墙墙面板为拼装式墙面板时，挡墙总位移云图随墙高变化如附图 1-6 所示（每幅图图名右侧括号内数字分别为最大水平位移和最大竖向位移，单位：mm）。

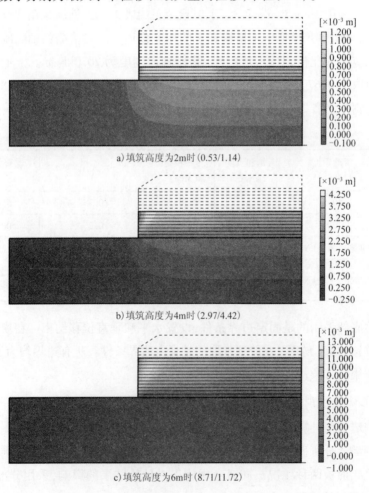

附图　1-6

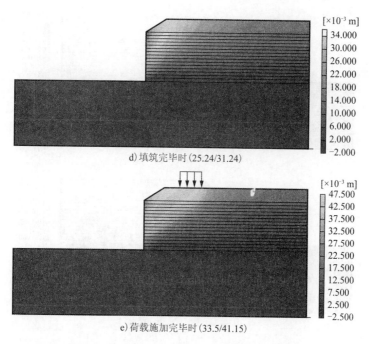

d) 填筑完毕时 (25.24/31.24)

e) 荷载施加完毕时 (33.5/41.15)

附图 1-6 拼装式面板挡墙总位移云图随填土高度变化图

由于计算过程中新填土层之前填土层的位移并未清零,故计算所得总位移为当前所有土层填筑后的位移之和。若想反映每层填土后产生的位移,可将前一土层填筑后的位移清零。

挡墙墙面板为整体现浇式墙面板时,挡墙总位移云图随墙高变化如附图 1-7 所示(每幅图图名右侧括号内数字分别为最大水平位移和最大竖向位移,单位为:mm)。

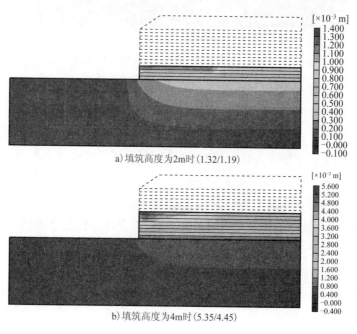

a) 填筑高度为2m时 (1.32/1.19)

b) 填筑高度为4m时 (5.35/4.45)

附图 1-7

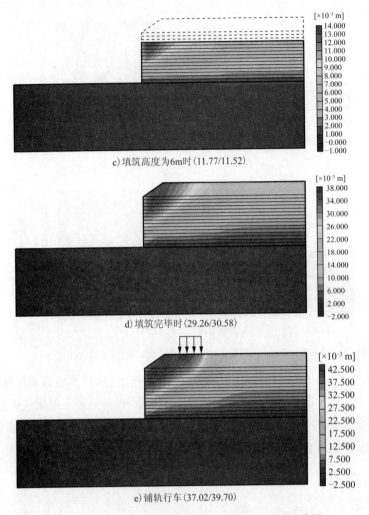

c) 填筑高度为6m时 (11.77/11.52)

d) 填筑完毕时 (29.26/30.58)

e) 铺轨行车 (37.02/39.70)

附图1-7　整体浇筑式面板挡墙总位移云图随填土高度变化图

随着填土高度增加,两种墙面板模式挡墙最大位移发生处逐渐由挡墙中上部向挡墙左上角转移。且当铺轨行车后,轨道结构下部路基面变形明显增加。对比两种墙面板模式挡墙最大水平位移和最大竖向位移可知,墙面为拼装式墙面板时,水平位移与竖向位移相差较大,总位移分量中,竖向位移所占比例较大;而墙面为整体浇筑式墙面板时,水平位移与竖向位移相差甚小。同时,当填土高度相同时,拼装式墙面挡墙总位移略小于整体浇筑式墙面挡墙,两者竖向位移相差较小,而水平位移相差较大。故由此可知,挡墙墙面板形式对挡墙变形有较显著影响,且主要对水平位移影响较大,因此需合理设计加筋土挡墙墙面板形式。关于挡墙墙面板形式对挡墙受力变形的影响可参考叶观宝等人的研究成果。

(2)墙面板变形分析

提取墙面板水平位移进行分析,如附图1-8 所示,可以明显反映墙面板形式的不同对挡墙变形的影响。

从上图可以看出,拼装式墙面板水平位移最大值位于墙身中部,而整体浇筑式墙面板水平位移最大值位于墙身中上部,两者分布形式存在明显差异,但两者最大水平位移数值相当。拼装式墙面板属于柔性墙面板,故墙面板水平变形呈现"鼓肚"现象。

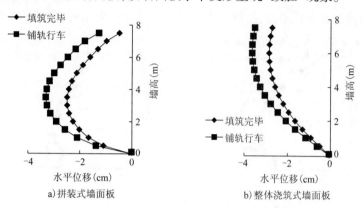

附图1-8 两种形式墙面板水平位移分布

(3)墙背土压力

通过计算,提取墙背土压力分布,结果如附图1-9所示。

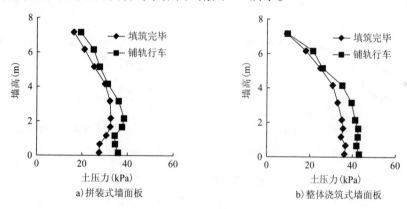

附图1-9 两种形式墙面板挡墙墙背土压力分布

从上图可以看出,随着荷载增加,墙背土压力变大。对于拼装式墙面板挡墙,墙背土压力最大值位于挡墙中下部(墙身下部1/4处),墙底土压力略小于墙身下部1/4处。而整体浇筑式墙面板挡墙,墙背土压力呈非线性增加趋势。轨道及列车荷载作用后,墙身下部土压力增加明显,这与理论计算相符。填土高度相同时,不同墙面形式墙背土压力分布对比如附图1-10所示。

从上图可以看出,整体浇筑式墙面板挡墙墙背土压力在墙身上部相比拼装式墙面板挡墙墙背土压力较小,而在墙身下部则相反。这说明拼装式面板挡墙墙背土压力分布较均匀。因此,设计中可以减少不同筋带的设计工作量。

(4)路基面竖向沉降变形分析

路基面竖向沉降变形如图1-11所示。

图中上面一条曲线所反映的沉降变形只是静载作用下的总变形量,并非路基工后沉降,因此不作为挡墙设计计算的依据。从图中可以看到,铺轨行车后,轨道结构下部路基竖向沉降发生明显变化,总变化值大于15mm,该值已达到或超过高速铁路路基工后沉降控制标准。因此,在高速铁路加筋土挡墙的设计中,需要进一步优化挡墙结构,以满足设计要求。

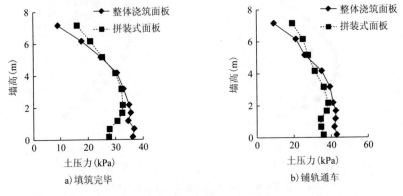

附图1-10　墙背土压力分布

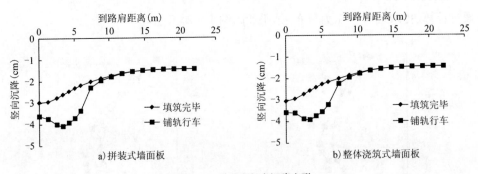

附图1-11　路基面竖向沉降变形

此外,对比两种墙面板形式下路基面竖向沉降变形(附图1-12)可以发现,墙面板形式的不同对挡墙自身竖向变形影响较小,但铺轨行车后,在轨道及列车荷载的作用下,其差异逐渐显现。

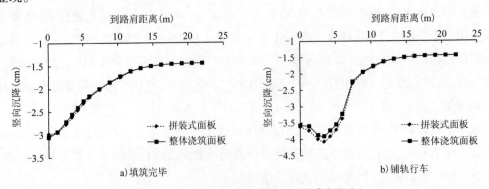

附图1-12　不同墙面板挡墙路基面竖向沉降变形对比

通过对挡墙以上内容的分析计算,与现有资料对比,证明了数值计算在加筋土挡墙结构设计计算中的可行性。

附1.3.2 加筋土路堤算例分析

1）模型工况

该算例为一个单纯的加筋土路堤分析,计算模型如附图1-13所示,主要分析探讨加筋后路堤的沉降变化规律及应力应变状态。

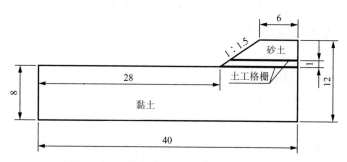

附图1-13 加筋土路堤计算模型(尺寸单位:m)

该模型比较简单,路堤顶宽为12m,路堤高为4m,边坡坡率为1:1.5,路堤填料为砂土,地基为黏土。黏土层计算厚度采用8m,路堤坡脚外黏土范围为28m。根据对称性,建立一半模型,由于需要进行固结沉降计算,故模型长度选为40m,从而消除边界对孔隙水消散的影响。路堤底部满铺两层土工格栅,格栅间距为1m。

2）材料参数及边界条件

土体材料参数详见附表1-11。

模型材料参数表　　　　　　　　　　　　　　　　附表1-11

材料	材料模型	天然重度 γ（kN/m³）	饱和重度 γ_{sat}（kN/m³）	变形模量 E（MPa）	泊松比 ν	渗透系数（m/d）	黏聚力 c_{CD}（kPa）	内摩擦角 φ_{CD}（°）
黏土	Mohr-Coulomb 模型	15	18	2	0.32	0.0001	2	24
砂土	Mohr-Coulomb 模型	17	20	3	0.30	1.0	1	30

土工格栅抗拉刚度为800kN/m,界面折减系数为0.9。模型考虑分层填筑。路堤高度为4m,分为4层填筑。模型左右边界不透水,底部可透水。

3）有限元计算模型

加筋土路堤有限元计算模型如附图1-14所示。

地下水位为常水位,位于地基表面。模型计算过程如下:

(1)铺设第1层土工格栅,将路堤填筑到1m高,工期为5d。

(2)施加施工间歇200d,使超静孔隙水压力消散。

(3)铺设第2层土工格栅,将路堤填筑到2m高,工期为5d。

(4)施加施工间歇200d。

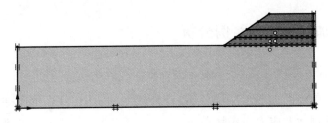

附图 1-14　加筋土路堤有限元计算模型

（5）路堤填筑到 3m，工期为 5d。

（6）施工间歇期为 200d。

（7）路堤填筑到 4m，工期为 5d。

（8）工后较长的沉降期，使超静孔隙水压消散至最小孔压并接受最小压力的默认值 1kPa。

4）计算结果分析

（1）沉降变形

根据数值计算，固结沉降完成后，路堤变形如附图 1-15 所示。由于数值计算过程中材料变形模量取值较小，故计算所得变形较大，路堤最大竖向沉降为 33.58cm。

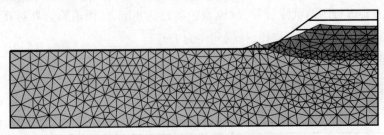

附图 1-15　固结沉降结束后路堤变形网格图

从图中可以看到路堤整体出现沉降，并且坡脚处地基出现了挤出、隆起现象。

附图 1-16 反映了路基沉降发生的主要区域为路基下部，路基本体沉降差异并不大。根据计算结果，绘制路基中心段面沉降沿路基高度分布曲线，如附图 1-17 所示。

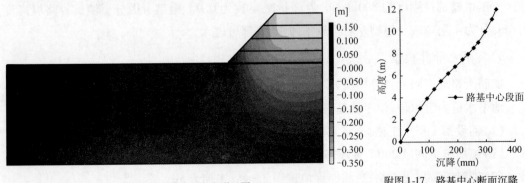

附图 1-16　路基竖向变形云图

附图 1-17　路基中心断面沉降
　　　　　沿高度分布

从上图可以看出,路基顶面沉降为 335mm,路基底部沉降为 235mm。路基本体沉降为 100mm,故沉降主要产生于地基的固结沉降。

路基中心地基面沉降曲线如附图 1-18 所示,固结沉降时间达到 3000d 以后,沉降趋于稳定,由此可知,固结沉降的速率较慢。因此,为了加速固结沉降,可以采取一系列有效工程措施进行处理。

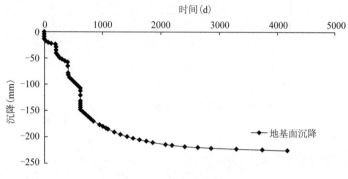

附图 1-18　地基面沉降曲线

(2)筋材受力分析

由附图 1-19 可以得知,下层筋带内力比上层筋带内力大,说明主要加筋效果是由路堤底部的土工格栅提供的。因此,在底部加密筋带可以强化加筋效果。另外,筋带所受荷载最大值不大于 20kN/m,说明筋带处于弹性工作阶段。

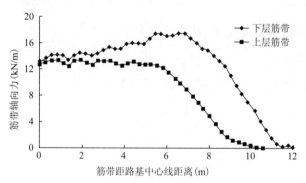

附图 1-19　筋带轴向力沿水平方向分布

本算例仅给出了一种布筋形式,实际上,可以通过数值计算方法,对比不同的布筋形式,以及选取不同的材料参数进行敏感性分析,从而获得具有工程指导性的意见。

附 1.3.3　加筋土边坡算例分析

1)模型工况

该算例为一个加筋土边坡,边坡体为人工填筑体,边坡高度为 10m,坡面角度为 70°,基岩部分取长度为 40m 作为分析对象,边坡前部基岩长度为 25m,基岩厚度取 10m。通过有限元数值计算(计算模型如附图 1-20 所示),对该边坡稳定性进行分析,求得边坡稳定系数以及潜在破裂面位置。

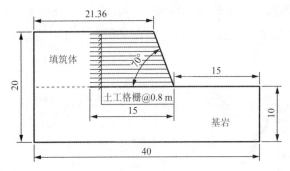

附图 1-20　加筋边坡计算模型(尺寸单位:m)

2)材料参数及边界条件

土体材料参数详见附表 1-12。

模型材料参数表　　　　　　　　　　　　　　　　　　　　　　附表 1-12

材料	材 料 模 型	天然重度 γ（kN/m³）	饱和重度 γ_{sat}（kN/m³）	弹性模量 E（MPa）	泊松比 ν	黏聚力 c_{CD}（kPa）	内摩擦角 φ_{CD}（°）
填筑体	Mohr-Coulomb 模型	22.47	24	70	0.3	8.24	29.49
基岩	Mohr-Coulomb 模型	25.3	26	70	0.3	360	25.3

土工格栅按竖向间距 0.8m 布置,抗拉刚度为 1000kN/m,界面折减系数为 0.4。

3)有限元计算模型

加筋土边坡有限元计算模型如附图 1-21、附图 1-22 所示。

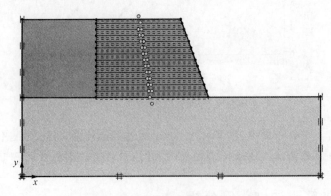

附图 1-21　加筋土边坡有限元计算模型

4)结果分析

根据 PLAXIS 自带的 Phi/c reduction 分析计算结果,边坡安全稳定系数为 $\Sigma - Msf = 1.360$。

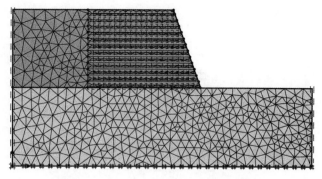

附图 1-22　加筋土边坡有限元计算模型网格划分

边坡位移增量及总应变如附图 1-23、附图 1-24 所示,由以上位移增量图和总应变图可同样反映形变主要产生于坡面部位。

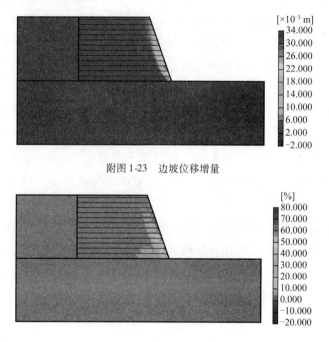

附图 1-23　边坡位移增量

附图 1-24　边坡总应变

通过强度折减法等数值计算分析方法,可以对边坡的稳定系数进行计算,这不需要像条分法等其他分析方法那样提供滑动圆弧等相关假定条件,且所得结果具有较好的可靠性。尤其是当前许多工程越来越大,边坡越来越高。合理利用数值计算手段可以为边坡整治处理提供有效的工程指导。

5)极限平衡法计算加筋土边坡稳定系数

采用理正岩土边坡稳定分析系统对上述模型进行分析,考虑到土工格栅仅传递轴向力,根据算例提供资料,土工格栅强度值可取 30kN/m。经计算,边坡破裂面如附图 1-25 所示,安全系数为 1.344。

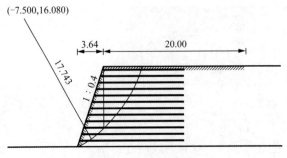

附图 1-25　破裂面形状

采用极限平衡法分析边坡稳定系数时,筋材抗拉强度对其影响较大,根据计算结果,边坡稳定系数与筋材抗拉强度基本上呈线性关系(附图 1-26)。

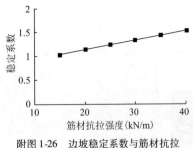

附图 1-26　边坡稳定系数与筋材抗拉
强度关系曲线

极限平衡法计算中不能反映筋材与土的相互作用关系,基于有限元的强度折减法则能够在一定程度上弥补这种缺陷。但强度折减法的缺点是安全系数计算依赖于破坏判据的选择,即计算结果可能不唯一。常用的判据是塑性区贯通,或计算不收敛,或滑动面上应变或位移发生突变且无限发展。一般来说,塑性区贯通只是土体破坏的必要条件,而不是充分条件[3]。故塑性区贯通并不意味着边坡破坏。以计算不收敛作为判据,使得安全系数计算严重依赖于计算软件的编写水平、误差控制条件等;以应变或位移突变为控制条件,对"突变"的度量则难以量化。

强度折减法的诸多问题使得其难以像极限平衡法那样作为规范推荐的方法。但它毕竟提供了一种安全系数的计算方法,而且能够考虑不同材料之间的相互作用关系,可以作为常规稳定分析方法的重要补充,其应用价值不可低估。尤其近年来商业软件的推广普及,进行强度折减法计算并不困难,对一些重要工程建议补充进行强度折减法稳定分析。

本附录参考文献

[1] 介玉新,李广信. 有限元法在加筋土结构设计中应用的必要性和可行性[J]. 长江科学院院报,2014,31(3):34-39.

[2] 周世良,刘占芳,王多垠,等. 格栅加筋土挡墙数值分析的复合材料方法[J]. 岩石力学与工程学报,2006,25(11):2327-2334.

[3] 介玉新,李广信. 加筋土数值计算的等效附加应力法[J]. 岩土工程学报,1999,21(5):614-616.

[4] 吕文良,闫澍旺. 弹塑性有限元在加筋土挡墙中的应用[J]. 天津大学学报:自然科学与

工程技术版,2002,35(5):596-600.

[5] 周世良,刘占芳,何光春.饱水格栅加筋土挡墙结构特性数值分析[J].水利学报,2006,37(8):1015-1021.

[6] 彭芳乐,曹延波,小竹望,等.基于 Goodman 界面单元的加筋砂土变形破坏有限元数值分析[J].岩石力学与工程学报,2010,29(A02):3893-3904.

[7] 陈仲颐,周景星,王洪瑾.土力学[M].北京:清华大学出版社,1994.

[8] 《工程地质手册》编委会.工程地质手册[M].4 版.北京:中国建筑工业出版社,2007.

[9] 介玉新.有限元固结分析中若干问题探讨[C].第二届全国土力学教学研讨会论文集,2008.

[10] Clayton C. R. I.,Heymann G. (2001). Stiffness of Geomaterials at very Small Strains[J]. Geotechnique,51(3):245-255.

[11] 黄强.勘察与地基若干重点技术问题[M].北京:中国建筑工业出版社,2001.

[12] 南京水利科学研究院土工研究所.土工试验技术手册[M].北京:人民交通出版社,2003.

[13] 林宗元.岩土工程试验监测手册[M].北京:中国建筑工业出版社,2005.

[14] 湖北综合勘察院、武汉城市规划设计院.用静力触探直接测求地基土的临塑荷载(PKP)及变形模量(E0)的试验报告[R].勘察技术资料,1973,3:50-56.

[15] 唐贤强,谢瑛,文载奎.地基工程原位测试技术[M].北京:中国铁道出版社,1993.

[16] 陈继,张喜发,程永辉.沙漠砂变形模量研究[J].岩土工程技术,2002,3:152-155.

[17] 刘俊龙.残积土工程特性的试验分析[J].工程勘察,2005,1:40-42.

[18] 李国英,苗喆,米占宽.深厚覆盖层上高面板坝建基条件及防渗设计综述[J].水利水运工程学报,2014,4:1-6.

[19] 约瑟夫·E·泼勒斯.基础工程分析与设计[M].5 版.童小东,等,译.北京:中国建筑工业出版社,2004.

[20] 殷宗泽.土工原理[M].北京:中国水利水电出版社,2007.

[21] 朱百里,沈珠江.计算土力学[M].北京:上海科学技术出版社,1990.

[22] Duncan J. M.,Byrne P.,Wong K. S.,and Mabry P.. Strength,stress-strain and bulk modulus parameters for finite element analyses of stresses and movements in soil masses[R]. Geotechnical Engineering Report No. UCB/GT/80-01,University of California,Berkeley,1980.

[23] 马建林.土力学[M].3 版.北京:中国铁道出版社,2011.

附录2　加筋土挡墙其他设计方法简介

编写人:何　波　刘华北　陈建峰
审阅人:李广信(清华大学)

附 2.1 概述

近十年来,欧美各国的加筋土挡墙设计规范都在从极限平衡法(或容许应力法)向极限状态法过渡,尤以美国和欧洲规定比较详细。在欧洲岩土工程设计规范 Eurocode 7(EC7)中,明确区分承载能力极限状态(ULS)和正常使用极限状态(SLS),要求采用不同的计算来验算 ULS 和 SLS。为适应不同工况采取不同的分项系数,DA_1 为材料分项系数(分为两组不同的情况),DA_2 为荷载抗力分项系数,DA_3 也是材料分项系数(但只有一组)。EC7 中并没有涉及任何加筋土结构的设计,特别是加筋材料的系数。因此,欧洲不同国家在 EC7 的基础上更新,发展自己国家的设计规范,所选取的分项系数可能不同,但都在转向极限状态法。

加筋土挡墙的设计包括三部分:外部稳定性、内部稳定性和整体稳定性。其中,各规范中对外部稳定性计算的要求都大同小异,而内部稳定性计算出现了两种主要方法(附图 2-1、附图 2-2):锚固楔体法(TBW)和双楔体法(2PW)。其中,锚固楔体法设计是基于加筋体内部一个假定的破坏面,而双楔体法是通过搜索大量的破裂面来对内部稳定性进行验算。在有地震力,或者计算连接强度,或者不同土壤温度的情况下,这种搜索滑裂面验算的方式通常会更安全,其经济性也会更好。

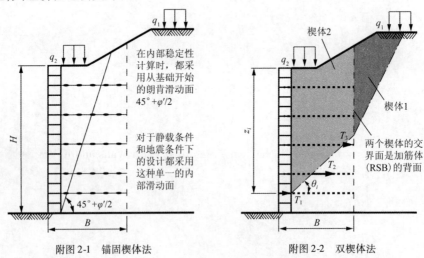

附图 2-1 锚固楔体法　　　　　附图 2-2 双楔体法

附表 2-1 中列出几个常见规范所采用的内部稳定性计算方法。

常见规范的内部稳定性计算方法　　　　　　　　　　附表 2-1

国家	规 范	内部稳定性计算方法	说 明
英国	BS8006	锚固楔体法	采用分项系数,可考虑 ULS 和 SLS
德国	Bautechnik method(DIBt)	双楔体法	应用广泛,可计算多种工况。只考虑 ULS
美国	FHWA-NHI-10-024(025)	锚固楔体法	采用荷载和材料分项系数,考虑 ULS
澳大利亚	AS4678	双楔体法	分项系数更多,对连接强度计算很充分

无论是外部稳定性还是内部稳定性,任何一种规范需要对各种参数/系数进行定义。而这些参数/系数的不同,也会导致即便在计算方法一样时,计算结果也会不同。这些参数包括土体参数、加筋材料参数、土体和加筋材料的相互作用系数。另外,还有各种系数:安全系数、部分荷载和材料因子、加筋体后墙背摩擦角、承载力计算中的倾斜因子、土体强度取值等。附表 2-2 列出几个最易影响计算结果的系数。

加筋土结构设计的一些典型系数

附表 2-2

系 数 类 型	总安全系数	荷 载 因 子	材 料 因 子
外部抗滑	大多为 1.5	EC7/DA_2 设定:1.35(恒载)& 1.5(汽车荷载)、1.0(抗力)	EC7/DA_3 设定:1.25(土体强度),同时 1.3(汽车荷载)
承载力	大多为 2.0~2.5	AASHTO 设定:1.35(土体),1.75(活载),0.65(承载力折减)	EC7/DA_3 设定:1.25(土体强度),同时 1.3(汽车荷载)
加筋材料破坏	大多为 1.3~1.75	大多采用 1.0(BS 8006—1:2010、AS4678 和 AASHTO)	EBGEO 采用 1.4
加筋体后的墙背摩擦角	从 $\delta=0$ 到 $\delta=1.0\times\phi'$ BS 8006—1:2010 和 FHWA/AASHTO 都设定 $\delta=0$(水平填土) AASHTO 设定 $\delta=\phi'$,但竖直分量为 0		
承载力倾斜因子	美国规范不考虑,其余国家规范都考虑		
土体强度指标(ϕ'_{peak} 或 ϕ'_{cv})	大多数国家规范采用 ϕ'_{peak},也有一部分采用 ϕ'_{cv} 某些规范(如英国边坡设计指南 HA68/94)中,利用 ϕ'_{cv} 来考虑全部的安全冗余		

附 2.2 美国 FHWA 方法简介

"Design and Construction of Mechanically Stabilized Earth Walls and Reinforced Soil Slopes"(FHWA-NHI-10)为美国联邦公路局(FHWA)于 2009 年发布的关于加筋土挡墙和加筋土边坡的手册,包含了设计、施工和监测等内容,本手册基于荷载及抗力分项系数法(LRFD),是对 FHWA-NHI-00 043 手册容许应力法的修订。

FHWA 中关于加筋土挡墙的设计计算方法是基于极限平衡理论,并结合了容许应力法和荷载及抗力分项系数法。其稳定验算主要分为外部稳定、内部稳定和整体稳定。外部稳定验算主要包括水平滑移验算、基底合力偏心距验算、地基承载力验算;内部稳定验算主要包含筋材抗拉验算、筋材抗拔验算、面板单元稳定验算,面板连接强度验算等。

附 2.2.1 外部稳定验算

假定加筋体为一个刚体,基于极限平衡理论,进行力学分析。如附图 2-3 所示。

— 243 —

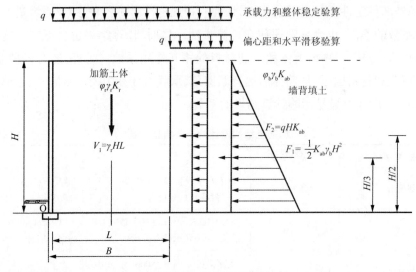

附图 2-3　外部稳定分析

1）水平滑移验算

假定墙面垂直,墙背填土顶面分水平和有倾角两种模型,计算墙背土体产生的土压力,并考虑填土顶面的荷载(恒载和活载)产生的土压力,由此产生的总的水平推力 P_d 不大于水平抗滑力 R_r。

（1）墙背填土水平时：

墙背后填土产生的土压力,$F_1 = \dfrac{1}{2} K_{ab} \gamma_b H^2$；

墙顶均布荷载产生的作用力,$F_2 = K_{ab} q H$；

总的滑动力,$P_d = \gamma_{EH} F_1 + \gamma_{LS} F_2$；

抗滑力,$R_r = \gamma_{EV} V_1 \times \mu$。

（2）墙背填土有倾角时：

$F_T = \dfrac{1}{2} K_{ab} \gamma_b h^2$；

总的滑动力,$P_d = \gamma_{EH} F_H = \gamma_{EH} F_T \cos \beta$；

抗滑力,$R_r = \left[\gamma_{EV} (V_1 + V_2) + \gamma_{EH} F_T \sin \beta \right] \times \mu$；

要求,$R_r / P_d \geqslant 1.0$。

2）基底合力偏心距验算

假定墙面垂直,考虑各种作用力情况下,基底作用合力的偏心距 e 应在要求的范围内,分土质地基和岩质两种情况,土质地基时,$e_{max} = L/4$；岩质地基时,$e_{max} = 3L/8$。如附图 2-4 所示。

基底合力偏心

$$e = \frac{\Sigma M_d - \Sigma M_R}{\Sigma V} < e_{max}$$

（1）墙面垂直，墙背填土水平，作用均布荷载时：

$$e = \frac{\gamma_{EH\text{-}MAX} F_1 \left(\dfrac{H}{3} \right) + \gamma_{LS} F_{q\text{-}LS} \left(\dfrac{H}{2} \right)}{\gamma_{LS\text{-}MIN} V_1}$$

（附2-1）

（2）墙面垂直，墙背填土有倾角时：

$$e = \frac{\gamma_{EH\text{-}MAX} F_T \cos\beta \left(\dfrac{h}{3} \right) - \gamma_{EH\text{-}MAX} F_T \sin\beta \left(\dfrac{L}{2} \right) - \gamma_{EV\text{-}MIN} V_2 \left(\dfrac{L}{6} \right)}{\gamma_{EV\text{-}MIN} V_1 + \gamma_{EV\text{-}MIN} V_2 + \gamma_{EH\text{-}MAX} F_T \sin\beta}$$

（附2-2）

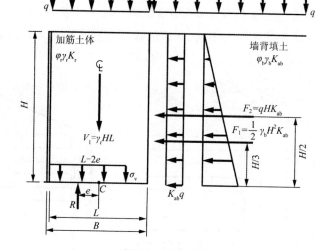

附图2-4　偏心验算

q-活载；R-地基反力垂直分量

3）地基承载力验算

承载力破坏主要分总体剪切破坏和局部剪切破坏两种。局部剪切破坏主要是挡墙基底存在软弱土时，可能发生刺入或挤出破坏。承载力验算主要验算极限承载状态下和正常使用极限状态下的两种工况。

（1）总体剪切破坏

按照迈耶霍夫（Meyerhof）基底均匀分布法，计算基底有效宽度范围内的均布作用力 $q_{uniform}$，不大于地基承载力 q_R，即：$q_R \geqslant q_{uniform}$。

确定地基承载力时，假定墙前地面水平且不考虑地下水的影响，计算地基承载力 $q_R = \phi q_n = \phi (c_f N_c + 0.5 L' \gamma_f N_f)$（$\phi$ 为因子）。其中，ϕ 为因子，N_c 和 N_f 为承载力因子，c_f 为地基土的黏聚力，L' 为有效基底宽度。

（2）局部剪切破坏

局部剪切破坏主要分为刺入破坏和挤出破坏，为避免局部剪切破坏，要求：

$$\gamma_r H \leqslant 3c_u$$

式中：γ_r——填料的重度；

H——挡墙的高度；

c_u——软土地基的不排水抗剪强度。

4）沉降估算

主要考虑挡墙在正常使用极限状态下的情况，是否满足正常使用要求。

附2.2.2　内部稳定验算

内部破坏主要有两种方式：拉力超过筋材的抗力导致筋材变形过大或拉断破坏；拉力超过筋材抗拔力，导致结构产生较大的位移或坍塌破坏。对筋材来说，分非延展性筋材和可延展性筋材，不同类型的材料破坏模式不同，假定的破裂面和土压力系数均有所不同，应按照不同类型的筋材采用相对应的公式进行计算。如附图2-5所示。

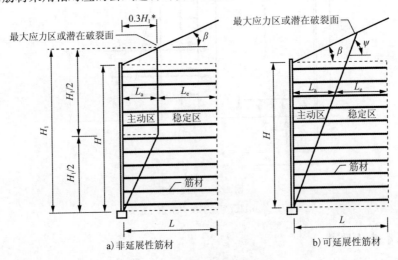

附图2-5　不同筋材的破裂面假定

1）抗拉验算

计算每层筋材位置处的水平土压力δ_H，然后根据相应格栅层间距S_v，计算出单层格栅产生的最大拉应力$T_{MAX} = \delta_H S_v$，如过筋材水平方向上有间距，应考虑覆盖率的问题。

同时，可以根据面板的宽度和高度以及单块面板上筋材的分布，计算出单块面板上收到的土压力，根据筋材的设计强度T_{al}，并考虑相应因子后允许抗拉强度T_r不小于T_{MAX}，即

$$T_{MAX} \leq T_r = \phi T_{al}（\phi \text{ 为因子}） \tag{附2-3}$$

2）抗拔验算

格栅锚固示意如附图2-6所示。要求每层格栅锚固长度L_e产生的锚固力大于格栅的最大拉力，且锚固长度不小于1m。

$$\phi L_e \geq \frac{T_{MAX}}{F^* \alpha \sigma_v CR_c} \tag{附2-4}$$

式中：ϕ、F^*——因子；

$\quad\quad\quad\alpha$——修正系数；

$\quad\quad\quad C$——接触面数量；

$\quad\quad\quad R_c$——覆盖率。

3）面板连接强度验算

格栅与面板之间的连接强度为 $T_{alc} = \dfrac{T_{ult} \times CR_{cr}}{RF_D}$。

格栅的极限抗拉强度为 T_{ult}，RF_D 为考虑化学和生物折减系数，CR_{cr} 为考虑长期连接强度折减系数。同样考虑因子后的连接强度不小于 T_{MAX}。

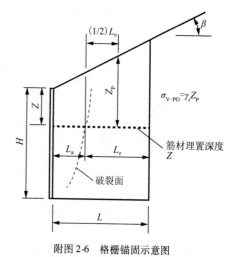

附图 2-6 格栅锚固示意图

附 2.2.3 整体稳定验算

采用潜在滑动面或楔体进行稳定分析，可以采用经典的边坡稳定分析方法进行稳定分析，稳定性分析需要考虑长期和短期的工况。

附 2.3 德国 DIBt 法简介

Deutches Institut für Bautechnik method，即德国建筑技术研究所 DIBt 法，是基于极限平衡理论的计算方法，又称为双楔体法。如附图 2-7 所示，加筋部分假定为楔体 1，根据库仑土压力理论，下滑土体部分假定为楔体 2。验算时，通过改变楔体 1 底部的倾角及高度来进行不同破裂面的稳定验算。

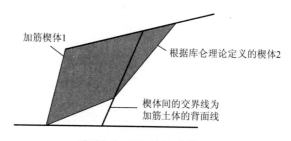

附图 2-7 DIBt 法（双楔体法）

墙体稳定验算主要分外部稳定验算和内部稳定验算两大类。

附 2.3.1 外部稳定验算

外部稳定验算时，将加筋体假定为刚体，与传统刚性挡墙结构稳定验算基本一致，但地基承载力验算时，采用柔性基础假定。外部稳定验算主要有抗水平滑移验算、地基承载力验算和抗倾覆验算,如附图 2-8 所示。

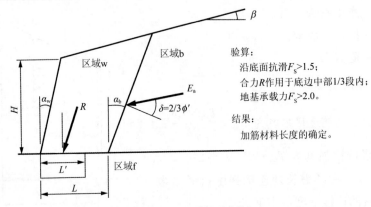

附图 2-8　外部稳定验算

1) 抗水平滑动验算

挡墙与其上作用力系如附图 2-9 所示。计墙顶后部的永久和临时荷载,库仑主动土压力系数 K_{ah} 按式(附 2-5)进行计算:

$$K_{ah} = \frac{\cos^2(\varphi_b + \alpha_b)}{\cos^2\alpha_b\left[1 + \sqrt{\dfrac{\sin(\varphi_b + \delta)\sin(\varphi_b - \beta)}{\cos(\alpha_b - \delta)\cos(\alpha_b + \beta)}}\right]^2} \qquad (附\ 2\text{-}5)$$

$$\mu = \alpha_s \times \tan\left[\min(\varphi_w, \varphi_f)\right]$$

式中:μ——墙底摩擦系数;

α_s——相互作用系数(修正系数),有筋时,$\alpha_s < 1$,无筋时,$\alpha_s = 1$。

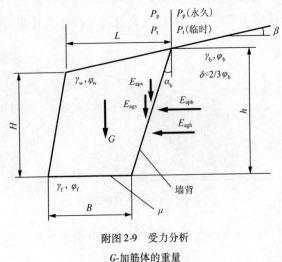

附图 2-9　受力分析

G-加筋体的重量

抗水平滑动安全系数 F_s(要求 $F_s \geqslant 1.50$)的表达式为:

$$F_s = \frac{\mu(W + E_{agv} + E_{apv}) + \alpha_s c' L}{E_{agh} + E_{aph}} \qquad (附\ 2\text{-}6)$$

式中: $E_{agh} = 0.5 K_a \gamma_2 H^2$ ——土压力水平分量;

$\qquad E_{aph} = K_a PH$ ——荷载引起的土压力水平分量;

$E_{agv} = E_{agh} \tan(\delta - \alpha_b)$ ——土压力垂直分量;

$E_{apv} = E_{aph} \tan(\delta - \alpha_b)$ ——荷载引起的土压力垂直分量。

2) 地基承载力验算

(1) 墙底合力计算

墙体受力如附图 2-4 所示。假设墙顶和墙后地面均有荷载作用,各土压力分量对墙趾 O 点取矩,得 OTM:

$$OTM = \left(E_{agh} \times \frac{H}{3} \right) + \left(E_{aph} \times \frac{H}{2} \right) - E_{agv} \left(L + \frac{H}{3} \tan\alpha_b \right) - E_{apv} \left(L + \frac{H}{2} \tan\alpha_b \right) \quad (\text{附 2-7})$$

合力作用点为:

$$x = \frac{Gd + (P_p + P_t)\left(H \cdot \tan\alpha_w + \frac{L}{2} \right) L - OTM}{W + (P_p + P_t)L + E_{agv} + E_{apv}} \quad (\text{附 2-8})$$

偏心距:

$$e = \frac{B}{2} - x \quad (\text{附 2-9})$$

基底等效宽度:

$$B_e = B - 2e \quad (\text{附 2-10})$$

墙底接触压力为:

$$p = \frac{G + (P_p + P_t)L + E_{agv} + E_{apv}}{B_e} \quad (\text{附 2-11})$$

(2) 基底极限承载力计算

按照太沙基理论,地基极限承载力为:

$$\sigma_f = c'_w N_c x_c + \gamma_f B_e N_b x_b \quad (\text{附 2-12})$$

式中: N_c、N_b ——承载力因子,查附表 2-3;

$\qquad x_b$ ——荷载倾斜因子,查附表 2-3。

$$x_b = \left[1 - \frac{H_b}{V_b + \frac{L'c'_3}{\tan\varphi'_3}} \right]^3 = \left[1 - \frac{h_b}{v_b} \right]^3 \quad (\text{附 2-13})$$

式中: H_b、V_b ——作用于墙底合力的水平、垂直荷载分量。

(3) 承载力验算

地基临界失稳荷载为 $\sigma_f \times B_e$。

地基承载力安全系数为 F_s,要求 $F_s \geqslant 2.0$。要求不考虑活载时,合力 R 的力作用点位于基础宽度中间三分段内($e < B/6$)。地基承载力验算如附图 2-10 所示。

$$F_s = \frac{\sigma_f}{p} \quad (\text{附 2-14})$$

承载力因子 N_b 附表2-3			
ϕ_f	N_b	ϕ_f	N_b
20°	2.0	32.5°	15
22.5°	3.0	35°	23
25°	4.5	37.5°	34
27.5°	7	40°	53
30°	10	42.5°	83

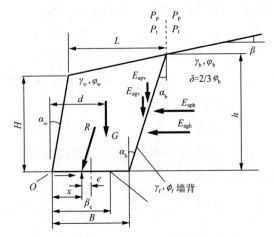

附图2-10 地基承载力验算

附2.3.2 内部稳定验算

假定楔体沿着斜面 AB 滑动,如附图2-11 所示。内部稳定验算主要按破裂面穿过格栅和不穿过格栅两大类进行验算。将穿过格栅的破裂面假定为在不同高度、不同倾角的破裂面验算;将不穿过格栅的破裂面分为沿着格栅与填土交界面滑动和沿着两层格栅之间滑动。其他还涉及挡墙面板的稳定性验算。

1)穿过格栅的破裂面验算

对楔体进行力学分析,如附图2-12 所示,绘制力多边形。

$$Z = \left(G + E_{agvi} + E_{apvi} + P \right) \tan\left(\theta_i - \varphi_1 \right) + E_{aghi} + E_{aphi} \qquad (\text{附}2\text{-}15)$$

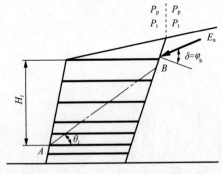

附图2-11 沿某一破裂面的楔体稳定验算

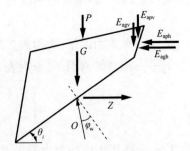

附图2-12 楔体稳定受力分析

筋材的抗拔力(不计墙顶活载)为:

$$T_{ai} = \frac{2L_{ai}h_i\gamma_w\tan\varphi_w\alpha_p}{F_{sp}} \qquad (\text{附}2\text{-}16)$$

式中:α_p——相互作用系数,$\alpha_p = 0.6 \sim 1.0$(跟填料和格栅有关);

F_{sp}——抗拔安全系数,要求 $F_{sp} \geqslant 2.0$。

而抗拔力应为 T_{ai} 和 T_{amax}（最大设计强度）中的小值，故

$$R = \sum \left[\min(T_{ai}, T_{amax}) \right] > Z \qquad （附2-17）$$

计算高度从墙角开始，且每3°假定一个破裂面，对破裂面的簇进行验算；再改变计算高度，同样每3°假定一个破裂面，对破裂面的簇进行验算，直到所有高度上所有的破裂面全部验算满足要求为止。

2）不穿过格栅的破裂面验算

（1）沿筋材面滑动验算

计算高度取某层筋材的高度，假定破裂角取0°，抗滑移安全系数为 F_s，要求 $F_s \geqslant 1.50$。

$$F_s = \frac{\mu(G + P_p L + E_{agv} + E_{apv})}{E_{agh} + E_{aph}} \qquad （附2-18）$$

式中：μ——筋材与土体之间的摩擦系数，$\mu = \alpha_s \tan\varphi_w$。

（2）相邻两层格栅之间的滑动，未穿过格栅的斜面，假定两层格栅之间端点间的连线倾角为 θ_u，其抗滑安全系数为 F_s，要求 $F_s \geqslant 1.50$。

$$F_s = \frac{\left(1 - \dfrac{\sum H}{\sum V}\tan\theta_u\right)\tan\varphi_w}{\dfrac{\sum H}{\sum V} + \tan\theta_u} \qquad （附2-19）$$

式中：$\sum H$—— 水平力之和；

$\sum V$—— 垂直力之和；

（3）面板稳定性，格栅与面板的连接强度验算

深度 z_i 处筋材所受土压力为 E_{zi}，要求 z_i 处的连接强度大于筋材所受土压力 E_{zi}。

$$E_{zi} = e_{ah}(r_1 + r_2) \qquad （附2-20）$$

式中：r_1、r_2——z_i 处筋材与上、下层筋材距离的一半；

e_{ah}——z_i 处土压力，$e_{ah} = k_{ah}(\gamma z_i + p)$。

附 2.4 英国 BS8006 方法简介

"Code of practice for strengthened/reinforced soils and other fills（Bs8006：1—2010）"，BS8006 采用极限状态法对加筋土挡墙、边坡、路堤基础或其他类似结构的应用和设计做了规定。承载能力极限状态主要考虑当扰动力等于或大于恢复力时出现的倒塌及其他结构性的破坏。正常使用极限状态则是考虑在使用状态下变形超过规定值，或者在使用中结构受损的情况。

BS8006 采用分项安全系数法来考虑在不同工况、不同设计年限下的各种材料及荷载大小。对于加筋土结构采用的极限状态法主要考虑四组分项安全系数:两组荷载系数(静载、动载)、材料系数及考虑失稳后果的经济性系数。

对于土体参数,BS8006 规定在加筋土挡墙和边坡中采用峰值摩擦角。各种类型土工合成材料都可以使用,但根据其设计强度对应的总轴向应变来确定是柔性筋材还是刚性筋材。如果大于 1%,为柔性筋材;小于 1%,则为刚性筋材。筋材类型不同,则土压力分布不同,内部稳定性计算方法也不一样。

BS8006 荷载及土体图示如附图 2-13 所示。

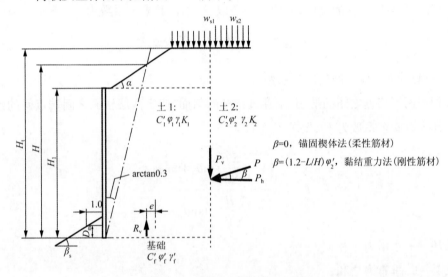

附图 2-13   荷载及土体图示(BS8006)

附 2.4.1   外部稳定验算

承载能力极限状态(ULS)需考虑三种破坏形式:承载及倾斜破坏、滑动破坏、整体滑动破坏。正常使用极限状态(SLS)需要考虑墙体的沉降和变形。

(1)承载及倾斜破坏

采用梅耶霍夫的荷载分布方法来计算墙底的压力:$q_r = \dfrac{R_v}{L-2e}$;

而 q_r 必须小于地基土的极限承载力:$q_r \leqslant \dfrac{q_{ult}}{f_{ms}} + \gamma D_m$。

(2)滑动破坏

在加筋土体和地基土之间的滑动破坏须考虑,而沿着结构底部加筋材料层面上的滑动也须计算。

结构底部土体与土体之间的长期滑动稳定性:

$$f_s R_h \leqslant R_v \frac{\tan\varphi'_p}{f_{ms}} + \frac{c'}{f_{ms}} L$$

结构底部加筋材料与土体之间的长期滑动稳定性：

$$f_s R_h \leqslant R_v \frac{\alpha' \tan \varphi'_p}{f_{ms}} + \frac{\alpha'_{bc} c'}{f_{ms}} L$$

结构底部土体与土体之间的短期滑动稳定性：

$$f_s R_h \leqslant \frac{C_u}{f_{ms}} L$$

结构底部加筋材料与土体之间的短期滑动稳定性：

$$f_s R_h \leqslant \frac{\alpha'_{bc} C_u}{f_{ms}} L$$

（3）整体滑动面

根据 L 与 H 大小的不同，要考虑不同类型的整体滑动面，如附图 2-14 所示。

a）（$L<H$）　　　　　　b）（$L>H$）

附图 2-14　整体滑动面

附 2.4.2　内部稳定验算

在进行内部稳定性计算时须考虑三种破坏模式：单层加筋材料的破坏、墙体内部任意水平面的滑动以及加筋体内部的楔体稳定。加筋体荷载及分布如附图 2-15 所示。

BS8006 中介绍了两种内部稳定性计算方法：

①锚固楔体法：经典的设计方法，适于柔性筋材。

②黏结重力法：基于对采用刚性筋材的结构进行监测后得出大量数据，再进行理论分析得出的方法。

（1）锚固楔体法

在承载能力极限状态和正常使用极限状态下，土压力系数都采用朗肯主动土压力系数 K_a，墙背的摩擦角为 0，如附图 2-15 所示。

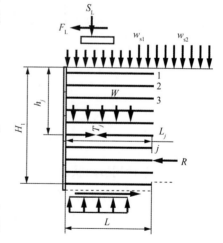

附图 2-15　加筋体荷载分布

①考虑断裂时，每层加筋材料需要承受的力用 T_j 表示：

$$T_j = T_{pj} + T_{sj} + T_{fj}$$

其中，T_{pj} 是由土体自重和其他超载引起，而 T_{sj} 和 T_{fj} 是考虑墙顶竖向和水平向的条形荷载。这实际是加筋土桥台设计时所需的。

每层筋材的设计强度 T_D 需满足：

$$\frac{T_D}{f_n} \geqslant T_j$$

②在进行楔体稳定验算时，假定破坏面形成的楔体可以是任意形状、任意大小，如附图 2-16 所示。

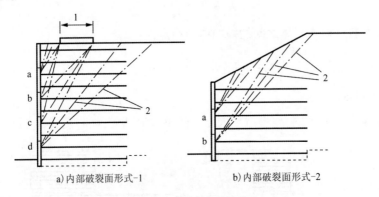

a) 内部破裂面形式-1   b) 内部破裂面形式-2

附图 2-16   需验算各种破裂面

1-潜在破裂面不穿过桥梁支座有效接触面;2-各种潜在破裂面

（2）黏结重力法

在承载能力极限状态和正常使用极限状态下,土压力系数都采用折线型,墙顶处为 K_0, 逐渐过渡到 6m 深度时为 K_a。如附图 2-17 所示。

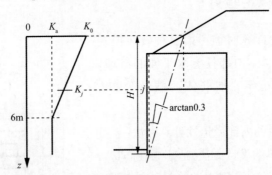

附图 2-17   土压力系数分布——黏结重力法（刚性筋材）

（3）正常使用极限状态

BS8006 中特别对筋材的工后（施工结束至设计年限）应变做出规定。对于加筋土挡墙, 要求工后应变小于等于 1%;而对于桥台,则要求 0.5%。

本附录参考文献

[1] FHWA-NHI-10-024，Design and construction of mechanically stabilized earth walls and rein-

forced soil slopes[S],2009.

[2] BS 8006—1：2010, Code of practice for strengthened-reinforced soils and other fills [S],2010.

[3] Deutches institut fur bautechnik design method approval certificate z 20. 1-102.

附录3　加筋土结构典型工程案例

编写人：徐　超　何　波　戴征杰　杨　帆　许福丁　朱春笋
审阅人：李广信（清华大学）

经过近半个世纪的探索和工程实践,土工合成材料加筋土结构已成为一项成熟的土木工程技术,在土木工程各领域,包括公路、铁路、水利、建工和防灾减灾等方面,得到了越来越广泛的应用,取得了良好的经济效益和社会效益。相信在未来人类社会可持续发展进程中,土工合成材料及加筋土结构必将发挥更加明显的优势,做出创新性贡献。

本附录收录了企业界近期完成的土工合成材料加筋土结构典型案例,通过这些典型案例尝试回答:什么情况(领域、项目)适合采用加筋土结构? 如何应用加筋土结构? 加筋土结构的服役效果如何? 为读者,特别是加筋土结构使用者提供一个范例,一个参考。

附 3.1   加筋土挡墙工程案例

附 3.1.1   湖北神农架机场加筋格宾挡墙

1)工程背景

神农架民用机场为国内支线机场,飞行区等级为 4C,跑道长度为 2800m,宽 45m。机场场址位于神农架林区红坪镇温水村五组大草坪——将军寨一带,场地在独立的狭长山脊之上,由 5 个高程 2600m 左右的山包组成,中间高,四周低。为了在此区域修建出高程在 2580 (北)~2576(南)m 的平整场地 3.5km² 进行机场跑道及其他配套设施的建设,同时满足跑道纵坡不大于 0.8% 的要求,需要进行中部的开挖及四周的回填,其中最大开挖高度为 61m,最大填方高度为 72m。

如此大范围的深挖和高填及打造国内一流绿色环保机场的定位,所需解决的问题主要集中在如下几个方面:

(1)减少填方边坡的占地,避免对原有生态系统的破坏。

(2)确保填挖平衡,避免土料的调运及弃土场设置带来的环境破坏问题。

(3)减少基础开挖及降低地基承载力要求,避免基础处理及节约造价。

(4)支挡结构绿化及其与周围环境融合的问题,应使支挡结构与周围环境能够相得益彰,而不是产生反效果。

场区出露地层主要为寒武系天河板组($\in$1t)、石龙洞组($\in$1sh)、覃家庙组($\in$2qn)和三游洞组($\in$3sn),以白云岩、泥质白云岩为主,完整性较好,力学强度高。覃家庙组($\in$2qn)见有页岩、粉砂岩,较破碎,力学强度相对较低。第四系土层主要为冲积(Q^{al})亚黏土,含少量灰岩、白云岩角砾;第四系残坡积(Q^{el+dl})以亚黏土为主,多呈软塑至可塑状。

根据项目的工程需求及地质条件,经过充分对比论证,采用复合加筋格宾方案,可以节约占地,减少基础开挖,降低对承载力要求,同时可以就地消化挖方,确保填挖平衡,减少对环境的破坏。

2）加筋土挡墙设计概况

复合加筋格宾挡墙由加筋格宾和土工格栅组成,其中加筋格宾是由机器编织的六边形双绞合钢丝网面组合而成的工程构件,作为复合加筋格宾挡墙的面墙及次要筋材,面墙格宾网箱采用石料填充,这种面墙系统筋材与面墙为一体生产,避免了连接处强度不足的缺点,全面墙透水,景观性好。土工格栅为复合加筋格宾挡墙的主要筋材。

根据本项目的特点进行了如下细部处理:

（1）由于场地基岩埋深较浅,且为抗风化能力强的坚硬白云岩,为减少爆破开挖及满足筋带布置长度的要求,筋带设计为倒梯形布置,同时在底部设置了浆砌石挡墙基座。

（2）由于挡墙结构填土大部分采用爆破开挖的碎石料作为填料,粒径较大,级配不均且棱角突出,在筋材上下铺设砂垫层对筋材进行保护。

（3）在机场航站楼与油库的连接道路处,采用了双面加筋的复合加筋格宾挡墙。神农架机场不同区域填方边坡复合加筋格宾挡墙平面布置如附图3-1所示。

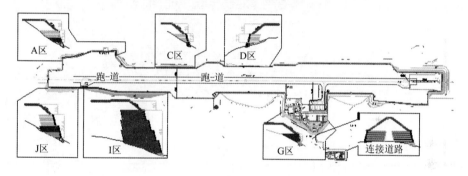

附图3-1　神农架填方边坡加筋格宾挡墙平面布置图

加筋格宾的抗拉强度为50kN/m,挡墙填筑体及上部边坡填筑体均采用级配石渣料,其干重度为22kN/m³,内摩擦角计算取值为35°,黏聚力为5kPa,要求填料最大粒径不得大于15cm,大于100mm的颗粒含量不超过总质量的20%,含泥量不大于7%,级配良好,不均匀系数 $C_u = 5$,曲率系数 $C_c = 1 \sim 3$。土工格栅采用高密度聚乙烯格栅HDPE170,极限抗拉强度不小于170kN/m,蠕变极限强度不小于65.4kN/m,5%应变强度不小于99kN/m,典型设计断面如附图3-2所示。

复合加筋格宾挡墙的设计计算主要包括内部稳定分析和外部稳定性分析,并考虑破裂面穿过筋材和非加筋区的混合破坏模式。设计计算工作量很大,一般需借助专门的计算程序进行,此项目同时采用了有限元进行了校核。经计算抗滑动稳定安全系数为1.41,抗倾覆安全系数为9.45,整体稳定安全系数为1.31,内部稳定安全系数为1.43,均满足规范要求。

3）复合加筋格宾挡墙服役效果评价

神农架机场复合加筋格宾挡墙支挡边坡最大高度达61m,从2010年开始施工。加筋土挡墙的施工流程大致为:清基→放样→砌体基础施工→铺设底部第一层土工格栅→摆放底部第一层土工格栅上的加筋石笼面板→加筋石笼内部装填石料、封盖,并且水平向相互绞合连接→填土压实→铺设底部第二层土工格栅→摆放底部第二层加筋石笼面板→加筋石笼内部装填石料、封盖,并且水平向和上下相互绞合连接→重复至顶层→上部填土放坡压实。

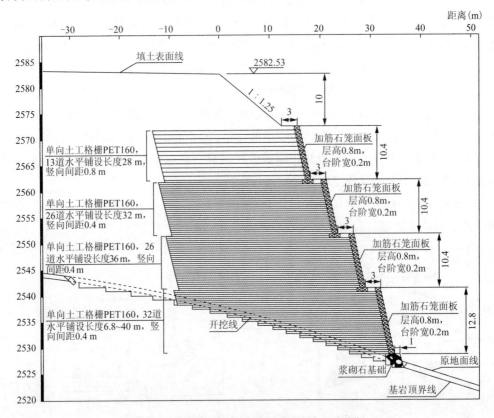

附图3-2 Ⅰ区复合加筋格宾挡墙典型断面图(尺寸单位:m)

为确保挡墙的安全稳定,在挡墙典型部位布置了2个监测断面,监测项目有:原地面沉降监测、边桩监测、深层水平位移监测、土压力监测及格栅应力应变监测。截至2012年11月,原地面总沉降量为11.6~44.09mm,水平位移为96.45~117.25mm,均已基本稳定,筋带最大应变值小于1.5%,说明目前筋带所受拉力较小。

附图3-3和附图3-4分别为神农架机场复合加筋格宾挡墙施工中和完工后的照片,目前该挡墙运行良好。该加筋土挡墙的成功案例可为复杂地质条件下高大填方边坡的治理提供借鉴。

附图3-3 挡墙施工中图片

附图3-4 挡墙完工后图片

附3.1.2　十堰房县高速公路加筋土挡墙

1）工程背景

湖北省十堰至房县公路第 5 合同段 GK0 + 308 ~ GK0 + 463 段位于丹江口市官山镇附近。该段公路长度约 155m，路面位置位于半山腰，正处于原国道上斜上方，原山坡坡度较陡，如果全部采用土工格栅加筋路基，受限于原山坡坡度，下部土工格栅嵌固深度不足。如果全部采用重力式圬工挡墙，则一方面造价过高，另外也不符合绿色低碳、环境友好的旅游区建设要求。因此，经过多方面综合比较分析，结合绿化要求，最后采用圬工挡墙 + 土工格栅加筋路基方案。该方案下部采用重力式圬工挡墙，上部采用土工格栅加筋路基。

考虑到支挡结构稳定性、经济性需求，为了保证下方土工格栅具有足够的嵌固长度，本段路基采用圬工挡墙 + 土工格栅加筋路基方案。该方案下部 0 ~ 15m 采用重力式圬工挡墙，上部 3 ~ 11m 左右采用土工格栅加筋路基。加筋路基施工前下方已建成的重力式圬工挡墙如附图 3-5 所示。

附图 3-5　加筋土挡墙下部毛石混凝土挡墙

2）加筋土挡墙设计概述

该项目创新性地采用 PET 单向聚酯焊接格栅取代 HDPE 单向拉伸格栅，采用钢模架和三维植被网包裹坡面，解决了原土袋式加筋土挡墙不抗水流冲刷及火烧的不足，并使用刚度大、低延伸率及耐老化腐蚀的新型聚酯焊接土工格栅；为了将十房高速打造成绿色、低碳、环保的高速，业主要求四周填方边坡的支挡结构采用具有环境友好型和生态性特征的结构，使挡墙和周围环境能够相得益彰；同时，也有效地降低了工程造价。

筋材采用聚酯 PET 单向焊接格栅 PET 80 – 20KN。挡墙筋带长度 9m，铺设间距 0.5m，加筋土挡墙坡比 1∶0.25。加筋土挡墙面板采用钢筋面板，面板高度、宽度均为 0.5m，长度为 3m，中间每隔 0.45m 设置斜向加强筋。挡墙填筑体及上部边坡填筑体均采用碎石土，其干重度为 21kN/m³，内摩擦角计算取值为 35°，黏聚力为 0kPa。要求填料最大粒径不得大于 15cm。墙面结构采用钢筋网反包，钢筋网采用 φ12 钢筋网按 1∶0.25 坡比加工，并在施工填土中加入斜向加强钢筋，钢筋网网孔间距为 20cm，横向加强筋 20cm 如附图 3-6 所示。钢网表面要求进行防腐处理。

加筋土挡墙内部稳定需要考虑沿郎肯破裂面的格栅拉拔安全系数、断裂安全系数稳定性，外部稳定性计算需考虑承载力系数、沿格栅方向滑动系数及整体倾覆系数，并需考虑滑面穿过筋材及地基混合稳定性。设计计算采用 MESA 程序进行，计算过程如附图 3-7 和附图 3-8 所示。

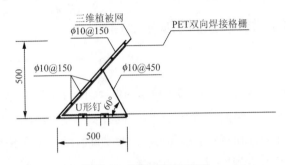

附图 3-6 钢筋网墙面结构图

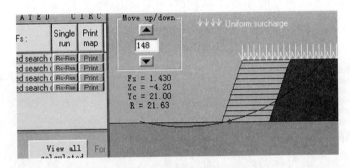

附图 3-7 挡墙整体稳定分析计算结果

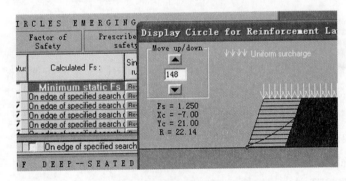

附图 3-8 挡墙内部稳定分析计算结果

3)加筋土挡墙监测结果分析与服役效果评价

加筋土路基施工从 2013 年 4 月 6 日开始,与施工配合进行了施工监测,至 2013 年 7 月 15 日,十房高速公路 GK0 + 308 ～ GK + 383 试验段施工结束,完成加筋土路基施工期监测工作,历时 3 个多月。附图 3-9 为加筋土挡墙施工中的两幅照片。

结合十房高速公路 5 标土工格栅加筋土挡墙,针对 PET 材质焊接格栅加筋土挡墙选择一个典型断面进行了土工格栅加筋土挡墙在施工期和竣工后一段时间内的深层水平位移、分层沉降、格栅拉伸应变和土压力等内容的测试,并结合现场测试结果对两种材质加筋土挡墙的稳定和变形情况进行了对比分析,监测结果表明:

(1)PET 土工格栅加筋土挡墙,加筋效果良好。填土在采用土工格栅加筋后,有效地限制了路基填土不同高度处的水平位移,并将不同深度的垂直位移与水平位移均控制在合理的范围内。工后沉降很小,有效避免了路基发生较大侧向变形和路面出现较大不均匀沉降,保证了高填方路基的整体稳定。

附图 3-9　加筋土挡墙施工中图片

(2)填土施工结束时,加筋土挡墙的最大水平位移多发生在填土的顶部附近。施工期填方路基的累计深层水平位移最大值与墙高的比值不大于 0.70%。加筋土挡墙有效地限制了路基填土不同高度处的水平位移,路基各部位的侧向位移均满足路基稳定要求。

(3)加筋土挡墙各深度处沉降的总趋势是随着填筑高度和时间的增加而增加的,但增加速率很小,主要为填土在上覆填土荷载下的压缩变形。各个测点在不同测试深度的最大累计沉降均不超过 12mm,表明加筋填土压实质量控制较好,土工格栅也很好地发挥了加筋侧限作用。

(4)随着上覆填土厚度的增加,加筋路基不同层位处的水平和垂直土压力逐渐增大,但增加速率随填土厚度增加略有减小。水平土压力沿加筋路基高度呈非线性形式分布,中部的水平土压力数值略大于顶部和底部,在靠近加筋路基底部坡脚处土压力最小。同一层位不同位置处的土压力存在一定差别,3.5m 左右处的垂直土压力略大于理论值,而 7.5m 左右处的垂直土压力略小于理论值,说明土工格栅的存在对加筋填土的垂直土压力分布具有明显的调整作用。

(5)随着上覆填土厚度和作用时间的增加,各层土工格栅拉伸变形也逐渐增大,一般在刚开始填土时的增加速率较大,之后变形速率略有减小。实测加筋土土工格栅的拉伸应变范围在 0.29% ~ 1.22% 之间,远小于土工格栅工作状态下的允许应变,筋材具有足够的安全储备。

(6)每层土工格栅的拉伸应变沿筋长方向的分布规律大致保持相同,大部分深度处的土工格栅的最大拉伸应变出现在离开反包面 2.5m 左右处,然后随到坡面距离的增加拉伸应变逐渐减小,后又出现一定程度的增大。

(7)填土施工结束后,筋材的拉伸应变仍有较大幅度增加,部分路段上部筋材竣工后的拉伸应变增加幅度甚至大于施工期的拉伸应变,但各层土工格栅总的最大拉伸应变均没有超过 1.3%。

(8)同一垂直剖面上,竣工后加筋土挡墙上部筋材拉伸应变随时间增加的发展速率明显大于下部筋材。同一层筋材,加筋土挡墙靠近墙面的筋材拉伸应变随时间的增加幅度明显大于内侧,加筋土挡墙下部内侧部分位置处的筋材拉伸应变甚至出现了少许回缩。

目前,十方高速公路已通车 1 年多,该段加筋土挡墙路基在通车前后已经过 3 个雨季的考验,服役状态良好。

附 3.1.3　肯尼亚某高速公路加筋土挡墙

1)工程背景

项目地点位于肯尼亚首都内罗毕市郊,公路全长 20 余公里,为内罗毕至工业重镇锡卡公路拓宽改造升级。由于公路沿线地势较为平坦,与多条公路、铁路相交,为满足线路封闭要求,需要修建 12 处公路立交跨越其他线路。公路分三个标段施工,由三家中国施工单位施工。

场地地处东非平原,地形平坦。场地抗震设防烈度为 6 度,设计基本地震动峰值加速度为 $0.10g$。加筋土挡墙墙顶为高速公路,荷载按公路行业公路 I 级考虑。

根据当地地质情况和勘察报告结果,填料及土层参数确定如下:

(1)加筋区采用红黏土参数:$\gamma = 18.0 \text{kg/m}^3$,$\varphi = 28.0°$,$c = 8.0 \text{kPa}$。

(2)加筋体后填料参数:$\gamma = 19.0 \text{kg/m}^3$,$\varphi = 30.0°$,$c = 20 \text{kPa}$。

(3)地基土填料参数:$\gamma = 20.0 \text{kg/m}^3$,$\varphi = 35.0°$,$c = 30 \text{kPa}$。

根据挡墙的地质情况以及高速公路的使用要求,采用模块式加筋土挡墙。加筋土挡墙采用机械化作业,施工速度快、周期短,可适应一定的变形,结构体安全稳定系数高,可满足工期要求。模块式墙面造型美观。

2)加筋土挡墙设计方案简介

模块式加筋土挡墙的墙面采用 CB 型墙面模块,墙面坡率垂直,挡墙小于 10m,设计为单级,加筋材料竖向层间距为 0.5m,水平间距为 0.5m。加筋材料选用钢塑复合加筋带 CAT30020B 型。选用填料:$\gamma = 18.0 \text{kg/m}^3$,$c = 0 \text{kPa}$,综合内摩擦角 $\varphi_\text{d} = 30°$。

挡墙设计计算内容包括挡墙内部稳定性和外部稳定性计算。内部稳定性计算包含挡墙不同荷载结合下的筋带抗拉、抗拔计算;外部稳定性计算包含挡墙滑移、倾覆、地基承载力和整体稳定性计算。挡墙部分计算结果见附表 3-1。

加筋土挡墙稳定性验算结果　　　　　　　　　　　　附表 3-1

典型断面墙高(m)	4.0	6.0	8.0	10.0
筋带抗拉强度 T_d	$\geqslant 2T_{\max}$	$\geqslant 2T_{\max}$	$\geqslant 2T_{\max}$	$\geqslant 2T_{\max}$
筋带抗拔	$\geqslant 2.0$	$\geqslant 2.0$	$\geqslant 2.0$	$\geqslant 2.0$
抗滑移稳定系数	4.30	3.80	3.60	2.80

续上表

抗倾覆稳定系数	6.90	7.10	7.30	4.90
地基应力(kPa)	160	200	260	340
整体稳定系数	1.92	1.88	1.90	1.85

墙面采用CB槽形预制钢筋混凝土模块,墙面坡度为垂直。加筋材料(钢塑复合加筋带)与面板之间采用穿绕连接。连接方式如附图3-10所示。

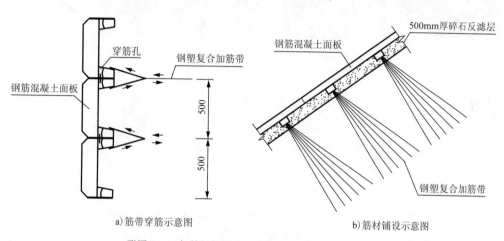

a)筋带穿筋示意图　　　　　　　　b)筋材铺设示意图

附图3-10　加筋材料与面板的连接方式(尺寸单位:mm)

加筋土挡墙的排水措施对挡墙稳定性和服役性状至关重要,本项目设计中,在加筋区底部、末端及墙面模块后均铺设50cm厚碎石排水层。挡墙的典型断面如附图3-11所示。

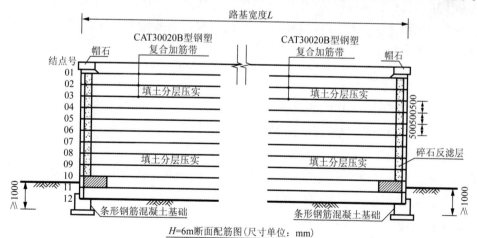

H=6m断面配筋图(尺寸单位:mm)

附图3-11　加筋土挡墙典型断面图

3)挡墙服役效果简评

该项目自2009年10月开工,于2010年2月完工,成为东非第一个采用加筋土挡墙方案的公路项目。完工后加筋土挡墙运行情况良好,有效地解决了工程工期短、降低工程造价等问题。附图 3-12 和附图 3-13 分别为加筋土挡墙施工中和投入运营后的图片。

附图 3-12　施工中的加筋土挡墙

附图 3-13　运营中的高速公路（近端路基采用加筋土挡墙）

附 3.1.4　莱钢银山型钢公司加筋土挡墙

1）工程背景

本工程为莱钢银山型钢有限公司 3 号高炉配套氧化球团场区加筋土挡墙,属于场区的填方边坡处理工程。项目位于莱芜南部山地之间,场地地貌单元属丘陵地貌。场坪标高为 247~250m,填方高度较大,最大填方高度为 23m。因场区北侧有一东西流向的河流,因此放坡受限,需设置挡墙结构。在不良地质条件下的地基上修建高挡墙,挡墙的稳定性至关重要。该处地址情况较为复杂,根据工程地质勘察报告并结合现场情况,北侧挡墙基础采用人工挖孔桩和钻孔桩,桩径 800mm,有效桩长 7m。

加筋土挡墙具有造型美观、节省土地、造价低等优点。为此,采用了模块式土工格栅加筋土挡墙进行工程设计。土工格栅加筋土挡墙的修建可有效增大场区的使用面积,与传统挡墙结构相比大大节约了工程造价。

2）加筋土挡墙设计简介

挡墙设计使用年限为 60 年,抗震设防烈度为 7 度,水平地震加速度 $0.1g$。设计采用多级台阶式加筋土挡墙结构,挡墙最大高度为 23m。筋材选用青岛旭域土工材料公司的 EG 系列整体拉伸单向塑料土工格栅,采用预制混凝土模块作面墙,墙面坡率为 1∶0.1。场区北侧邻河处因挡墙外侧地坪设计标高低于河流洪水位标高,为防止河水冲刷和破坏,下级挡墙采用了现浇混凝土作护面,典型断面如附图 3-14 所示。

加筋土挡墙设计时分别进行了内部稳定性验算和外部稳定性验算。内部稳定性分析包括加筋材料抗拉断和抗拔出;外部稳定性分析包括挡墙沿层间、底面的抗滑稳定性、抗倾覆稳定性以及整体稳定性。验算结果表明,典型断面加筋土挡墙的抗滑动最小安全系数为 1.89,整体的偏心率为 0.0469;考虑极限承载力的最小安全系数（梅耶霍夫法）为 3.61,筋材抗拉断最小安全系数 1.30,抗拔出最小安全系数为 2.82,复合和整体稳定验算时的最小安全系数为 1.33,加筋土挡墙的各项指标计算结果均满足要求。

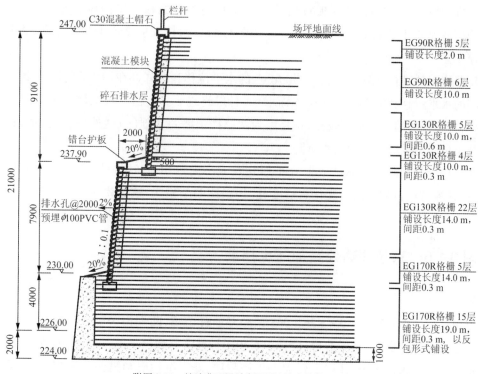

附图3-14 挡墙典型设计断面图(尺寸单位:mm)

3)加筋土挡墙服役情况简评

该工程于2009年2月开始施工,为了研究土工格栅加筋土高挡墙的工程特性,以该加筋土挡墙工程为依托进行了现场监测。试验选取了位于场地的北侧和西北拐角两处高度20m以上的两个测试断面进行。测试项目包括加筋土挡墙墙体基础底面以及各分级墙基底垂直应力,加筋土墙面、加筋体中部以及加筋体尾部的侧向土压力、拉筋拉力、墙顶水平变形等。竣工后在两座挡土墙的每级墙顶上分别设置了4个水平位移和沉降观测点。附图3-15为挡墙竣工后的照片。

附图3-15 完工后的工程照片

监测结果表明:不管在施工期间,还是在竣工后,各测试断面各层土工格栅拉筋应变实测值均不大于0.35%。不同测试断面的拉筋应变分布有所不同,这是加筋土作用机理的复杂性、地基性质不同、墙面板背后填土的不均匀和墙面板的侧向位移导致的;竣工后的拉筋应变基本上随时间无明显变化,有一部分测点的拉筋应变随时间先有所变化而后趋于稳定。

随着施工的进行,墙体变高,不同测试点的水平位移和沉降都在增大;竣工后,各级墙墙面顶部的水平位移和沉降随时间增加而增加,且最终趋于一定值。各级墙墙顶沉降是越靠上越小,且第一级墙顶沉降都较小,这是因为两座挡土墙的基础(包括处理后的)都较好,以及加筋土可以分散应力进而减小沉降。

两个挡墙的相同项目测试数据分布形式及大小大致相当,这说明测试数据的可靠性。竣工后,各测试项目随时间的变化有所变化,但最终趋于稳定,这也说明了该工程是安全稳定的。

附 3.1.5　京包高速公路加筋土挡墙

1)工程背景

京包高速公路 K26+550~K26+968 段路基通过苗圃,两侧为居民住宅集区,地基为一般黏性土。为避免拆迁,降低造价,设计中采用了加筋土路肩挡土墙,可减小占地。

拟建场址区地形平坦,地层主要为人工堆积层、新近沉积层和第四纪沉积层,主要持力层为新沉积黏土层和中密细砂~中砂层,底部为密实粗砂~砾砂,承载力和沉降均不满足设计要求。在进行加筋土挡墙工程前,对苗圃种植区的松软地基采用 CFG 桩复合地基进行加固处理,然后再在桩顶设置土工格栅加筋碎石垫层。

2)设计简介

本工程是采用干砌式预制混凝土模块的坦萨加筋土挡墙,挡墙墙面坡度为 1:0.005,基本接近 90°,挡墙最大高度为 11m,顶部为 3m 放坡,总高为 14m。基底考虑承载力及沉降控制因素,采用 CFG 桩复合地基处理,控制总的沉降量,桩顶采用格栅加固碎石垫层进行处理,以提高桩土应力比,控制不均匀沉降,提高整体性。桥台为桩柱式,加筋土挡墙包裹整个桩柱式桥台,外观上形成加筋整体式桥台挡墙。

本区段挡墙主要难度在于:

(1)近似直立挡墙,模块为干砌,无砂浆,总高度为 14m,施工控制较为严格。

(2)挡墙需要环绕桩柱式桥台,为满足美观要求,需要将桩柱全部埋入加筋土挡墙中。

(3)桥台桩柱要求不承受土压力,且桥台桩柱外沿距离墙面仅 2m 宽,即桩柱前挡墙有 11m 高,但距离仅 2m 宽可以铺设格栅。

(4)因为圆弧段处理,格栅有大量重叠区域需要处理。

(5)承台与一般地基土之间存在不均匀沉降,须进行处理。

(6)因为填土高度达到 14m,相当于平地上回填出一个 14m 高的孤岛,在桥梁未完工时,需要将大量土方运输至墙顶,临时施工便道需要随挡墙施工高度同步加高,同时临时便道可能对挡墙有向内侧的土压力,可能导致施工便道处的挡墙向内侧变形,同时容易污染墙面。

经分析验算,采用了如附图3-16所示的设计断面及桥台桩柱周围处理方案。

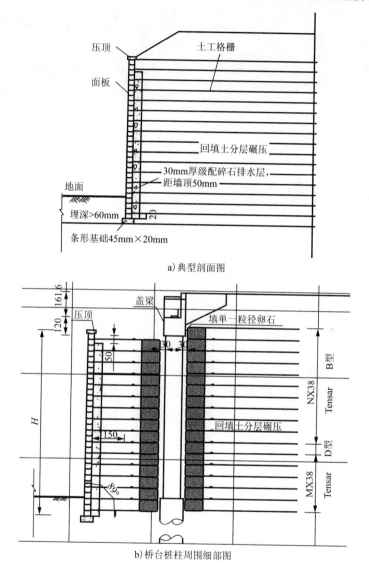

a) 典型剖面图

b) 桥台桩柱周围细部图

附图3-16　桥台处模块加筋土挡墙典型设计断面图(尺寸单位:cm)

3) 施工及服役效果评价

施工过程中,针对上述困难和挑战,因地制宜地采取了相应的处理措施,解决了墙面、桩柱、圆弧段、承台及临时便道等问题,保证了挡墙的顺利完工及良好运行。这也验证了处理措施的必要性和有效性。

附图3-17和附图3-18为模块挡墙环绕桩柱的施工过程和工程竣工时的照片。实践证明:模块加筋土挡墙施工工期短,与重力式挡墙相比节约了大量造价,沉降变形满足工程要求,运行至今,服役效果良好。

附图 3-17　挡墙环绕桩柱式桥台及圆弧处理　　　附图 3-18　挡墙刚完工时及工程近况

附 3.2　加筋土边坡工程案例

附 3.2.1　浙江绍诸高速绿色加筋格宾陡坡

1）工程背景

本项目位于绍兴至诸暨的高速公路 K38 + 325 ~ K38 + 485 段右侧,由于占地受限,右侧紧邻省道绍大公路,为收坡护脚,节省征地,避免老路改建,这一路段采用了绿色加筋格宾陡坡方案,边坡高达 9.88m。

项目地处丘陵地带,地形稍有起伏,现状为梯田地。浅层堆积厚层坡积土,岩性为含角砾粉质黏土与含黏性土碎石,厚约 9.8 ~ 15.1m,砾石多风化强烈,地基承载力 180 ~ 220kPa。下伏基岩岩性为灰绿色、青灰色砂岩、凝灰岩,基岩埋深较浅,该段局部构造发育,受构造影响严重,岩体裂隙发育密集,风化强烈。

根据项目的工程地质条件和工程要求,决定采用绿色加筋格宾陡坡。采用加筋陡坡可以收缩路基坡脚,节省土方,减少占地,避免右侧的老路省道绍大线改建;同时,增加了防护工程及路基的安全稳定性。

2）加筋土边坡工程设计简介

绿色加筋格宾系统采用镀锌覆塑双绞合六边形金属网作为筋材,其抗拉强度为 50kN/m。绿色加筋格宾由钢丝网面板和钢筋骨架以及植生垫等组成,其面板倾角及尾部面板长度均可调。施工时,在面墙钢丝内侧铺垫有椰棕植生垫,便于墙面的绿化。

初步设计坡高为 9.88m,竖向间距为 0.76m,筋材长度为 7m,采用满铺式,共计 13 层,设计断面如附图 3-19 所示。考虑道路车辆荷载为 10kN/m,结构填土就地取材,重度 $\gamma = 19kN/m^3$,黏聚力 $c = 0kPa$,内摩擦角 $\varphi = 35°$。地基土的参数与结构填土一致。

加筋土边坡的设计计算主要包括内部稳定分析和外部稳定性分析,并考虑破裂面穿过筋材和非加筋区的混合破坏模式。设计计算工作量很大,一般需借助专门的计算程序进行。经设计计算,绿色加筋格宾陡坡的内部稳定安全系数和整体(外部)稳定性安全系数分为1.839和1.798,均大于道路路基边坡稳定安全系数1.3的要求。

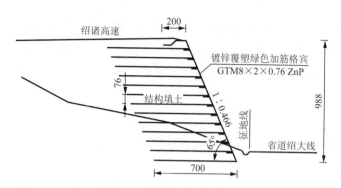

附图 3-19 　设计断面(单位:mm)

3)加筋土边坡服役效果评价

项目于 2010 年 8 月开始实施,加筋土陡坡的主要施工工序为:基础施工→构件安装→填土及碾压。在边坡的施工过程中,压实度的控制是非常重要的。在施工过程中对每层填土,均依据相关标准对填土的压实度进行检测,以确保工程质量。对于靠近面坡处的填料,由于大型碾压机不能靠近,在靠近面墙 1m 范围采用轻型压实机械以保证其密实度。

施工过程中,对 K38 + 353 和 K38 + 396 右侧路堤绿色加筋格宾结构进行了监测,监测内容包括水平土压力、垂直土压力、筋材应变和加筋体平均应变,共监测两个断面。监测结果表明,由于边坡的卸荷作用,坡面后的水平土压力很小,监测到的最大值为 4kPa;由于加筋的限制作用,这种结构的侧向变形较小,最大值为 17mm,发生在 $1/3H$(H 为坡高)处,而且结构变形主要发生于施工阶段,施工结束后,变形基本停止。

附图 3-20 和附图 3-21 分别为该项目竣工时和一年后拍摄的全景照片。从竣工时的照片可见,这种加筋格宾陡坡结构坡面平整,易于控制;竣工一年后,稍加养护,坡面绿化即可自然形成,与周围环境融为一体,非常协调美观。

附图 3-20 　加筋土边坡竣工时照片

附图 3-21 　加筋土边坡竣工一年后的照片

附 3.2.2   宜巴高速公路庙湾段加筋土高陡边坡

1）工程背景

本项目位于宜昌至巴东高速公路第 11 合同段 YK72 +940.5 ~ YK73 +035.5 段,在庙湾 1 号隧道与 2 号隧道之间。该段原设计采用 U 形桥台和连续箱梁桥,桥跨全长 119m。但由于该处山地坡陡,交通不便,钻孔灌注桩基础和连续箱桥梁施工难度极大;兼顾隧道开挖弃土的堆放与利用问题,遂将原桥梁方案改为路基方案。该段路基呈东西向展布,中间段落为陡坡上的高填方路基,两端属浅挖区,路基填土高度为 10 ~ 52m。右侧路基下部为雾渡河支线河流自然放坡,坡脚会覆盖河流。由于地质条件复杂,且路基填土高度大,为保证高路堤的稳定性,设计采用土工格栅加筋土路基,坡率 1:0.5 或 1:1,边坡最下一级采用片石混凝土挡墙,在 K73 +015 处附近设置一道盖板涵,加筋土边坡最高处高达 51.5m。

据宜巴高速 11 标路基的岩土工程勘察报告,钻探揭露的浅部地层主要为第四系残坡积层（Q_4^{el+dl}）和新元古代花岗片麻岩、角闪岩、角闪片岩（Pt_3r）地层,按地质年代、形成机制及其物理力学性质,从上到下依次为:残坡积碎石层,强风化花岗片麻岩、角闪岩、角闪片岩,中风化花岗片麻岩、角闪岩、角闪片岩。地表水不甚发育,主要为暴雨后的顺坡面流及冲沟汇集后的短暂性流水,地下水主要为基岩裂隙水,水量较贫乏。

2）工程设计简介

在进行本项目的加筋土边坡设计时,道路车辆荷载考虑为 10kN/m。筋材为高密度聚乙烯（HDPE）单向拉伸格栅,抗拉强度选用 130kN/m 与 90kN/m;填土就地取材,重度 γ = 20kN/m^3,黏聚力 c =0kPa,内摩擦角 φ =35°。由于地形复杂多变,设计中采取了灵活应变措施。筋材长度依据挡墙分级及高度不同取 12 ~ 32m,竖向间距为 0.3 ~ 0.6m,陡坡的高度为 10.0 ~ 51.5m。大部分边坡段落采用 1:0.5 坡比并按设计计算间距及长度铺设格栅。部分开挖边坡为中风化无法开挖部分,加筋长度不满足设计安全长度但有一定基础宽度,部分采用锚杆与格栅连接提高边坡安全系数。加筋土陡坡的关键断面如附图 3-22 所示。

加筋土边坡的坡面采用筋材反包系统,由植草土袋和加筋材料土工格栅回折部分组成,其坡比倾角可以根据土袋堆砌方式调节。具有一定的柔性,能适应地基的变形,具有抗震性;对地基承载力要求低,能做成高且陡的边坡;造型美观、节约占地、造价低,具有良好的经济效益。

排水方面,由于路基以及加筋土的填料都采用的是碎石土,在该结构排水系统的设计方面,采用碎石排水带排水,坡前设置排水沟。因此设置处于山沟中,山体汇水面积大且挡墙路面结构面积较大,在挡墙墙背高速路面与山沟交接处设置排水涵管及沉沙井并从挡墙顶部穿过排至挡墙外部。

3）工程施工监测与服役状况

工程于 2011 年 5 月实施,其主要施工工序为:混凝土基础分标高施工→格栅铺设（加筋不满足但有一定部分采用锚杆加固)→坡面土袋码砌填充草籽→填土及碾压→格栅回折反包→铺设次层格栅。筋材铺设平整后,填土从拉筋中部开始沿平行墙面进行逐步向两端填筑,这样可以保证拉筋受力均匀,不至于将拉筋的变形挤向面墙,造成面墙处拉筋松弛。分层碾压,并保证碾压后填土面的平整。对于靠近面坡处的填料,由于大型碾压机不能靠近,在靠近面墙1m范围采用轻型压实机械以保证其密实度。附图3-23为工程刚刚竣工时的照片。

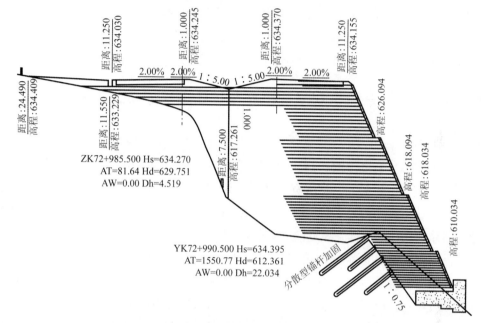

附图3-22　加筋土陡坡典型设计断面

附图3-23　工程刚完工时的照片

为研究复杂地形条件下高填方土工格栅加筋土路基的工作性状,在施工期和竣工后一段时间进行了监测。监测结果表明:

(1)本工程高填方路基土工格栅加筋效果良好。路基填土在采用土工格栅加筋后,有效地限制了路基填土不同高度处的水平位移,调节了不同层位处土体的垂直位移,不同深度的垂直位移与水平位移均控制在合理的范围内,工后沉降很小,有效避免了路基出现较大不均匀沉降,并保证了高填方路基的整体稳定。

(2)填方路基的深层水平位移大部分发生在施工期,竣工后深层水平位移发展速率迅速减小。截至 2013 年 12 月 7 日，填土至测点顶部后的最大水平位移约为 38.06mm，填土结束后加筋路堤的最大深层水平位移与墙高的比例不大于 0.2%；包括施工期变形的累计水平位移最大值约为 205.24mm，累计最大水平位移与墙高的比值均不大于 1.05%，远小于规范规定的限值。

（3）实测加筋土工格栅的拉伸应变范围在 0.1%～1.0% 之间，远小于土工格栅的允许拉伸强度对应的应变，土工格栅极限抗拉强度只发挥了 10% 左右。

（4）在填土施工结束约 2 年后，各断面在不同深度处的土工格栅拉伸应变均出现了一定的回缩，且越靠近反包端和内端，格珊应变回缩的幅度越大。

附 3.2.3　安宁草铺 500kV 变电站改扩建工程加筋土边坡

1）工程背景

安宁草铺 500kV 变电站改扩建工程位于安宁市草铺镇西偏南约 5km 处，地形开阔，站址较平缓，东西长约为 600m，南北宽约为 400m，整体坡度为 5°～10°，站址海拔高度为 1850～1875m，相对高差约为 25m。站址为松林、果林地、旱地和荒草地，场地内未发现影响站址稳定的冲沟、滑坡、泥石流等不良地质现象。

安宁市抗震设防烈度为 8 度，第二组，设计基本地震加速度值为 0.20g。

本场区填土为粉质黏土、强风化泥岩、强风化砂岩，以土质为主。场区形成最大高度近 20m 的填方边坡，边坡安全等级高，且抗震等级较高，故采用坦萨加筋土结构，保证边坡的稳定性。坡面采用格栅反包土袋，形成台阶状，台阶处位置进行绿化处理。边坡坡度设计为 1:1.5，每 8m 一级并设 2m 宽马道。

2）加筋土挡墙设计简介

坡面采用格栅反包土袋成型，土工袋内装填耕植土，以便后期绿化。采用整体冲孔拉伸型 HDPE 土工格栅作为主加筋筋材，格栅长度方向应垂直坡面铺设，水平相邻的两幅格栅之间直接对接，无须搭接。上下两层格栅之间采用聚乙烯连接棒足强度连接，提高整体性。坡面根据坡度和层间距，每层格栅退后一定距离形成小台阶，以便保水绿化，采用当地适宜的植被绿化。

生态加筋边坡的典型断面如附图 3-24 所示，最大高度约为 20m，边坡坡度为 1:1.5。格栅间距为 60cm，长度为 8～15m 不等，坡顶考虑活载为均布 20kPa，加筋体填土及边坡场区填土采用现场开挖土料，重度 $\gamma = 19kN/m^3$，黏聚力 $c = 0kPa$，内摩擦角 $\varphi = 28°$。根据地勘报告，整体稳定验算根据实际位置相应的地质情况分别进行验算。

加筋边坡的稳定验算采用简化 Bishop 条分法进行验算，滑动面包括穿过格栅、部分穿过格栅和不穿过格栅的破坏类型，分别搜索最不利滑动面，采用 TensarSlope 程序进行稳定分析验算，每级边坡均进行稳定验算，整体也须进行稳定验算，最小稳定系数不小于 1.35。考虑抗震时，按照附 HWA-NHI-10-024 进行地震工况下的稳定验算，最小稳定系数不小于 1.1。

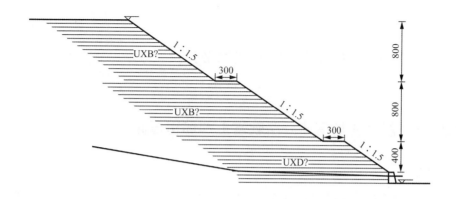

附图 3-24　土工格栅加筋土边坡典型断面图(尺寸单位:mm)

3)服役效果评价

本项目于 2010 年 12 月开始施工,于 2011 年 6 月完工,2011 年 1 月 16 日开始对站区加筋土结构进行变形监测。根据监测结果,在填方高度 18m 处,竣工后因 8~9 月雨季的原因,变形量稍大,累计沉降量部分为 8mm,局部累计沉降量最大为 16mm(工后沉降为 4mm 左右)。8~9 月份累计水平位移最大为 12mm,10 月份累计水平变形量约为 2mm,11 月的监测结果已经收敛并趋于稳定。

附图 3-25 和附图 3-26 分别为安宁草铺 500kV 变电站改扩建工程场区外土工格栅加筋土边坡施工中和竣工后的照片。可见其与周围环境协调美观,项目竣工后至今服役效果良好。

附图 3-25　场区外加筋土边坡支护(施工中)

附图 3-26　场区外加筋土边坡支护(完工)

附 3.3　加筋土垫层路堤工程案例

附 3.3.1　意大利某高速公路软基上加筋垫层路堤

1）工程背景

533 高速公路项目位于意大利 S. Marco Argentano 境内，区域表层存在约 2.5m 厚的淤泥层，淤泥层呈灰色、饱和、流塑状，土质柔软，刀切面细腻、有光泽，缩孔严重，底部含砂，覆盖面积约为 8000m²。

为了保证路堤的稳定性及协调路堤的不均匀沉降，设计师对比了软土地基加筋方案和传统的碎石换填方案，发现软土地基加筋路堤方案具有技术可行、经济合理、施工方便等优势。

2）加筋垫层路堤设计简介

软土地基加筋路堤方案的设计、计算均严格按照 BS 8006 规范执行，要求土工格栅短期应变控制在 5% 之内，长期应变控制在 6% 之内。整个流程设计需满足强度极限状态和功能极限状态要求。

土工格栅设计抗拉强度的选择主要考虑路堤填土的侧向滑移和地基土体的侧向挤出。得到土工格栅设计抗拉强度后，需要从两个方面考虑进而得到土工格栅的极限抗拉强度。从强度方面考虑，土工格栅的极限强度通过折减后可得到设计抗拉强度（采用的折减系数见附表 3-2）；另外，还需考虑土工格栅的变形，通过土工格栅应力-应变曲线可得 5% 应变下的应力约为 64% 的极限强度，即可得到应变控制下土工格栅的极限强度，最终土工格栅的极限强度选取两者中的较大值。本项目路堤高度约为 7m，设计边坡坡比约为 1∶1.5，计算后采用焊接聚酯高强单向土工格栅 ParaLink 400。

土工格栅抗拉强度折减系数表　　　　　　　　　　　　　　　　　附表 3-2

格　栅　材　料	焊接聚酯外覆聚乙烯
结构重要性系数	1.10
蠕变折减系数（20℃，120 年）	1.38
施工损失折减系数	1.05
环境影响折减系数（4＜pH＜9）	1.08
综合折减系数	1.72

经设计验算，得到最终的加筋垫层路堤方案为：从下到上 10cm 砂垫层＋无纺布＋焊接聚酯高强单向土工格栅 ParaLink 400，设计典型断面如附图 3-27 所示。10cm 砂石垫层可以快速排出路堤的积水、防止地下水位的升高，土工布主要起隔离作用，焊接聚酯高强土工格

栅可以快速吸收路堤荷载产生的竖向压应力,保证路堤的整体稳定性,约束路堤和软基的侧向变形,减小地基的不均匀沉降。

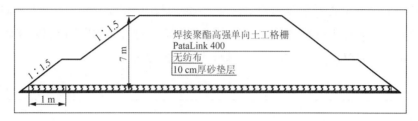

附图 3-27 设计典型断面图

3)加筋土垫层路堤服役效果评价

项目于 2003 年实施,施工过程照片如附图 3-28 和附图 3-29 所示,软土地基加筋路堤施工的主要施工工序为:基础整平→砂垫层施工→无纺土工布施工→土工格栅施工→路堤施工。土工格栅施工中其强度方向需垂直于路堤轴线,且相邻土工格栅搭接宽度控制在 20cm 内。砂垫层施工中,其压实度需满足相关的规范要求,以确保设计中筋土界面抗剪强度满足要求,保证工程质量。

附图 3-28 土工布施工　　　　　　　　　　附图 3-29 土工格栅施工

附 3.4 桩承式加筋路堤工程案例——以意大利某高速铁路桩承式加筋路堤工程为例

1)工程背景

本项目位于意大利米兰到博洛尼亚高速铁路帕尔马区域,该区域地基土体主要由淤泥质黏土和黏土组成,各地层分布为:表层,淤泥质黏土(Q_4^{al+1}),流塑,$\sigma_0 = 60kPa$,层厚为 8.5～15m;第二层,淤泥质黏土(Q_4^{al+1}),软塑,$\sigma_0 = 80kPa$,层厚为 4～6m;第三层,黏土(Q_4^{al+1}),可塑,$\sigma_0 = 120kPa$,层厚为 3～5m;底层,黏土(Q_4^{al+1}),硬塑,$\sigma_0 = 150kPa$。

该区域地基土体压缩性高,承载力低,同时线路对沉降控制严格,需要进行地基处理。

基于上述地基参数,通过弹性理论计算得到了不同路堤高度、不同地基处理方法下的沉降速率,见附表3-3。计算结果表明采用桩承路堤方案,10年内(2003年—2013年)的沉降速率仅为非桩承方案的1/3,能够满足客户对沉降速率控制在0.05m/10年的要求。同时考虑到桩承式加筋路堤具有技术可行、经济合理、施工便捷等优势,能够严格控制铁路路堤的不均匀沉降和总沉降,最终确定在此路段采用桩承式加筋路堤方案。

不同方案的沉降分析　　　　　　　　　　　　　　　　　附表3-3

路堤高度(m)	地基处理方案	沉降(m)		沉降速率 $\Delta\eta/\Delta t$ (m/10年)
		2003年	2013年	
7	非桩承方案	0.18	0.23	0.05
	桩承方案	0.05	0.07	0.02
6	非桩承方案	0.14	0.19	0.05
	桩承方案	0.04	0.06	0.02
5	非桩承方案	0.14	0.18	0.04
	桩承方案	0.05	0.06	0.01
4	非桩承方案	0.09	0.12	0.03
	桩承方案	0.04	0.05	0.01

2)桩承式加筋路堤设计简介

桩承式加筋路堤方案的设计、计算均严格按照规范执行,其中土工格栅短期应变控制在4%之内,长期应变控制在5%之内,整个流程设计需满足强度极限状态和功能极限状态的要求。

本项目初步设计时采用直径为0.5m的混凝土压注桩,方形布桩,桩间距为2m,并针对不同路堤高度、桩帽尺寸对比,计算了不同情况下的格栅设计强度,如附图3-30所示。由图可知,桩帽尺寸对格栅强度影响较大,通过增大桩帽尺寸减小净间距能够降低对格栅强度的要求,但二者呈非线性关系。综合考虑,为降低造价及加快施工进度,本项目最终采用不设桩帽的形式。

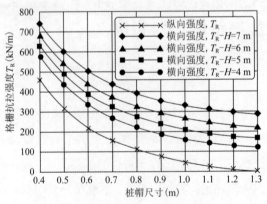

附图3-30　格栅抗拉强度与桩帽尺寸的关系

格栅设计强度采用 Marston 计算方法,从强度方面考虑,极限抗拉强度通过相应的折减系数可得到土工格栅的设计抗拉强度;从变形方面考虑,短期应变控制在4%之内,长期应变控制在5%之内的要求,最终土工格栅的极限强度选取两者中的较大值。项目由于路堤高度的不同,土工格栅采用的限强度范围为 900~1050kN/m。其中需要注意的是:由于路堤纵、横向格栅强度要求不同,横向强度要求大于纵向强度要求,为减少格栅的强度浪费,采用铺设两层不同强度单向格栅的形式。

除此之外,对路堤的侧向滑动、整体稳定性、总沉降等进行了严格校核,典型设计断面如附图 3-31 所示。

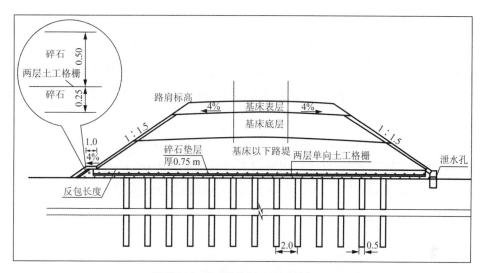

附图 3-31　典型设计断面(尺寸单位:m)

3) 桩承式加筋路堤服役效果评价

项目于 2002 年实施,桩承加筋路堤施工的主要施工工序为:桩基础的施工→垫层材料施工→土工格栅施工→路堤施工。土工格栅施工中,首先铺设路堤横向土工格栅,再直接在上面铺设纵向土工格栅,如附图 3-32 所示。

附图 3-32　施工中的土工格栅加筋垫层桩承路堤

设计师和施工方在该项目中首次应用了焊接聚酯土工格栅并取消了桩帽,施工后效果得到各方单位的一致认可。随着该项目的成功实施,意大利其他铁路和高速公路路堤

（RI83、RI84、RI87、RI89、RI90）均采用了桩承式加筋路堤方案，为该技术在意大利的推广奠定了良好的基础。

附 3.5 土工合成材料加筋地基工程案例——以 CLEMSONVILL 道路改线工程岩溶加筋地基工程为例

1）工程背景

美国马里兰州尤宁布里奇位于岩溶发育地区，在发展过程中遇到了两个方面的问题。首先，作为已被列入国家史迹名录的古镇，必须对原有古建筑及风景地貌进行保护；其次，岩溶地貌意味着此区域存在浅层地表不稳定问题，可能会产生由于碳酸盐岩分解导致地表变形、塌陷等。因此，为预防这类灾害的发生尽可能地降低损失，对于新建建筑和基础设施需要对地基进行加固处理。

在 CLEMSONVILL 道路改线时遇到了喀斯特地形（石灰岩地区常见的地形），通过岩土工程勘察及类似工程经验类比保守确定道路下伏有直径为 4.6m 的岩溶空洞。考虑在路堤底部铺设高强度格栅进行处治，溶洞发育时，高强格栅筋材能够承担上部路堤的荷载形成缓冲，避免发生突然沉陷及灾难性的破坏。

2）岩溶加筋地基设计简介

岩溶地基加筋路堤方案的设计、计算均严格按照规范执行，要求土工格栅短期应变控制在 5% 之内，长期应变控制在 6% 之内。整个流程设计主要保证路堤不会发生坍塌，同时道路路面变形可满足工程设计的要求。

在设计初期，主要根据道路工程等级及结构重要性系数来判断道路路面能接受的变形，在此项目中，道路路面的沉降与道路沉陷区直径之比要求不大于 1%。

土工格栅的设计强度需要从强度和变形两方面进行控制，从强度方面考虑，土工格栅的极限强度通过相应的折减系数可得到设计抗拉强度；从格栅的变形控制方面考虑，在土工格栅应力-应变曲线可得 5% 应变下的应力约为 64% 的极限强度，即可得到应变控制下土工格栅的允许抗拉强度，最终土工格栅的设计强度取两者中的较小值。该项目通过设计，最终采用焊接聚酯高强土工格栅，极限抗拉强度为 1000kN/m，在路堤纵向及横向各铺设一层。土工格栅的设计参数见附表 3-4。

在设计中，为确保土工格栅的强度能充分发挥及保证受力的连续性，需要对格栅锚固长度及连接搭接长度进行计算。此项目中对于边界的格栅锚固问题采用格栅反包混凝土预制块的形式，如附图 3-33 所示；沿路堤纵向的土工格栅，通过计算确定纵向的搭接长度为 15m，典型设计断面如附图 3-34 所示。

土工格栅技术参数

附表 3-4

土工格栅型号	ParaLink 1000
结构重要性系数	1.1
蠕变折减系数(20℃,120 年)	1.38
施工损失折减系数	1.05
环境影响折减系数(4 < pH < 9)	1.08
综合折减系数	1.72
长期设计抗拉强度(kN/m)	581
5% 应变下抗拉强度(kN/m)	640

附图 3-33　土工格栅反包

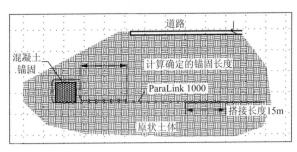

附图 3-34　设计典型断面图

3）岩溶加筋地基服役效果

岩溶加筋地基施工的主要施工工序为:基础整平→土工格栅施工→路堤施工。附图 3-35 ~ 附图 3-38 显示的是土工格栅加筋地基施工过程中的几个节点。格栅施工完成后,在格栅上部施工一定厚度的砂垫层,砂垫层压实度需满足相关的规范要求,以确保设计中筋土界面抗剪强度满足要求,保证工程质量。项目于 2010 年实施,2011 年年初完成施工并投入运行,至今运行良好。

附图 3-35　沿路堤方向土工格栅施工

附图 3-36　横贯路堤方向土工格栅施工

附图 3-37　土工格栅施工(锚固)完成

附图 3-38　回填土施工